现代室内设计的多维观察与研究

谭秋华　著

中国原子能出版社

图书在版编目（CIP）数据

现代室内设计的多维观察与研究 / 谭秋华著.

北京：中国原子能出版社，2024. 11. -- ISBN 978-7-5221-3773-5

Ⅰ. TU238.2

中国国家版本馆 CIP 数据核字第 202488FW23 号

内 容 简 介

本书是一本深入探讨室内设计领域多个重要方面的专著。本书从基础知识入手，详细阐述了室内设计的历史背景和中外发展概况。通过对室内设计及其相关学科的深入分析，书中揭示了设计原则与空间类型的重要性。此外，本书特别强调了现代室内设计的五个关键维度：人性、意境、文化、生态与智能，这些元素共同构成了现代室内设计的核心。本书不仅理论深刻，还包含了丰富的实例分析，使读者能够全面而深入地理解现代室内设计的多样性和复杂性。本书是室内设计师、学生及设计爱好者理解当代室内设计不可或缺的重要参考书籍。

现代室内设计的多维观察与研究

出版发行	中国原子能出版社（北京市海淀区阜成路 43 号　100048）
责任编辑	张冬冬
责任印制	赵　明
印　　刷	河北宝昌佳彩印刷有限公司
经　　销	全国新华书店
开　　本	787 mm×1092 mm　1/16
印　　张	17.75
字　　数	280 千字
版　　次	2024 年 11 月第 1 版　2024 年 11 月第 1 次印刷
书　　号	ISBN 978-7-5221-3773-5　　　　定　价　**88.00 元**

前　言

在当今这个日新月异、飞速发展的现代社会，室内设计的角色和意义已然发生了翻天覆地的变化。其重要性与影响力，早已远远突破了单纯对空间进行美化这一基础范畴。室内设计不再仅是对空间的简单美化与修饰，而是逐渐演变成一种连接人、文化、环境与技术的综合艺术。其涉及面较广，涵盖了建筑学、艺术、心理学、文化研究等多个领域。现如今，室内设计已然成为塑造生活空间、提升生活质量、传递文化价值和技术创新的重要手段。

随着时代的发展与社会的进步，人们的生活品质取得了令人瞩目的显著提升。与此同时，在物质生活越来越富足的基础上，人们对于精神、个性等层面的追求均展现出了与日俱增的强烈态势。在如此宏大且深远的时代大背景下，室内设计已不再满足于过往传统守旧的模式及墨守成规的设计思路，而是全方位地呈现出越发丰富多样、异彩纷呈的发展趋势，并且具备了更具深度、更富内涵的显著特质。这种趋势不但充分体现在设计理念的推陈出新、不断更新迭代上，而且还十分清晰地反映在设计手法的大胆创新、突破变革，以及对各种新型材料和前沿技术的巧妙运用与灵活掌控之中。室内设计融汇了人们对于美学的执着追求、对于文化传承的深切敬意、对于环境保护的高度关注，以及对于科技发展的全面接纳，逐渐成为一门综合性极强、极具生命力与创造力的艺术学科。

在时代变迁的潮流中，室内设计作为一门横跨艺术、科技与人文的综合性学科，正以前所未有、令人瞩目的姿态蓬勃兴起。它不仅是居住与工作环

境的外在呈现，更是人们内心深处情感寄托、源远流长的文化传承和与时俱进的生活理念的重要载体。基于此，《现代室内设计的多维观察与研究》一书应运而生，旨在对这一充满活力与创新的领域进行全面而深入的探讨，从不同的维度观察和剖析，以期为相关研究和实践提供理论指导和实践启示。

本书旨在通过人性化室内设计、意境营造、传统文化融入、生态理论及智能家居应用五个维度，全方位且深层次地探寻现代室内设计的理念与实践，以及未来走向。首先，本书详细介绍了现代室内设计的理论基础，包括其概述、发展历程、核心理念和发展趋势。通过对其历史沿革和核心理念的探讨，可以更好地理解现代室内设计的本质和内涵，为后续的研究奠定基础。其次，本书从不同的角度对现代室内设计进行多维观察与研究。一是人性化室内设计。从生理和心理维度，探讨如何从人的行为模式、生理需求和心理感受出发，实现室内空间的人性化设计。二是意境营造。分析室内设计中如何通过空间布局、色彩、材质等手段，营造出富有情感和艺术气息的空间意境。三是传统文化。探讨如何在现代室内设计中融入传统文化元素，实现传统与现代的和谐共生。四是生态理论。研究生态理念在室内设计中的应用，以及如何构建绿色、可持续的室内环境。五是智能家居。探讨智能家居技术在室内设计中的创新应用及其对未来室内设计的影响。最后，对前文进行总结，包括理论贡献和实践启示。同时，也客观地分析了本书的局限性，并展望了未来的研究方向和发展趋势。在撰写本书的过程中，笔者收集了大量优秀设计案例，深度剖析了其蕴藏的设计理念、材料运用及技术创新情况，力求呈现出现代室内设计在这些维度上的交融与发展。此外，本书还特别关注社会发展给室内设计带来的影响，如人们日益增长的环保意识、对健康生活的向往及数字化技术的广泛普及对室内设计的影响。

通过对现代室内设计的多维观察与研究，本书试图揭示其内在的规律和发展趋势，为设计师们提供新的思路方向和灵感源泉，同时为室内设计行业的发展贡献一份力量。期望本书可以化为广大室内设计从业者、爱好者及相关专业的学生提供有益借鉴，共同推动室内设计行业向更高水平迈进。

目　　录

第一章　绪论 ·· 1

　　第一节　研究背景及意义 ······························· 1

　　第二节　研究现状述评 ································· 10

　　第三节　研究内容及概念界定 ·························· 18

　　第四节　研究范围及方法 ······························ 27

第二章　现代室内设计的理论基础 ·················· 30

　　第一节　室内设计概述 ································· 30

　　第二节　现代室内设计的发展历程 ···················· 48

　　第三节　现代室内设计的核心理念 ···················· 58

　　第四节　现代室内设计的发展趋势 ···················· 64

第三章　现代室内设计的多维观察：人性化设计 ···· 72

　　第一节　人性化室内设计相关概述 ···················· 72

　　第二节　生理维度的现代室内设计 ···················· 81

　　第三节　心理维度的现代室内设计 ···················· 98

　　第四节　人性化室内设计的实践 ······················ 104

第四章　现代室内设计的多维观察：意境营造 ······ 117

　　第一节　室内空间意境相关概述 ······················ 117

　　第二节　相关艺术领域的意境创造 ···················· 128

　　第三节　现代室内空间意境营造的原则与方法 ·········· 143

第四节　典型室内空间的意境营造实践⋯⋯⋯⋯⋯⋯⋯⋯⋯　156

第五章　现代室内设计的多维观察：传统文化⋯⋯⋯⋯⋯　165

第一节　中国传统文化的含义与特征⋯⋯⋯⋯⋯⋯⋯⋯⋯　165

第二节　中国传统文化的类型与功能⋯⋯⋯⋯⋯⋯⋯⋯⋯　171

第三节　中国传统文化与室内设计⋯⋯⋯⋯⋯⋯⋯⋯⋯⋯　181

第四节　中国传统文化在现代室内设计中的应用⋯⋯⋯⋯　196

第六章　现代室内设计的多维观察：生态理论⋯⋯⋯⋯⋯　214

第一节　生态室内设计概述⋯⋯⋯⋯⋯⋯⋯⋯⋯⋯⋯⋯⋯　214

第二节　生态室内设计的原则与方法⋯⋯⋯⋯⋯⋯⋯⋯⋯　222

第三节　生态室内设计的材料与技术⋯⋯⋯⋯⋯⋯⋯⋯⋯　229

第四节　基于生态美学的室内设计案例分析⋯⋯⋯⋯⋯⋯　233

第七章　现代室内设计的多维观察：智能家居⋯⋯⋯⋯⋯　240

第一节　智能家居概述⋯⋯⋯⋯⋯⋯⋯⋯⋯⋯⋯⋯⋯⋯⋯　240

第二节　人居环境与智能家居⋯⋯⋯⋯⋯⋯⋯⋯⋯⋯⋯⋯　246

第三节　智能家居系统及相关控制方式⋯⋯⋯⋯⋯⋯⋯⋯　250

第四节　智能家居在现代室内设计中的应用⋯⋯⋯⋯⋯⋯　257

第八章　结论与启示⋯⋯⋯⋯⋯⋯⋯⋯⋯⋯⋯⋯⋯⋯⋯⋯　262

参考文献⋯⋯⋯⋯⋯⋯⋯⋯⋯⋯⋯⋯⋯⋯⋯⋯⋯⋯⋯⋯⋯　269

后记⋯⋯⋯⋯⋯⋯⋯⋯⋯⋯⋯⋯⋯⋯⋯⋯⋯⋯⋯⋯⋯⋯⋯　276

第一章 绪 论

第一节 研究背景及意义

一、研究背景

自古以来，室内装饰一直是人类营造居住和工作环境的重要组成部分，其根源可以追溯到人类最初开始构建遮蔽所和简单居所的时代。早期的室内装饰主要是为了满足基本的生活需求和宗教仪式需求，通过简单的装饰品（如壁画、雕塑和编织品）来美化居住空间。随着文明的进步和社会的发展，室内装饰逐渐演变成一种更加精细和复杂的艺术形式，反映了人们对美学、舒适性和功能性的追求。

在现代社会，室内设计已经发展成为一个独立的专业领域，这一变化主要始于 20 世纪 50 年代。在此之前，室内装饰活动通常被视为建筑设计的一部分，由建筑师或工匠负责完成。然而，随着社会的发展和人们生活水平的提高，室内空间不仅要满足基本的居住功能，还要表达个人的品位、文化身份和心理需求，这使得室内设计作为一门独立学科逐渐确立。确立为独立学科后的室内设计，经历了快速的发展和变革。它不再仅关注空间的美观和功能性，更加重视空间与用户之间的互动关系，以及设计对用户的心理和生理健康的影响。这一时期，随着设计理论的深入研究和技术的进步，室内设计领域涌现出了大量的创新理念和设计方法，为实现更为人性化、可持续发展的室内环境提供了可能。

本书正是在这样的背景下展开研究的，具体建立在几个关键的社会文化和技术发展趋势之上。

第一，在当代社会，全球化和信息化的加速发展标志着一个时代的变革，加强了不同文化之间的交流与碰撞，还促进了技术、艺术和设计思想的广泛传播。在这样的背景下，现代室内设计面临着既具挑战性也充满机遇的新境界。例如，设计师可以轻易地接触到世界各地的设计风格、材料和技术，为创造独特和个性化的室内空间提供了无限可能，提高了设计的创新性和艺术性。然而，在全球化的浪潮中，存在着一种趋同化的风险，即不同地区和文化背景下的室内设计可能会丧失其独特性，归向一种国际化、同质化的审美标准。因此，现代室内设计在追求全球视野和创新灵感的同时，也需要关注如何保留和弘扬地域文化的特色，实现全球与地方的平衡，进而更好地满足人们日益增长的审美需求和功能需求，为创造更加美好、舒适、可持续的居住和工作环境作出贡献。

第二，随着环保意识的全球性觉醒和可持续发展成为国际共识，生态室内设计已经从一个边缘话题转变为现代室内设计中的核心议题。生态室内设计的核心在于遵循生态学的原理，通过对自然环境的尊重和借鉴，创造出既符合人类居住需求又不破坏自然环境的室内空间。这种设计理念要求设计师在设计过程中充分考虑材料的选择、能源的利用、室内空气质量、光照和通风等多个方面，以减少对环境的负面影响。例如，使用可再生或可回收的建筑材料，采用高效节能的照明和空调系统，设计自然通风和采光策略，以及利用室内植物提高空气质量，都是实现生态室内设计的有效方法。此外，生态室内设计还强调与当地环境的融合。通过考虑地理位置、气候条件和文化背景，设计出既适应当地环境又反映地域特色的室内空间，可以最大限度地减少能源消耗，提高居住者的舒适度和满意度。

在实践中，生态室内设计的应用范围非常广泛，从家庭住宅到办公空间，从公共建筑到商业场所，都可以看到生态设计理念的体现。通过案例分析，可以发现成功的生态室内设计案例往往能够有效地提高能源效率，减少废物

产生，提升居住者的健康水平和幸福感，同时为社会的可持续发展作出了贡献。例如，采用智能家居系统控制室内温度和光照，可以节省能源，根据居住者的实际需求提供更加个性化的居住环境。另外，利用绿色屋顶、垂直花园等设计元素，不仅可以美化空间，还有助于提高城市的生态环境质量。然而，实现生态室内设计也面临着一系列挑战。首先，环保材料和技术往往成本较高，这可能会增加设计和施工的经济负担。其次，缺乏足够的环保意识和专业知识可能会阻碍生态设计理念的普及和应用。最后，与传统设计方法相比，生态室内设计需要更多的跨学科合作和创新思维，这对设计师和相关专业人员提出了更高的要求。尽管存在挑战，但通过持续的研究、教育和实践，可以逐步克服这些挑战，推动生态室内设计的发展。未来，生态室内设计将继续探索更为创新和高效的设计策略，以实现真正的可持续发展，为人类创造更加健康、舒适和美好的居住环境。

第三，近些年来，随着技术创新，尤其是智能家居技术的迅猛发展，正深刻地影响着现代室内设计的方向和实践。智能家居技术的核心是利用现代信息技术，通过家庭内部的网络系统连接各种设备和服务，实现家居生活的自动化和智能化管理，包括自动调节室内温度、光线和音响，智能安防监控，以及远程控制家电等功能，现代智能技术的应用提高了居住的便捷性和安全性，为室内设计提供了新的可能性。例如，通过智能系统，室内灯光和窗帘可以根据外部光线的变化自动调整，创造出最适宜的居住环境；音响系统可以根据居住者的位置和活动自动调节音量和播放内容，增强居住体验。此外，持续的技术创新也为室内设计提供了不断更新的工具和材料。例如，新型的智能材料和表面处理技术可以改变墙面和家具的颜色或纹理，根据不同的环境条件或用户偏好创造多样化的室内氛围。总之，智能家居技术的融合是现代室内设计领域的一个重要趋势，改变了室内空间的功能和操作方式，为室内设计的美学和人性化探索提供了新的可能性。

第四，现代室内设计面对的是一个对居住空间心理需求日益增长的社会。在心理维度的现代室内设计中，设计师需要考虑空间如何影响人的情绪、如何通过色彩、材质、光线等元素营造出促进放松、激发创意或提高集中力

的环境。例如，使用温暖的色调可以创造出舒适和安心的氛围，而开放式空间布局则能够增强空间的通透感，减少居住者的压迫感，从而提升整体的居住满意度。现代室内设计还强调个性化和定制化，以满足不同居住者的独特需求和偏好。在这个过程中，设计师需要与居住者进行深入的交流与合作，了解他们的生活习惯、文化背景、个人喜好等，以便设计出真正反映居住者个性和生活方式的空间。除此之外，心理维度的现代室内设计还涉及创造具有治愈性质的空间，即所谓的"治愈空间"，通过考虑自然元素的引入、光与影的互动、声音和香气的融合等，旨在营造一个有助于减轻压力、恢复心灵平静的环境。例如，通过引入室内绿植、设置水景或采用自然光线设计，可以有效地提升空间的生命力，带给居住者心理上的舒缓和放松。

本书通过对现代室内设计的多维观察和研究，旨在提供一个综合框架，结合理论研究和实践案例，探讨如何在快速变化的社会文化和技术背景下，实现室内设计的创新和发展。通过深入分析现代室内设计的理论基础、人性化设计、意境营造、传统文化的融合、生态理论的应用及智能家居技术的整合，本书不仅为室内设计的学术研究提供了丰富的理论依据，也为实践中的设计师提供了实用的指导和启示。

二、研究意义

（一）理论意义

1. 理论框架的构建与室内设计学科的理论发展

从某种程度来看，理论框架的构建对于室内设计学科的理论发展尤为关键，而本研究通过深入的研究和分析，为室内设计领域提供了一个全面而系统的理论框架，标志着室内设计理论研究的重要进步，该理论框架有助于明确室内设计作为一个独立学科的学术地位，同时为室内设计的教学、研究和实践提供了坚实的理论基础。室内设计不再仅被看作是一种实践活动，而是一门需要深入研究和理论支持的综合性学科，促进了室内设计理论的深入探索和发展，激发了更多学者和设计师对室内设计深层次问题的兴趣和研究热情。通过构建这样一个理论框架，本书还推动了室内设计学科的跨学科交流

和融合。室内设计作为一门综合性艺术和技术学科，其理论和实践活动涉及人文学科、社会科学、工程技术、环境科学等多个领域。在这个理论框架下，室内设计的研究得以从更广阔的视角出发，吸纳其他学科的理论和方法，以更加全面和深入的方式探讨室内设计问题，有助于提升室内设计的学术价值和实践效果，促进了室内设计与其他学科之间的互动和合作，拓展了室内设计的研究和应用领域。此外，该理论框架还为室内设计的未来发展提供了指导和灵感。在当代社会，随着技术的进步、环境的变化和人们生活方式的多样化，室内设计面临着诸多新的挑战和机遇。在本书提出的理论框架指导下，室内设计能够更好地适应这些变化，通过创新的理论和方法来解决新问题，满足社会和用户的需求，为室内设计的研究提供新的方向，也为设计师的创新实践提供理论支持，推动室内设计学科的持续发展和创新。

2. 促进室内设计的多维度理论探索

本书通过对室内设计多维度特征的深入探索，丰富了室内设计的理论研究内容，揭示了室内设计作为一门综合性学科，不仅关注空间的功能性和美观性，而且深入人文、社会、技术、环境等多个层面的考量。室内设计的多维度理论探索从人性化设计出发，关注人们在使用空间时的感受和需求，包括对物理空间的需求，如光照、通风、温度的舒适度，对心理空间的需求，如安全感、归属感、私密性及美学体验。以人为本的设计哲学要求设计师深入理解用户的生活方式和心理状态，将设计思维扩展到社会学、心理学乃至人类学的领域，实现室内设计的人文关怀和社会责任。在意境营造方面，室内设计的多维度探索展现了对空间氛围创造的重视，强调通过材料、色彩、光影、布局等设计元素的综合运用，营造出具有深层次文化内涵和艺术价值的空间环境，对意境营造的追求不仅是对传统艺术理念的继承，也是对现代设计创新的探索，要求设计师具备跨界的知识结构和丰富的艺术修养，能够在设计实践中巧妙地融合东西方美学思想，创造出富有诗意和哲思的空间场景。通过对传统文化与现代室内设计的结合的探讨，本书进一步展现了室内设计在文化传承与创新中的作用。在全球化的背景下，探索如何将传统文化元素与现代设计理念相结合，既保留了民族文化的独特性，满足了现代人的

审美和功能需求，这种文化层面的多维度探索，促使室内设计不仅停留在表面的装饰艺术层面，而是深入文化深层次的价值观、生活哲学的反映和传达，为室内设计的深度和广度提供了更为丰富的内容。在生态理论的应用方面，室内设计的多维度探索体现了对可持续发展理念的深入理解和实践。随着人们环保意识的增强和生态危机的加剧，如何在室内设计中实现环境的可持续性、节能减排成为一个迫切需要解决的问题，要求室内设计理论和实践能够融合生态学、环境科学等领域的知识，探索使用环保材料、优化能源使用、减少污染和废物的设计方法和技术，实现室内设计的绿色转型和生态创新。智能家居技术的融合则展现了室内设计在科技革新面前的适应与探索。随着物联网（IoT）、大数据、人工智能（AI）等技术的发展，室内设计的功能性和智能化水平被推向了一个全新的高度，为人们提供了更加便捷、舒适、安全的居住环境，也为室内设计理论的更新和创新开辟了新的路径。

3. 推动室内设计学科与其他学科理论之间的融合

室内设计作为一门综合性艺术和技术学科，其本质上就是一个多元融合的过程，旨在创造出既美观又实用，能满足人们多方面需求的空间环境。随着社会的发展和人们生活方式的变化，室内设计领域的研究和实践越来越不能局限于传统的设计理念和方法，而是需要汲取心理学、生态学、人类学、信息技术等多个学科的理论和知识，以促进室内设计的全面发展。通过跨学科理论的融合，室内设计能够更全面地考虑和解决设计过程中遇到的问题。例如，心理学的知识可以帮助设计师更好地理解人们的行为和需求，从而在设计中更好地考虑到用户的心理感受和体验；生态学的理论可以指导设计师在设计过程中更加注重环境保护和可持续发展，创造出既舒适又环保的空间环境；人类学的研究可以帮助设计师深入了解不同文化背景下人们的生活习惯和审美偏好，从而设计出更具文化特色和时代精神的空间；信息技术的应用则可以使室内空间变得更加智能化和便捷，大大提升了空间的使用效率和人们的生活质量。

跨学科理论融合的推动不仅体现在室内设计理念和方法的创新上，也体现在室内设计教育和研究方法的改进上。在教育方面，跨学科的教学模式可

以培养学生的综合素质和创新能力，使他们能够更好地适应未来社会的发展需要。学生不仅要学习室内设计的基本理论和技能，还要学习其他学科的知识，从而能够在设计实践中综合运用多学科的理论和方法，创造出更加创新和人性化的设计作品。在研究方法上，跨学科理论的融合也为室内设计的学术研究提供了新的视角和方法。研究者可以从心理学、社会学、生态学等多个角度出发，运用多种研究方法对室内设计进行深入探讨，从而丰富室内设计的理论体系，推动室内设计学科的发展。

跨学科理论融合对室内设计领域的推动作用还表现在促进了设计创新和社会发展的需要之间的良性互动。在当今快速变化的社会中，人们对生活空间的需求日益多样化和个性化，这就要求室内设计不断创新，以满足人们的需求。跨学科理论的融合为室内设计提供了丰富的资源和灵感，使设计能够更好地适应社会的变化，满足人们对美好生活空间的追求。同时，室内设计的创新也能够反过来促进社会的发展，通过提升空间环境的品质，改善人们的生活条件，促进社会的和谐与进步。

（二）实践意义

本书不仅深化了对室内设计理论的理解，更重要的是将理论与实践紧密结合，提出了一系列创新的设计方法和实践指导原则，这些成果对于推动室内设计行业的发展具有重要价值。

第一，人性化设计的探索和实践作为本书研究的核心议题之一，其实践意义在于通过深入理解和响应用户的需求与期望，创造出更加舒适、安全、健康和美观的室内环境。人性化设计强调对人的全面考虑，包括对不同年龄、性别、身体条件和文化背景的用户的需求理解，设计师在设计过程中需要进行深入的用户研究，包括用户行为的观察、需求的调研及用户体验的分析，确保设计结果能够真正反映和满足用户的多样化需求。通过这种方式，人性化设计能够提升空间的功能性和舒适度，在情感层面与用户建立连接，创造出富有温度和故事的空间。在实践中，人性化设计表现在多个层面。例如，在居住空间的设计中，通过合理的空间布局和灵活的家具选择，可以满足家庭成员从儿童到老年人的不同需求，确保每个人都能在家中找到适合自己的

舒适角落。在办公空间设计中，考虑不同工作方式和工作习惯，创造出既能促进效率又能提高员工幸福感的工作环境。通过应用智能家居技术和可持续设计原则，人性化设计还能在提高居住和工作环境的便利性和舒适性的同时，关注环境保护和资源节约。人性化设计还特别强调设计的包容性，包括为残障人士提供便利的设计，如无障碍入口和足够宽敞的通道，以及考虑到老年人的特殊需求，通过地面防滑处理、足够的照明和易于操作的家具和设备等设计措施，确保空间的安全性和便利性，展现了对用户细微需求的关注和尊重，也体现了社会的进步和文明。在文化和情感层面，人性化设计还着重于通过材料、色彩、光线等元素的巧妙运用，以及对传统文化元素的融合，创造出能够激发用户情感共鸣和文化认同的室内环境，满足用户的审美需求，更能在心理和情感上给予用户支持和慰藉，使空间不仅是物理上的避风港，也是精神上的归宿。

第二，意境营造在实践中的意义体现在几个方面。首先，意境营造强调了空间与用户情感之间的联系，通过对光影、色彩、材料、布局等设计元素的精心策划和运用，创造出能够引起情感共鸣和心灵触动的室内环境，能够在无形中传达出一种氛围和情感，使人们在其中能够感受到平静、舒适或激动。例如，通过模拟自然光线的变化，可以在室内创造出早晨温暖、傍晚宁静的氛围，使空间与自然的节律相协调，进而影响人的情绪和行为。其次，意境营造能够增强室内设计的文化内涵和艺术价值。在全球化和快速消费的背景下，人们越来越渴望寻找文化认同和艺术归属感。通过将传统文化元素、地域特色或艺术作品融入室内设计中，丰富空间的视觉层次，提升空间的文化艺术价值。这种深层次的设计思考和文化融合，使室内空间成为传承和创新文化的载体，为用户提供了一种超越物质层面的精神享受和文化体验。最后，意境营造还为室内设计提供了新的创作方向和灵感源泉。在传统的设计实践中，设计师往往关注功能布局和美观性。而意境营造鼓励设计师深入挖掘空间的潜在意义，探索与众不同的设计语言和表现手法，突破传统的设计框架，为室内设计领域带来新的生命力和发展动力。

第三，传统文化是一个民族历史和精神的承载，包含丰富的艺术形式、

设计元素和深刻的文化内涵。在室内设计中融入传统文化元素，可以增强设计作品的文化深度和艺术价值，而且还能够促进民族文化的传承和发展。本书指出，将传统文化与现代室内设计结合的关键，在于如何恰当地提取传统文化的精髓，将其转化为适应现代人居环境需求的设计语言。通过对中国传统文化特点的分析，如对称与平衡的布局原则、含蓄与深远的意境追求、精致与细腻的装饰艺术等，本书展示了如何将这些传统元素融入现代室内设计中，创造出既有现代感又不失民族特色的空间环境，让居住或使用空间的人们能够感受到传统文化的魅力，也为非物质文化遗产的保护提供了新的途径。本书还强调了在室内设计中融合传统文化时需要注意的问题，即设计的创新不应仅停留在表面形式的模仿或复制，而应深入探索传统文化的内在精神和时代价值，将其与现代设计理念和技术手段相结合，创造出既符合现代审美又具有深厚文化底蕴的设计作品。

第四，生态室内设计是一种设计风格或趋势，是一种全新的设计理念，强调在设计过程中充分考虑环境因素，追求人与自然环境的和谐共生，要求设计师在创造美观、舒适的室内空间的同时，也要考虑设计的环境影响，如能源消耗、材料选择、空间利用等，力求在环境保护、资源节约和健康居住之间找到平衡点。具体来说，生态室内设计的实践意义体现在几个方面。首先，倡导使用可持续和环保的材料，如再生材料、低污染和低排放材料，减少对环境的负面影响。其次，生态室内设计强调能源效率的提高，通过合理的空间布局和设计，最大限度地利用自然光照，减少人工照明的需求，同时采用节能设备和技术，降低能源消耗。最后，生态室内设计还注重室内环境质量，通过合理的材料选择和室内空气质量管理，创造健康舒适的居住和工作环境。实践生态室内设计的意义不仅在于其对环境的直接益处，如减少能源消耗和提高资源效率，更重要的是，它增强了人们的环境保护意识，实现了可持续生活方式。通过生态设计实践，设计师和用户共同参与到可持续发展的行动中，这种参与感和责任感对于推动社会整体向更加环保和可持续的方向发展具有重要作用。

第五，随着科技的进步，尤其是物联网、人工智能、大数据等技术的快

速发展，智能家居技术已经成为现代生活的一部分，极大地丰富了室内设计的内容和形式，为设计师提供了全新的设计工具和手段。智能家居技术的核心在于其能够通过智能系统的集成，实现对家居环境的自动化管理和控制，包括照明、温度、安全、娱乐等方面。例如，通过智能温控系统，可以根据室内外环境变化自动调节室内温度，既提升了居住舒适度，又有效节约了能源。智能照明系统能根据天气和室内活动自动调整亮度和色温，创造更加健康和舒适的光环境。此外，智能家居技术还能够通过数据分析，学习用户的生活习惯和偏好，从而提供更加个性化的服务。例如，智能音箱不仅能作为家庭娱乐中心，还能通过语音控制家中的智能设备，极大地提高了生活的便捷性。智能安全系统能够 24 小时监控家庭安全，及时响应和通知用户潜在的安全威胁，为家庭提供了更加全面的安全保障。在实践中，智能家居技术的融合要求室内设计师不仅要具备良好的美学和空间规划能力，还需要了解和掌握相关的技术知识，以便能够在设计中有效地整合智能家居系统，创造出既美观又智能的居住环境。

第二节　研究现状述评

一、史论研究

室内设计史论研究，作为室内设计领域的一个重要分支，主要探讨室内设计的历史发展、理论演变、设计风格的变迁等方面。从 20 世纪 50 年代开始，随着室内设计逐渐被确立为一门相对独立的学科，其史论研究也开始得到学术界的广泛关注。1975 年，美国室内设计师学会（American Society of Interior Designers，ASID）的成立，不仅标志着室内设计专业的正式产生，也成为室内设计史论研究的一个重要的里程碑，进一步推动了该领域理论和实践的深入发展。

在室内设计史论研究方面，国内外学者都作出了巨大的贡献，多部经典著作构成了本书理解和研究室内设计历史的基础。通过审视 20 世纪室内设

计师的创作实践和理论贡献，可以更加全面地理解室内设计作为一种文化实践在不同历史阶段的意义和价值。在国外，艾伦·C·加里·史密斯和安妮·马西分别在 1986 年和 1990 年编著的《20 世纪的室内设计师》(Interior Design of the 20th Century)通过聚焦于个别设计师的生平和作品，展现了 20 世纪室内设计多样化的风格和理念，这本书通过个案研究的方式，揭示了个别设计师对室内设计领域的创新贡献，反映了 20 世纪社会文化和技术变革对室内设计实践的深刻影响，并且通过深入探索设计师的创作理念和作品，强调室内设计作为一种文化和艺术实践，是如何响应并融合了各种社会文化元素和技术革新的。约翰·派尔的《A History of Interior Design》则提供了一个更广阔的视角，跨越不同的历史时期和文化背景，系统性地梳理了室内设计的发展历程。该书的中译本《世界室内设计史》更是为中国读者打开了了解全球室内设计历史的窗口。派尔的研究不仅记录了室内设计的重要事件和典型作品，更重要的是，他深入分析了设计理念的演变及技术进步如何推动了室内设计实践的创新。这一跨时代的宏观叙述阐明了室内设计与社会文化、经济发展和技术革新之间的紧密联系，还强调了室内设计作为一种创造性实践，如何不断地适应和反映人类不断变化的生活方式和审美追求。斯坦利·阿伯克龙比和谢里尔·惠顿的《室内设计史》是一部宏观而深入的作品，跨越了数千年的时间线，讲述了从古至今室内设计的发展历程。通过详尽的史料和生动的叙述，展示了室内设计的多样性和复杂性。室内设计不仅关乎美学和装饰，更是一门综合性学科，涵盖了构造、建筑艺术、工艺美术、技术、产品设计等多个领域。书中描述了从原始穴居到现代摩天楼的室内设计演变历程，每一个时期的室内设计都是对其时代社会文化背景、技术条件和人们生活方式的直接反应。例如，文艺复兴时期的宫殿设计反映了当时对于人文主义和古典文化的重视；而 19 世纪巨大的市政空间设计则体现了工业革命后对于公共生活空间的需求增长。书中对各种风格（如英式、法式、罗马、东方、美式、地中海、现代）的详细阐述，不仅让读者了解到这些风格的起源和发展趋势，更重要的是揭示了室内设计风格是如何受到时代、地域、文化和社会变迁的影响和塑造。尽管约翰·派尔（John Pile）所著的《世界室内

设计史》在 2003 年通过中国建筑工业出版社出版的中译本，并未直接涉及本选题的研究范围，但其所涵盖的广泛内容和深入分析为室内设计的历史研究提供了宝贵的参考和启示。

近年来，国内学者对室内设计史的研究呈现出深入且广泛的趋势，通过著作和论文不断探索和阐述中国室内设计的历史脉络、经典案例，以及现代建筑与室内设计的相互影响。广大学者从不同的角度对中国室内设计的发展进行了深入探讨和系统总结，提供了宝贵的学术资源和研究视角。

霍维国和霍光在 2003 年发表的《中国室内设计史》是研究中国室内设计历史的重要著作之一，该书详细记录了从古代至新中国成立后，中国室内设计的发展脉络，尤其注重中国传统室内设计的元素、风格及其对现代室内设计的影响。通过对不同历史时期室内设计特征的梳理，描绘了中国室内设计随着社会、经济和文化变迁的演进路径，还强调了中国传统文化在室内设计中的价值和意义，为当代设计师在继承与创新中找到平衡提供了重要启示。这本书的重要性在于，为读者提供了一个宏观的历史视角，更通过具体案例分析，展现了中国室内设计独特的美学特征和文化内涵。

《室内设计经典集》由张绮曼编著，集中展示了 20 世纪国内外室内设计领域的经典作品和设计师。该书通过精选的案例，分析了每个设计的创新之处、设计理念及其在当时的社会文化背景下的意义，为读者提供了一次穿越室内设计史的旅程，也为设计师和学生提供了丰富的灵感和借鉴。张绮曼通过这本书强调了经典设计对于现代室内设计实践和教学的重要启示，即设计的创新和持续发展需要深植于对历史的深入理解和反思之中。

杨冬江在 2007 年发表的《中国近现代室内设计史》是一部全面反映中国近现代室内设计发展历程的学术著作。该书通过广泛的资料收集、细致的整理分析及深入的论述，成功地勾勒出了从 1840 年至新时期，中国室内设计专业发展的基本轨迹。书中对 1840 年前中国传统室内设计的探讨，不仅展示了中国古典室内设计的深厚底蕴，而且通过对材料、色彩、家具布局等方面的分析，揭示了中国传统文化美学对室内设计的深刻影响。随后，杨冬江详细论述了西方建筑及室内设计思想传入中国后，对中国室内设计的影

响。这一时期，随着近代化的推进和国际交流的增加，西方的设计理念和风格开始影响中国的室内设计，尤其是在沿海开放城市中表现得尤为明显。在讨论意识形态主导的室内设计时，杨冬江指出，在特定历史时期内，政治和社会思潮对室内设计的风格和功能有着重要影响。最后，新时期的探索与追求部分，展示了改革开放以来，随着经济的快速发展和社会的深刻变革，中国室内设计迎来了新的发展机遇。杨冬江通过分析这一时期中国室内设计的多元化趋势、创新实践，以及对传统与现代、中西方元素的融合探索，揭示了中国室内设计行业的活力与创新能力。

施琴在其《试论中国室内设计历史的研究》一文中，提供了一个全面而深入的视角，以理解中国室内设计历史的研究价值和复杂性。施琴认为，通过系统的历史研究，可以揭示中国室内设计在不同历史时期的风格演变、技术进步，以及与社会文化、哲学思想的关联，从而为现代设计提供深层次的文化底蕴和创新灵感。在讨论研究态度时，施琴强调了保持客观公正的重要性，提倡对中国室内设计历史进行全面和深入的挖掘，而不是片面的理解或简单的模仿。施琴还指出，当前中国室内设计历史的研究还存在不足，如研究视野的局限性、研究方法的单一性等问题，呼吁进行更多元化和系统化的研究。在研究范畴方面，施琴提出应该广泛涉及不同时期、不同地域及不同文化背景下的室内设计实践，包括传统住宅、皇家宫殿、宗教建筑等各类空间的室内设计，有助于全面理解中国室内设计的多样性和复杂性，同时能更好地探索中国室内设计与建筑、艺术、社会等其他领域的交互影响。

综上所述，这些著作和论文从多角度、多层次地丰富了对室内设计发展脉络的认识，展现了室内设计的历史深度和文化底蕴，也反映了室内设计在全球化背景下的现代转型和创新实践，对于促进中国室内设计的学术研究、教育教学及行业实践都具有重要的意义和价值。

二、设计方法

室内设计领域的发展历程体现了由实践驱动向理论深化的转变。在过去，室内设计往往被视为建筑或美术的一个分支，从业者通常是通过从事建

筑设计或美术工作而逐渐转入室内设计领域的。在这种背景下，室内设计的工作方法和重点受到了其原有专业的影响，呈现出多样化的特点。例如，从建筑背景转来的设计师可能更注重空间的功能布局和结构安全性，而美术背景的设计师可能更加重视空间的视觉美感和艺术表达。随着时间的推移，室内设计作为一个独立的学科逐渐成熟，实践工作的积累和专业人员的增加使得室内设计开始形成自己的理论体系和研究方法，这一变化不仅体现在设计原理的探讨上，更扩展到了设计思维模式、图形表达技巧等方面。

郑新军、陈继泉和王萍主编的《室内设计原理》一书，以其系统性的探讨和研究，为室内设计领域提供了一部重要的学术作品。该书不仅明确了室内设计原理及其在教学中的应用位置，而且从最基本的问题入手，深入分析了室内设计的基础知识，涵盖了室内空间设计、灯光设计、色彩设计、装饰设计、住宅设计、公共场所设计等多个方面，通过将室内设计原理的讨论延伸到具体的设计实践应用中，该书展现了理论与实践相结合的重要性。

张金礼《室内设计基本思维模式探讨》一文从建筑室内空间功能、空间布置、科学性和艺术性的结合、空间动态等方面对室内设计的基本思维模式进行了探讨。

《室内设计思维与方法研究》由侯淑君撰写，是一部专注于室内设计过程中思维方式和方法论的研究著作。侯淑君通过对室内设计过程的详细剖析，揭示了设计思维的多维性和复杂性。她认为，室内设计不仅是一种视觉艺术的创作，更重要的是一种解决问题的过程。因此，设计思维应当是开放的、批判性的，并且能够跨学科整合知识与资源。书中提出的设计方法论，强调了研究与实践相结合的重要性，提倡在设计实践中不断地进行问题发现、问题分析、解决方案生成和评估调整。此外，侯淑君还特别关注设计创新的策略和途径。她认为，创新是室内设计发展的核心动力，而创新思维的培养则是设计教育和设计实践中的关键。书中对于如何在室内设计中融入新材料、新技术及新概念进行了系统的讨论，旨在激发设计师的创新潜能，推动室内设计向更加多元化、个性化的方向发展。而张金礼在其《室内设计基本思维模式探讨》一文中，提出了一种全面而深刻的室内设计思维模式，强

调了室内设计不仅是空间美化的过程，更是一种综合性的艺术和科学的结合。通过对建筑室内空间功能、空间布置、科学性与艺术性的结合，以及空间动态等方面的探讨，张金礼展示了室内设计的复杂性和多维性。

《设计表达：室内空间效果图表现技法》由杨翼、汤池明合著，认为室内设计不仅是一种创造性的活动，也是一个需要与客户、施工团队等多方沟通的过程。有效的视觉表达能够确保设计意图被准确理解和实施，这对于保证设计质量和减少误差具有重要意义。书中通过丰富的案例和详细的步骤说明，让读者能够逐步掌握从基础手绘技巧到高级电脑渲染技术的各种表现方法。这样的内容设置不仅适合室内设计初学者系统学习，也适合有经验的设计师进一步提升自己的表现技能。

卢安·尼森、雷·福克纳等人合著的《美国室内设计通用教材》是美国室内设计教育领域的重要贡献，它以全面而深入的方式介绍了设计思想与历史、设计过程与要素，以及材料和构成部分等关键方面，该书对于了解室内设计具有重要意义。首先，它对设计思想和历史的探讨能够帮助读者理解室内设计的根源和发展轨迹，而且能够激发对未来设计方向的思考。其次，对设计过程和要素的详细介绍，让读者能够把握室内设计的核心技能和方法，全面了解从概念发展到项目实施的每一步。最后，材料和构成部分的详细阐述，不仅增强了设计师对材料特性的理解，也促进了更加创新和可持续的设计解决方案的产生。然而，《美国室内设计通用教材》主要聚焦于美国的设计环境和法规，这在一定程度上限定了其全球适用性。美国的室内设计实践和教育体系在全球范围内无疑具有引领作用，但每个国家和地区都有其独特的社会文化背景和法律法规，这些差异对室内设计的实践有着深远的影响。因此，尽管该书为室内设计专业提供了宝贵的知识和见解，但其内容和案例需要在不同国家和地区的实践中进行相应的调整和补充，以确保其教育和实践的相关性和适用性。

三、设计教育

1957 年中央工艺美术学院组建我国第一个"室内装饰系"，标志着中国

室内设计教育的正式起步，到今天，随着社会的发展和市场的需求，室内设计教育已在全国范围内迅速发展壮大，几百所院校设立了室内设计专业，反映了室内设计行业在中国的快速成长，也映射出社会对美好生活环境需求的提升和审美意识的觉醒。在这六十余年的发展历程中，室内设计教育经历了从萌芽到成熟的转变，背后离不开广大教育工作者的不懈努力和探索。他们面对着不断变化的社会需求和技术革新，始终致力于教育方法的改进和课程内容的更新，以培养出更多具有创新能力和实践技能的专业人才，满足社会和市场的需求。

《中国室内设计教育发展研究》由杨冬江、任艺林、管沄嘉等合著，是一项深度探讨中国室内设计教育发展历程、现状及未来发展趋势的重要研究。这项研究是对中国室内设计教育历史的回顾和总结，对未来设计教育改革和人才培养模式的深思熟虑和前瞻。室内设计，作为一门融合艺术与科学、理论与实践的交叉学科，其教育和发展路径在中国具有独特的历史背景和社会文化意义。书中详细记载了从 1957 年中国室内设计专业的初创阶段，经过恢复与发展，直至 20 世纪 90 年代末期的多元发展与学科交叉，一系列时间线的划分清晰地展示了中国室内设计教育的演变过程，反映了中国社会经济发展和文化变迁对室内设计专业发展的深刻影响。在这个发展过程中，室内设计教育逐渐从单一的艺术设计教学，扩展到包含技术、人文、社会等多方面知识的综合性学科，体现了室内设计教育的深化和广泛性。研究通过清华大学美术学院及国内其他高校的室内设计教育领域的研究力量，结合国际资源和多年的教育成果，深入分析了不同时代下室内设计教育的理论与实践，突出了在全球化背景下，中国室内设计教育面临的挑战和机遇。特别是在国家创新驱动发展战略的大背景下，书中对中国室内设计教育未来的发展路径提出了具有前瞻性的思考和建议，强调了高质量、创新型人才培养的重要性，这对于推动中国室内设计教育乃至整个设计教育领域的改革与进步具有重要意义。此外，书中还包含了一份中国高等学校室内设计教育的调查问卷，这不仅是对当前中国室内设计教育现状的一次全面调查，也为未来的教育改革和人才培养提供了实证基础。通过这份调查问卷，研究者能够更加深

入地理解室内设计教育的实际需求、存在的问题及改进的方向，从而为制定更加科学合理的教育政策和培养模式提供参考。

《中国设计教育实践：现代室内设计图典》由李冰编著，书中对居住空间的探讨，尤其是公寓和别墅设计，多出自北美工业设计师协会成员之手，这反映了北美设计师在居住空间设计方面的创新能力和独到见解。北美设计师倾向于将实用主义与美学理念相结合，创造出既舒适又具有艺术感的居住环境，这种设计哲学在图典中得到了充分的展示和体现。在商业空间设计部分，书中展示了北美地区知名公司的办公空间设计，这些设计案例不仅关注工作空间的功能性和效率，更加注重创造有利于提升工作动力和团队合作精神的环境。通过设计实例，可以看到现代办公室设计正越来越多地采用开放式布局、灵活的工作站及丰富的公共交流区域，以促进信息的流通和团队之间的互动。而在餐饮空间设计方面，书中集中展示了欧洲具有特色的酒吧设计。欧洲酒吧设计往往强调独特的主题和氛围营造，通过巧妙的空间布局、照明设计及材料和色彩的选择，创造出既有文化深度又能满足社交需求的空间。总体而言，《中国设计教育实践：现代室内设计图典》通过精选的设计案例，展示了当代室内设计领域的国际视野和创新实践，为读者提供了宝贵的学习资源和灵感来源。

何夏昀在其著作《中国室内设计教育竞争力评价研究》中，开创性地对中国室内设计专业教育的竞争力进行了深入的研究与评价。通过选取 26 所在室内设计领域具有标杆意义的高等院校为研究对象，这些院校不仅开设了室内设计专业方向，而且还荣获了国家级一流环境设计专业建设点和国家级一流建筑专业建设点的称号，何夏昀的研究旨在通过模拟评价验证，揭示在不同竞争场景下，这些院校在输入竞争力、转化竞争力、输出竞争力、综合竞争力等方面的差异。

《室内环境设计教育研究》由刘旭、吕从娜、刘思维联合撰写，是室内环境设计领域的重要著作之一。该书全面而深入地探讨了室内环境设计的多个维度，包括设计的基本概念、理论知识、美学与色彩、软装陈设、材料选择、空间设计等关键领域。通过对国内外的室内装修案例的精细赏析，书中

不仅展示了室内环境设计的实践应用，还深化了读者对设计原理和应用技能的理解。该书的编写团队通过丰富的实践经验和深厚的理论基础，将室内环境设计的复杂内容系统化、规范化，使之成为室内设计学习者和实践者的重要参考。在室内软装设计的美学与色彩研究章节中，不仅讨论了色彩搭配的基本原则和美学意义，更深入探讨了色彩在营造室内氛围中的应用，指导读者如何根据不同的设计需求选择和运用色彩。在讨论室内软装的陈设设计时，本书提出了一系列具有操作性的设计方法和技巧，强调了软装在实现室内环境美学目标中的作用。通过详细的案例分析，展示了如何通过细节处理和陈设艺术提升室内设计的整体效果，使设计既美观又实用。对于室内材料的设计与选择，作者深入分析了不同材料的性能特点及其在室内设计中的应用，强调了材料选择对于实现设计美学、功能性和可持续性目标的重要性，为设计师提供了宝贵的材料知识，也为读者呈现了如何根据项目需求科学选择材料的思路。在室内空间设计研究章节中，则系统地介绍了空间布局、功能划分及空间美学的创建原则，强调了空间设计在室内环境设计中的核心地位。通过实例赏析，本书展示了如何根据人的活动需求和心理感受，科学合理地规划空间，创造出既舒适又功能性强的室内环境。

第三节　研究内容及概念界定

一、研究内容

本书深入探讨了现代室内设计的理论与实践，通过多维的视角，对室内设计的多个方面进行了全面的分析和阐述。从室内设计的基本理论到人性化设计、意境营造、传统文化的融入、生态理论的应用，再到智能家居技术的探索，本书不仅展现了室内设计领域的最新研究成果，也为设计实践提供了丰富的理论支撑和实际指导。

在绪论部分，本书首先明确了研究的背景及其重要性，指出在快速发展

的现代社会中，室内设计作为一种重要的文化和艺术表现形式，对于提升人们的居住和工作环境质量具有不可忽视的作用。随后，通过对现代室内设计研究现状的述评，作者指出了当前研究中存在的问题和不足，进一步界定了研究内容、相关概念、研究范围和研究方法，旨在通过系统化的研究方法，探讨室内设计的新理念、新技术和新趋势。

第二章对现代室内设计的理论基础进行了深入的分析，从室内设计的基本概念讲起，详细回顾了现代室内设计的发展历程，包括历史上的重要设计流派和理论的形成。在讨论现代室内设计的核心理念时，作者强调了设计的人性化、功能性、美学性、可持续性等基本要素，并探讨了室内设计与建筑、艺术、环境科学等相关学科的交叉融合，体现了室内设计作为一门综合学科的特性。

在随后的章节中，本书逐一展开了对现代室内设计多维观察的深入研究。在人性化设计方面，讨论了如何基于用户的生理和心理需求，创造出既舒适又安全的室内环境。而在意境营造部分，书中探讨了如何通过室内空间的设计营造出富有艺术气息和文化内涵的环境，强调了空间设计与相关艺术领域之间的相互启发和融合。

在讨论传统文化与室内设计的融合时，本书特别强调了中国传统文化元素在现代室内设计中的应用，探讨了如何在尊重传统的同时，创新设计语言，实现文化的传承与创新。生态理论的应用章节则从理论与实践双重视角，分析了如何在室内设计中融入生态美学，实现设计的环境友好和可持续发展。

智能家居技术的探索章节，体现了作者对现代科技发展趋势的敏锐观察。通过分析智能家居系统的设计和应用，书籍探讨了如何利用先进技术改善居住环境、提升居住品质，展示了室内设计与科技融合的无限可能。

在结论与启示章节中，本书总结了研究的主要发现和理论贡献，并从理论和实践两个层面提出了对未来室内设计发展的启示。同时，也指出了研究过程中的局限性和未来研究的可能方向，为后续的室内设计研究提供了思路和方向。

二、概念界定

（一）设计的概念

设计，这一跨越时代与文化的概念，其意义与内涵随着社会的进步和科技的发展而不断演变。从词源上来看，"design"一词的历史可以追溯到拉丁语的"designara"，经过意大利语的"desegno"和法语的"dessein"，最终成为英语中所熟知的"design"，其演化过程是语言的变迁，某种程度上反映了设计观念的深化和拓展。1985年版的《简明不列颠百科全书》对"design"的阐释，提供了一个更为明确和全面的理解框架。该书将设计定义为为实现一定目的而设想、计划或提出方案，强调了设计的目的性和计划性。这一解释将设计的范畴扩展至一切创造性的物质生产活动，无论是设想、规划、计划、安排还是布置和筹划，都被纳入了设计的广泛领域，拓宽了设计的边界，强调了设计活动中的创造性和目的性，即设计并非无目的的创造，而是旨在解决特定问题或满足特定需求的有意识行为。进入 20 世纪末，设计的定义经历了更为深刻的变革。维克多·J. 帕帕奈克在《为真实的世界设计》一书中则将设计视为为赋予有意义秩序所做的有意识和机智的努力，这一观点进一步深化了设计的内涵。帕帕奈克强调，设计区别于自然界的秩序或人为的杂乱无章，是一种有目的、有计划的创造活动，核心在于强调设计不仅是一种外在的形式创造，更是一种内在的、有意义的秩序建构。设计的价值不在于形式的美丑，而在于其是否能为人类生活带来秩序和意义。同时，巴巴纳克还指出，设计是区别于动物性、非意识创造活动的人类特有的创造行为，它既需要冷静的思考，也需要机智和灵感的闪现。原研哉与阿部雅世所著的《为什么设计？》（Why Design？）一书，则从另一个角度诠释了设计的意义。该书认为，设计是一连串的判断与决定，它自然而然地存在于人类的日常生活中，就如同呼吸空气一般不可或缺。设计不仅是一种职业或技术活动，还是一种生活态度、一种思考方式。设计带给人类生活的不仅是功能性的满足，更是精神上的愉悦和美的享受。该观点强调了设计的普遍性和重要性，设计影响着每个人的生活环境，也塑造着人们的生活方式和价值观念。从

"designara"到"design"，从百科全书到学术著作，对设计的定义和理解在不断演进中丰富和深化。在当今这个日新月异的时代，设计的作用和影响越发凸显，它是推动社会进步和文明发展的重要力量，也是提升个人生活品质和实现自我表达的关键途径。

在中国文化的深厚底蕴中，"设计"这一概念承载着丰富的历史和文化内涵，其最基本的词义如同《现代汉语词典》所定义的，是指在正式做某项工作之前，根据一定的目标和要求，预先制定方法、图样等。这样的定义虽然简洁，却涵盖了设计的核心元素——目的性、预见性和计划性。追溯"设计"一词的历史渊源，发现它最初与"计谋"紧密相关，如《三国志》中的描述，"赂遗吾左右人，令因吾服药，密因鸩毒，重相设计"，这里的"设计"便是以筹谋和计划为目的的行动，体现了早期"设计"一词所蕴含的策略和智慧，是对未来的预谋和安排，早已超越了字面的意义，蕴含了深远的文化价值。与"设计"意义相近的"意匠"一词，其渊源更是可追溯至晋代。陆机在《文赋译注》中的"意司契而为匠"一语，将"意匠"与艺术创作紧密相连，这里的"契"指图案，"匠"即工匠，二者共同指向了通过精心构思而成的艺术作品，凸显了设计在艺术创作中的重要地位，也强调了设计者的创意和技巧。清代赵翼对苏州网师园的描述，更是将"意匠"与环境建造联系起来，展现了设计在建筑和园林中的应用，及其在文化传承中的重要作用。从古至今，"设计"和"意匠"这两个词汇经历了从具体技艺到抽象思维的转变，不仅是在物质形态上的创造，更是一种对美好生活的追求和想象。在现代社会中，"设计"已经成为一种文化现象和社会实践，贯穿日常生活的方方面面，从简单的用品到复杂的系统，从实用的技术到抽象的理念，都体现了设计的无所不在。

在20世纪初期，随着西方现代设计理念的逐渐引入中国，设计作为一种全新的概念和实践活动开始在中国萌芽。受到日本及其他西方国家影响，"design"这一概念被引介到中国时，并没有一个固定的翻译，而是根据当时的认识和习惯被译为"图案""美术工艺""工艺美术"等词，翻译的多样性反映了当时中国社会对于"design"概念的理解尚处于初步探索阶段，体现

了中国在面对西方现代设计理念时的接受态度和本土化努力。中国美术教育家俞剑华是在这一时期对设计概念进行阐述的先驱之一，在其编著的设计技法专著《最新图案法》中，俞剑华将"design"译成了"图案"，并对此进行了深入的探讨。俞剑华指出，"图案（design）一语，近始萌芽于吾国，然十分了解其意义及画法者，尚不多见。"这表明，当时中国对于设计概念的理解还处于初级阶段，对设计的意义和方法的深入认识有限。俞剑华进一步强调了设计在工业发展和制品改良中的重要性，认为"国人既欲发展工业，改良制品，以与东西洋相抗衡，则图案之讲求，刻不容缓！"这一观点体现了设计在实用性和美观性方面的双重价值，以及当时中国社会对于提升国力、促进文化交流与竞争中设计作用的认识。值得注意的是，当时的"图案"概念，包括平面的纹饰设计、立体的设计图样和模型，说明了早期"design"概念在中国的接受和应用具有广泛性，涵盖了多个维度和层面。

蔡元培作为一位杰出的教育家，对于"工艺美术"概念的提出和阐释具有重要意义。在其《美术的起源》中，蔡元培明确区分了美术的"狭义"和"广义"概念。他指出，狭义的美术是专指建筑、造像（雕刻）、图画与工艺美术（包括装饰品等）。体现了蔡元培对美术范畴的深刻理解，也为后来设计概念的发展和细分提供了理论基础。蔡元培的思想预示了随着时代的发展和设计科学观念的普及，设计将不再局限于某一特定领域或学科，而是成为一种广泛应用于生活各个方面的创新活动。如今，回顾"design"的概念在中国的引入和演变，可以看到从早期的"图案""美术工艺"到现代设计的广泛应用，设计已经成为连接科技、艺术和人文的重要桥梁。现代设计的概念已经超越了"狭义"的范畴，成为一种"广义"的理念，强调设计思维和方法的普遍性和跨学科性，倡导以人为本、可持续发展的设计理念，致力于解决人类社会面临的复杂问题。

1. 广义的设计

自古以来，人类通过劳动改造了自然、塑造了文明，更在这一过程中累积了丰富的物质财富和精神财富。在这一漫长的历史进程中，造物活动作为人类创造性行为的最基础和最主要的形式，始终贯穿人类社会的发展之中。

设计作为对造物活动的预先计划和思考，实际上是这一创造过程中不可或缺的一环。正如赫伯特·西蒙所言，设计是一种投射于未来，旨在改变现状的活动，充满了目的性和创造性。从打制最初的石器到建造庞大的建筑群，从绘制简单的岩画到创作复杂的数字艺术，人类的每一次尝试和探索，无不体现了设计的本质。设计不仅是一个现代术语，它的存在远比这个词汇本身要古老。在人类早期的造物活动中，设计以其最原始的形式存在，虽不曾命名，但其精神和本质早已深植于人类文化的根基之中。

包豪斯的教师拉兹洛·莫霍利-纳吉曾说："设计不是一种职业，它是一种态度和观念，一种规划（计划）的态度观点。"按照这种观点，设计远不是仅将思想局限在家具、机器、日用品、建筑这些对象上，而是有计划、有目的地规划一种社会、文化、制度、价值、道德和行为准则。正是基于对设计的这种理解，孔子也被说成是伟大的设计师，孔子通过他的教学和思想，构建了一套完整的价值体系，塑造了数千年来人们的行为模式和道德准则。在广义设计观看来，任何"人为事物"都是经由设计而产生的。很大程度上是一种问题的求解活动、创造活动和发明活动。设计的广义解释不受学科或专业本身的限制，这些含义具有普遍性与广义性。这就使得设计学科边界变得模糊。事实上，学科疆域的扩延以至融合是当今学术发展不可避免的一种现象。从人类探索知识的途径角度上看，这个"融合"是合乎情理的，因为学科之分本身就是人为的。因此，在广义的设计概念下，设计研究显然不可能局限在某个单一学科的知识范围之内。

2. 狭义的设计

设计既蕴含着广义上对未来的规划与塑造，也指向狭义上具体物质化产物的创造。从欧洲文艺复兴时期及随后工业化时代的专业性活动开始，设计逐渐发展成为一个涵盖建筑、室内、产品、工程、视觉传达、服装、动漫、城市规划等多个领域的专业领域。狭义的设计要求设计者具备高度的创造性和专业技能，能够将创意具体化、物质化，以满足人类生活的实际需求。随着时间的推进，设计的领域不断拓宽，其内涵也在持续发展变化中。现代社会的设计活动已不再局限于传统的视角，而是开始跨越专业壁垒，融合创造

性活动理论、现代决策理论、信息论、控制论、系统工程等多种现代理论与方法，跨学科的融合推动了设计科学的整体化发展，使设计活动成为一种综合性的科学探索，即设计科学。这表明，设计正逐渐从一种职业技能转变为一种综合性的科学研究领域，其研究对象和方法已经远远超越了传统设计的范畴。无论是从广义的角度还是狭义的角度来看，设计都具有创造性、精神性、适应性、目的性等本质特征，定义了设计的基本属性，指引了设计发展的方向。其中，目的性是设计最为核心的特征之一，意味着所有设计活动都是为了实现某种预定的目标而进行的。

设计本身的目的在于通过创意和技术的结合解决问题，满足人类生活的各种需求，包括功能性的、实用的需求，也包括审美的、情感的甚至是精神的需求。随着社会的发展和科技的进步，设计的领域和范畴不断扩大，呈现出前所未有的多元化趋势。从工业设计到视觉传达，从环境艺术到信息界面，设计触及了生活的方方面面。新兴的设计理论和观念层出不穷，例如，可持续设计、用户体验设计、情感设计等都是对传统设计观念的挑战和扩展。设计不再是单一的、孤立的创作活动，成为一种跨学科的、集成化的解决方案，要求设计师具备更广泛的知识背景和更深入的思考能力。在这个意义上，设计的目的性更加凸显，强调的是以人为本，回应人的内在需求和期望。设计的最终目标是提高生活的质量，创造更加和谐、可持续的生活环境。

下面列举部分设计的定义。

设计的哲学基础，如《考工记》所提到的，强调了与自然法则和材料固有品质相协调的必要性，以创造出具有持久价值和相关性的对象。这本古籍强调了天时、地利、人工巧合和材料自然美感之间的共生关系——当这些因素和谐对齐时，便能产生卓越品质的创造。

设计的核心目标是在人类欲望与物理及社会环境所呈现的限制和可能性之间导航。这是一项深植于同理心的活动，需要深刻理解人类心理学、社会动态和生理需求，以同理心为基础确保设计解决方案能够提高生活质量、增进福祉，并满足多样化人群的细腻需求。因此，设计过程不仅是创造物体

或空间，而是关于构想和打造深刻的个人层面上共鸣的体验，促进连接并丰富人类精神。

设计作为现在与潜在、现存与设想之间的桥梁，本质上是前瞻性的，是一种动态的想象跃进，旨在超越当前现实的限制，预测和塑造未来可能性。

设计的创造性冲动是将前所未有的东西带入存在，将想象力与功能性结合的过程，产生的是新奇和美观的东西，还服务于某个目的并解决特定需求，并且强调其作为一种变革力量的角色，带来新的视角、解决方案和形式，从而丰富人们的生活并拓展人类经验的视野。

设计是一种迭代和战略性活动，特点是仔细规划和思考各种因素，包括美学、功能性、可持续性和文化相关性，强调了设计在解决问题和决策中的作用，每个选择都是有意义的，旨在实现最佳可能的结果。通过草图、模型、数字表示等手段符号化想法的过程对于可视化和精炼概念至关重要，这使设计师能够探索替代方案并进行迭代，向更精细的解决方案进发。

设计超越了其直接的功能和美学考量，成为社会价值、文化规范和技术进步的反映，它是一种社会和文化活动，体现了时代精神，反映并影响我们的生活方式、互动方式和对周围世界的感知。通过理解和响应时代的文化和社会动态，设计在塑造社会的物质和非物质结构中发挥了关键作用。

设计的本质在于为一系列特定需求找到最恰当的解决方案，使其成为一种本质上实用和以结果为导向的学科，需要深入理解任何特定场景中存在的背景、限制和机会，利用这一理解来设计有效、可持续且道德的解决方案。

（二）室内设计的概念

室内设计是环境的一部分，也是人为环境设计的一个主要部分，所以室内设计又被称为"室内环境设计"。室内设计就是在建筑构件限定的内部空间中，以满足人的物质需求和精神需求为目的，运用物质技术手段与艺术手段，创造出功能合理、舒适、美观的内部环境。

所谓环境是指影响人类生存和发展的各种天然的和经过人工改造的因素的总和。室内设计属于经过人工改造的环境，人们绝大部分时间生活在室内环境之中，因此，室内设计与人们的关系在环境艺术设计系统中最为密切。

　　室内设计源于建筑设计，它是伴随着现代建筑的发展而逐步发展起来的。早期的室内设计就是与建筑物相适应的室内装饰，18 世纪室内装饰师与建筑师逐渐分离，19 世纪室内装饰师开始独立发展，20 世纪 60 年代，室内设计理论开始形成，真正的室内设计出现。室内设计的任务由装饰转变为按不同功能要求，从内部把握空间，设计形状、大小、高低，为人们舒适生活而整理空间。设计风格上也打破了 17 世纪、18 世纪传统烦琐的装饰风格，超越了 19 世纪以后只强调功能性、追求造型简单的形式主义，逐渐形成了新的审美趣味和形式风格，并且在 20 世纪后期逐渐走向多元化。

　　具体来说，室内设计是一个多元融合的创作过程，致力于根据建筑体的用途、周边环境及设定的准则，打造兼具实用性与审美价值的室内空间，这一过程聚焦于空间的机能与效用，涉及美学、技术、文化等多维层面的考量。在创造过程中，力求将实用主义与美学理念相融合，以构建出既符合人体工学又充满艺术气息的室内环境，通过室内设计满足人们物质生活的需求，同时丰富其精神世界的体验。

　　室内设计的目的是创造出功能合理、舒适美观、符合人的生理和心理要求的理想场所，旨在使人们在生活、居住、工作的室内环境空间中得到心理、视觉上的和谐与满足。室内设计的关键在于营造室内空间的总体艺术氛围，从概念到方案、从方案到施工、从平面到空间、从装修到陈设等一系列环节，融汇构成一个符合现代功能和审美要求的高度统一的整体。

　　在理解室内设计内涵时要注意区分以下四个相关概念。

　　① 室内装饰是为满足视觉艺术要求而进行的一种附加的艺术装饰。例如对室内地面、墙面、顶棚等各界面的处理，装饰材料的选用，也包括对家具、灯具、陈设和饰品的选用、配置和设计。

　　② 室内装修主要指在建筑土建工程完成后的空间内对建筑构件、照明、通风与构造等进行工程技术方面的综合处理，即安装与修缮。

　　③ 室内装潢有综合装饰和装修的意思，偏重室内环境的艺术处理，同时注重，时尚与流行意识，是注重时尚与繁体风格的设计。

　　④ 室内设计是综合的室内环境设计，它既包括视觉环境方面的问题，也

包括工程技术方面的问题，还包括声、光、热等物理环境的问题，以及氛围、意境等心理环境和文化内涵方面的内容。可以说，它较上述几个概念都更加完善、更加全面。

第四节 研究范围及方法

一、研究范围

研究范围定义了一个研究项目的边界和限制，它指导着研究者在特定的领域内探索问题的广度和深度。在科学和学术研究中，确定研究范围是构建研究设计的关键步骤，它涉及研究的主题、目的、理论框架、研究方法及数据收集和分析的范围。一个明确的研究范围能够帮助研究者集中资源和精力在最重要和最相关的领域，避免研究偏离主题或者涉及过于宽泛的领域而导致研究成果的稀释。通过界定研究范围，研究者能够更有效地管理项目的期望和限制，同时确保研究结果的深度和质量。在本书中，研究范围的设定反映了笔者对于现代室内设计领域多元化和综合性质的深刻理解。本书的研究范围覆盖了从理论探讨到实践应用的广泛领域，旨在全面分析和解读现代室内设计的发展动态、核心理念、相关学科理论，以及在人性化设计、意境营造、传统文化、生态理论、智能家居等多维度上的应用和实践。首先，本书在理论基础方面深入探讨了室内设计的基本概念、发展历程和核心理念，以及室内设计与相关学科理论之间的交互作用。这一部分不仅为后续的深入研究奠定了坚实的理论基础，也为读者提供了理解现代室内设计多元化发展的框架。其次，研究着眼于现代室内设计的多维观察，分别从人性化设计、意境营造、传统文化的融合、生态理论的应用及智能家居技术的融合方面进行详细地分析和探讨。每一维度都深入讨论了相关的概念和理论，展示了室内设计如何响应人的生理和心理需求、如何通过艺术创造和文化传承营造意境、如何实现设计与生态的和谐共生，以及如何利用智能技术提升室内设计的功能性和舒适度。通过这些多维度的观察，本书不仅揭示了现代室内设计

的复杂性和多样性，还展现了设计师如何将创意和技术融入室内空间，创造出既美观又实用的环境。此外，本书通过国内外室内装修案例的赏析，进一步丰富了研究的实践维度，使理论与实践相结合，展示了现代室内设计理念和方法在实际项目中的应用和效果。这些案例不仅为读者提供了丰富的视觉享受，更重要的是，它们提供了宝贵的学习和借鉴经验，促进了室内设计实践的创新和发展。最后，研究结论与启示部分总结了全书的研究成果，讨论了现代室内设计的理论贡献和实践启示，并指出了研究的局限性与未来研究的展望。这一部分不仅为本书的研究画上了圆满的句号，也为室内设计领域的学者、设计师及相关从业人员提供了进一步研究的方向和灵感。本书的研究范围既广泛又深入，涵盖了室内设计的理论探讨、多维度分析及实践应用，体现了现代室内设计复杂多变的特点和跨学科的融合性。

二、研究方法

在撰写本书时，研究方法的选择和应用对于确保研究的深度和广度至关重要。本书采取的研究方法体现了对室内设计领域多维度特征的全面探索，旨在通过综合运用多种研究方法，深入解析现代室内设计的理论基础、实践案例和未来发展趋势。

（一）文献综述

书中广泛采用了文献综述方法，通过回顾和分析现有的室内设计相关理论、案例研究及前沿研究成果，建立了研究的理论框架。在绪论部分，通过对研究背景、意义及现状的述评，文献综述帮助界定了研究的内容和概念，明确了研究的范围和方法。这一阶段的文献回顾不仅涵盖了室内设计领域的经典著作和最新研究，也包括了跨学科领域的理论与实践，为深入探讨现代室内设计的多维观察提供了坚实的理论基础。

（二）案例研究

案例研究是本书研究方法的另一重要组成部分。在探讨人性化设计、意境营造、传统文化融合、生态理念应用及智能家居技术多个维度时，书中精选了一系列具有代表性的国内外室内设计项目作为案例进行深入分析。这些

案例不仅展示了理论在实践中的应用，还反映了现代室内设计面临的挑战和解决策略。通过对案例的选择、描述和分析，本书揭示了现代室内设计的创新方法和设计理念，同时提供了丰富的实践经验和启示。

（三）比较研究

为了深入探讨现代室内设计在不同文化、地域背景下的表现形式和发展趋势，本书还采用了比较研究方法。通过对中国传统文化与室内设计的融合，以及西方设计理念在中国室内设计实践中的应用进行比较，本书揭示了文化差异对室内设计的影响，以及跨文化设计实践中的互动与融合。比较研究不仅加深了对室内设计全球化趋势的理解，也促进了不同文化背景下设计理念和实践方法的交流和借鉴。

（四）跨学科研究

鉴于现代室内设计是一个跨学科的综合领域，本书在研究方法上强调了跨学科研究的重要性。通过整合建筑学、艺术学、心理学、生态学、信息技术等相关学科的理论和方法，本书对室内设计进行了多角度、多层次的探讨。特别是在讨论室内设计的生态理论和智能家居技术应用时，跨学科研究方法为理解室内设计在可持续发展和技术创新方面的新趋势提供了宝贵的视角和思路。

（五）实证研究

在研究智能家居在现代室内设计中的应用时，本书采用了实证研究方法，通过收集和分析实际项目的设计方案、用户反馈和操作数据，评估智能家居技术的实际效果和用户体验。实证研究方法的运用，不仅加深了对智能家居技术在室内设计中应用的理解，也为设计师提供了基于实际项目经验的设计指导和建议。

第二章　现代室内设计的理论基础

现代室内设计已经演变为一门综合艺术，它融合了美学、功能、技术等多重维度。通过对空间布局、色彩搭配及材质选择的精细组织与协调，设计师们创造出了既和谐又富有层次感的室内环境。现代室内设计的发展历程如同一部波澜壮阔的史诗，它见证了社会和文化的变迁，从古典的传统风格逐渐演变至现代的多元化设计，每一个阶段都展现了设计理念的革新和技术水平的提升。现代室内设计的核心理念始终以人为本，它强调功能性与美观性的完美结合，追求实用与艺术的和谐统一，并致力于提升用户体验、激发情感共鸣。展望未来，现代室内设计的发展趋势将更加注重智能化、可持续性和个性化，旨在为人们营造一个更加舒适、便捷且环保的生活空间。

第一节　室内设计概述

一、室内设计的内容与分类

（一）室内设计的内容

1. 空间形象设计

在建筑设计的世界里，每一栋建筑不仅是空间和材料的组合，而且是一个充满故事和生命的实体。对于设计师而言，需要对建筑的总体布局、功能

分配进行精细的分析，探索如何通过巧妙的设计使人流动线自然流畅；同时，对建筑的结构体系要有透彻的理解，确保设计的可行性与安全性。在空间组织方面，空间形象设计主要是对现有空间的尺度和比例进行调整和完善，是一种对空间关系的重新解读和创造。设计师通过细致入微的考量，解决空间与空间之间的连接、对比与统一问题，以此构建出既和谐又具有层次感的空间序列，使得每一处空间都能够讲述自己的故事，表达出独特的空间氛围和情感。此外，设计师通过运用多样化的设计手法和材料，塑造出具有鲜明特色的空间形象，通过这样的设计，建筑不再是冰冷的石头和钢铁的堆砌，而是成为一个能够呼吸、能够交流、能够激发灵感的生命体。

2. 界面装修设计

界面装修设计直接关系到空间的视觉感受、使用功能及最终的居住或使用体验。在室内设计的过程中，界面装修设计不仅是对墙面、地面和天花板等表面的美化，更是一种综合性的设计思考，涉及材料的选择、色彩的应用、技术的处理、环境的营造等多个层面。

材料决定了界面的质感和视觉效果，直接影响空间的耐用性、维护成本及环境舒适度。例如，选择天然石材作为地面或墙面材料，可以营造出一种质朴而高雅的氛围；采用木材则能够带来温馨和自然的感觉。在现代室内设计中，更多的是采用环保、轻质、易维护的新型材料，如复合地板、PVC 墙板，这些材料不仅美观且具有良好的性能，如防水、防潮、隔音等，能够满足现代生活的高标准需求。

色彩在空间中的应用遵循一定的比例和尺寸规则，以达到最佳的视觉效果和心理影响。一般来说，设计师可能会采用 60-30-10 的规则来分配空间中的主色调、次色调及强调色。其中，60%的色彩占据空间的主导地位，通常用于墙面或大面积的背景色，为空间设定基调；30%的色彩用于辅助色，常见于家具、窗帘等较大的元素，用以提供视觉上的层次感；剩下的 10%则用作强调色，通过装饰品如靠垫、艺术品等小件物品引入，为空间增添活力和焦点。色彩的选择和搭配还需要考虑到光线的影响。自然光和人造光都会对色彩的感知产生影响，因此在设计时要考虑空间的光照条件。例如，北向的

房间由于光线较为柔和，适合使用温暖色调以增加温馨感；而南向的房间光线充足，可以采用冷色调来平衡过强的光照。在实际应用中，设计师还会根据空间的具体功能和使用者的偏好细化色彩的选择。例如，在儿童房设计中，可能会采用更为明亮和鲜艳的色彩来激发儿童的想象力和创造力；而在办公空间，则可能倾向于使用中性色彩来营造专业和集中的工作氛围。

光照设计在界面装修中扮演着不可或缺的角色。一个优秀的光照设计能够合理利用自然光与人造光，创造出既节能又舒适的光环境。在自然光方面，设计师需要考虑窗户的大小、位置及玻璃的透光性，以最大限度地引入自然光，同时要注意避免过强的阳光直射带来的不适。在人造光设计方面，则需要根据空间的功能和氛围需求选择合适的照明设备和照明方式，例如，在居住空间中采用温暖柔和的灯光以营造舒适氛围，在工作空间中使用明亮的、均匀分布的光源以提高工作效率。此外，通过灯光的层次和强度的变化，还能够突出空间中的重点区域或装饰元素，增强空间的层次感和视觉效果。

施工工程管理的设计对于确保界面装修项目的顺利进行和高质量完成至关重要，涉及项目的整体规划、施工进度的控制、质量管理、成本控制等多个方面。通过有效的施工工程管理，可以确保项目按计划进行，避免不必要的延误和成本超支。同时，严格的质量管理体系能够确保每一个施工细节都达到预期的标准，从而确保最终的装修效果符合设计要求。合理的成本控制不仅能够保证项目的经济效益，还能够通过优化资源配置，提高装修工程的性价比。

3. 物理环境设计

在现代室内设计中，创造一个既舒适又功能性强的环境，要考虑美学，还要兼顾室内体感气候、采暖、通风、温湿度调节等技术要素。例如，一个理想的室内设计应该保持一定的温度范围，如休息区间的温度宜控制在 20～22 ℃，而会议室等需求较高的场所则需要维持在 22～25 ℃（见表 2-1）。此外，空气流通速度、相对湿度、地面辐射温度等也都有一定的建议值，旨在提供最佳的室内体验。

表 2-1　室内热环境的主要参考指标

项目	允许值	最佳值
室内温度	12～32 ℃	20～22 ℃（冬），22～25 ℃（夏）
相对湿度	15%～80%	30%～45%（冬），30%～60%（夏）
气流速度	0.5～0.2 m/s（冬），0.15～0.9 m/s（夏）	0.1 m/s
室温与墙面温差	6～7 ℃	<2.5 ℃（冬季）
室温与地面温差	3～4 ℃	<1.5 ℃（冬季）
室温与顶棚温差	4.5～5.5 ℃	<2.0 ℃（冬季）

在考虑到照明需求时，例如，图书馆的阅览室需要较高的照度，大约为150～200 lx，而会议室和办公室则可能需要更高或更低的照度，以满足不同活动的需求（见表 2-2），这种对细节的关注确保了室内空间既能满足功能需求，又能提供舒适的体验。

表 2-2　各类空间工作面平均照度　　　　　单位：lx

幼儿活动室	150
教室	150
办公室	100～150
阅览室	150～200
营业厅	150～300
餐厅	100～300
计算机房	200
舞厅	50～100

在需要高度声学性能的空间中，如剧院或录音室，对混响时间的控制及声学曲线的选择至关重要，它们直接关系到声音质量和观众的听觉体验。在这里，设计师要运用科技，还要具备对声音工程的深入理解，以确保声音清晰、分布均匀，且无不必要的干扰。隐私性也是设计时必须考虑的一个方面，尤其是在那些需要高度私密性的工作和居住空间内。优良的隔音设计可以提升空间的实用性，提高了居住者和使用者的满意度。隔音处理的质量直接反映了室内设计的综合考虑和实施水平。因此，室内设计不再仅是表面的装饰，

而是成为一门多学科交叉融合的综合艺术，要求设计师在审美、功能性和技术实施上都达到高水平的融合与平衡。

4. 陈设与绿化设计

陈设设计的精髓在于如何选择和布置家具、艺术品、装饰物等元素，以达到既美观又实用的目的。选择家具时，除了考虑其风格是否与室内设计的整体风格相匹配外，还要考虑其材质、色彩、尺寸等因素，确保家具既能满足功能需求，又能与空间其他元素和谐共处。例如，一个现代简约风格的客厅，可能会选择线条简洁、色彩中性的沙发和茶几，以营造出简洁明快的空间感觉。而在布置家具时，还需要考虑空间的流通性和使用的便捷性，避免过分拥挤或留下死角。艺术品和装饰物的选择和布置则更多地体现了主人的个性和审美偏好。一幅精美的画作、一个别致的雕塑或是一组风格独特的装饰品，都可以成为空间内的视觉焦点，给人留下深刻印象。

绿化设计则是通过引入室内植物来美化空间和改善环境。室内植物不仅能为室内环境增添生机和活力，还能通过光合作用释放氧气，吸收空气中的有害物质，从而改善室内空气质量。此外，室内植物还能够调节室内湿度，使空间更加舒适。在进行绿化设计时，需要考虑植物的种类、生长习性及对光照、温度的需求，选择适合室内环境的植物，并根据空间的布局和光照条件合理安排植物的位置。例如，在自然光线较强的窗边，可以摆放一些植物，如吊兰、绿萝等；而在光线较弱的室内角落，则可以选择一些耐阴植物，如观叶植物苏铁、幸福树等。

（二）室内设计的分类

在室内设计的广阔领域中，从功能到形式，从私密到公共，设计师们在不断地探索和定义空间的意义和价值。概括来说，室内设计可以分为三大类：人居环境室内设计、限定性公共空间室内设计和非限定性公共空间室内设计。不同类别的室内设计在设计内容和要求方面有其共同点和不同点，每种类型都有其独特的设计原则和应用场景，如图2-1所示。人居环境室内设计是最接近个人和家庭生活的领域，它追求的是舒适、温馨、实用，同时不失

风格和个性。设计师在这里需要深入理解居住者的生活习惯、文化背景和审美偏好，以创造出既符合日常生活功能性需求，又能反映居住者个性的空间。限定性公共空间室内设计则更注重特定功能的实现，如学校、医院、办公室等。设计在这里必须兼顾效率和人性化，确保空间的布局可以促进人员的有效流动和工作效率。而非限定性公共空间室内设计则更多地关注公众的社交和娱乐体验，如餐厅、商场、展览馆，需要设计师具有前瞻性和创新性，不断探索新材料、新技术和新理念，为人们提供既有功能性又具有娱乐性的空间体验。

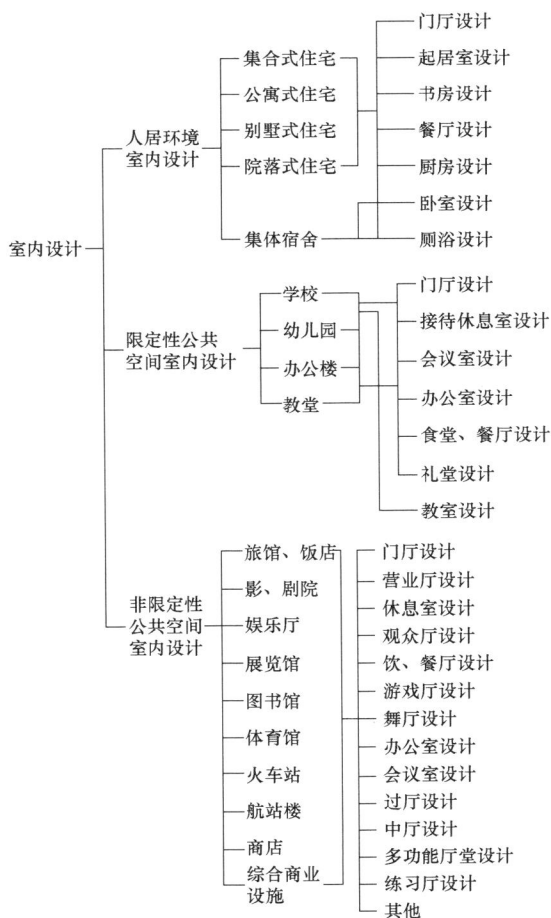

```
                              ┌── 集合式住宅      ┌── 门厅设计
                              │                  ├── 起居室设计
                   人居环境    ├── 公寓式住宅      ├── 书房设计
                   室内设计    ├── 别墅式住宅      ├── 餐厅设计
                              ├── 院落式住宅      ├── 厨房设计
                              │                  ├── 卧室设计
                              └── 集体宿舍        └── 厕浴设计

                              ┌── 学校           ┌── 门厅设计
                              │                  ├── 接待休息室设计
        室内设计  限定性公共    ├── 幼儿园         ├── 会议室设计
                   空间室内设计 ├── 办公楼         ├── 办公室设计
                              │                  ├── 食堂、餐厅设计
                              └── 教堂           ├── 礼堂设计
                                                └── 教室设计

                              ┌── 旅馆、饭店      ┌── 门厅设计
                              │                  ├── 营业厅设计
                              ├── 影、剧院        ├── 休息室设计
                              ├── 娱乐厅          ├── 观众厅设计
                   非限定性     ├── 展览馆         ├── 饮、餐厅设计
                   公共空间     ├── 图书馆         ├── 游戏厅设计
                   室内设计     ├── 体育馆         ├── 舞厅设计
                              ├── 火车站          ├── 办公室设计
                              ├── 航站楼          ├── 会议室设计
                              ├── 商店            ├── 过厅设计
                              └── 综合商业        ├── 中厅设计
                                  设施           ├── 多功能厅堂设计
                                                ├── 练习厅设计
                                                └── 其他
```

图 2-1 室内设计的分类

二、室内设计的原则与功能

（一）室内设计的原则

1. 整体性原则

按照整体性原则，设计师需要在创造初步概念时就综合考虑所有相关的元素，包括空间布局、颜色方案、材料选择、照明设计，以及家具和配饰的摆放。例如，在设计一个居家环境时，客厅的设计不应仅反映个人品位，而应考虑与相邻空间（如餐厅和厨房）的视觉和功能性联系。颜色和材料的选择应该在不同房间中有所回响，形成一种连贯的设计语言，使得整个居住空间感觉统一且互相增强。整体性原则也强调了室内设计与建筑结构的和谐相处。室内设计不是一个独立于建筑本身的实体，而是需要与建筑的形式和功能紧密结合。设计师需要理解和尊重建筑的本质，通过设计来强调建筑的特点，而不是与之相抗衡。在这种情况下，设计元素应该与建筑的线条和形状相融合，形成流畅的过渡，使得室内设计成为建筑语言的自然延伸。此外，整体性原则也意味着设计师需要考虑空间的所有用户。设计不仅需要反映主要使用者的品位和需求，也要为所有潜在的使用者创造一个欢迎和包容的环境。这包括考虑空间如何被不同年龄、能力和背景的人使用，以及如何在不同时间段内适应不同的活动和功能。例如，一个家庭活动室在白天可能是孩子们的游戏区，而到了晚上则变成家庭影院。设计师面临的挑战在于创造一个既能满足孩子们玩耍的需求，也能提供舒适观影体验的多功能空间。

2. 实用性原则

在居住空间中，实用性原则意味着每一寸空间都应考虑到居住者的生活方式，从而创建一个既舒适又功能齐全的家。例如，厨房的设计应实现高效的烹饪和清洁流程，提供充足的储物空间；卧室则需要考虑到优化休息和私人活动的空间布局。在商业和公共环境中，实用性原则同样至关重要，例如，办公室设计应促进工作效率提升，通过合理的空间分配和家具布局来支持不同的工作活动，包括集中工作、会议、休息等。实用性原则还强调对未来需

求的预见性，设计师需要考虑空间的可适应性和多功能性。随着技术的进步和生活方式的变化，一个灵活的室内设计更容易适应新的需求，从而延长空间的使用寿命，减少未来改造的需要。例如，一个多功能的房间可以在日间用作办公室，而在夜间转变为客房。

3. 经济性原则

在室内设计中，经济性原则关乎设计的成本效益与价值，该原则鼓励设计师寻找性价比高的解决方案。例如，选择当地可获得的材料以降低运输成本；采用节能的照明和设备来降低未来的能源费用；与客户进行有效沟通，确保设计方案符合客户的预算和期望，避免过度设计和资源浪费。经济性原则要求设计师必须具有前瞻性思维，例如，在可持续设计日益受到重视的今天，利用可回收材料和可再生资源降低长期成本，增强项目的市场吸引力和社会责任感。

4. 美观性原则

美学定义了空间的视觉呈现，潜移默化地影响着居住者的情绪和行为。一个经过精心设计、美观性十足的环境可以激发人们的创造力，促进积极的社交互动，并提升日常生活的质量。当设计师坚守美观性原则时，每一次选择都不仅基于个人偏好，而是基于一个更广泛的美学视角，设计师对专业的执着保证了设计的持久性，确保空间不会因为流行趋势的变迁而迅速过时。设计师严格遵循美观性原则还意味着在实用性、经济性和整体性原则指导下，美观性原则不会被边缘化。相反，美观性被视为一个核心价值，与其他原则平行并且相辅相成。遵循美观性原则是对空间及其使用者的尊重，是对设计职业的尊重，也是对生活美好可能性的尊重。无论是家庭住宅、商业空间还是公共设施，坚持美观性原则的室内设计师通过他们的创造力，将平凡的空间转变为激发灵感和愉悦心情的环境。

（二）室内设计的功能

1. 自然功能

（1）居住功能

居住功能是室内设计中最为基础的功能，直接关联人们的日常生活质

量。一个设计良好的居住空间应当安全、舒适且具有私密性，同时满足居住者的个性化需求。居住功能不仅是提供一个简单的居住场所，更是创造一个能够反映居住者生活方式和品位、支持其生活日常的环境。在居住空间的设计中，从房间布局到材料选择，从光线控制到家具配置，每一个细节都应当围绕居住者的舒适度和功能性需求进行精心规划。

（2）餐饮功能

餐饮功能的室内设计着重于提供一个适宜的用餐环境。在家庭环境中，餐厅设计需要考虑到功能性与家庭成员之间的互动；而在商业环境中，如餐馆或咖啡厅，设计则需要创造一个能够吸引顾客、提供良好用餐体验的环境。餐饮空间的设计要素包括合适的照明、舒适的座椅，以及易于清洁和维护的表面材料。此外，餐饮空间设计还要考虑到噪声控制和空间流动性，以确保用餐体验的整体质量。

（3）办公功能

办公功能在室内设计中代表着高效和专业，办公室设计的目标是提高工作效率，创造出促进专注力和生产力提高的环境，设计师要考虑空间布局、工作站设计和存储解决方案，还要考虑光线、声学、温度控制等因素。良好的办公空间设计能够促进团队协作，同时为个人提供必要的私密性。在现代办公空间设计中，灵活性和适应性也是重要的考虑点，以便能够适应不断变化的工作需求和组织结构。

（4）学习功能

学习功能的室内设计着重于创造一个有利于学习和知识吸收的环境，鼓励学习的互动性和合作性。在学校、图书馆或研究设施中，学习空间的设计要素包括适当的照明、安静的环境、舒适的家具，以及有助于学习和研究的技术支持。学习功能的设计还应能够适应不同年龄和学习风格的需求，提供多样化的学习环境。

2. 精神功能

精神功能考虑的是空间如何触动人的情感、如何传达出某种氛围或感觉。例如，在家庭室内设计中，温馨和安宁的氛围有助于家人放松和重新充

电；而在宗教或纪念性建筑的室内设计中，肃穆和庄严的氛围则能引起人们的敬意和深思。设计师会利用光与影的交织、色彩的和谐及材料的触感来构造一种情感上的体验，这种体验能够超越言语，直接作用于心灵深处。室内设计的精神功能还包括提升个人的身份感和归属感。通过个性化的设计元素，如家庭照片墙、个人收藏展示或定制艺术品，空间可以转化为个人故事的叙述者和情感的载体，反映出居住者的历史、记忆和梦想，成为个人身份的一个延伸。在商业空间设计中，精神功能也同样重要。它能够通过创造一种特定的品牌形象或消费体验来吸引顾客，增加品牌的识别度。通过室内设计，商家能够传达出其核心价值和理念，为顾客提供一个独特的购物或消费环境。

三、室内设计的依据和要求

（一）室内设计的依据

室内设计作为建筑、环境设计中的一环，在某种程度上可以说要比设计建筑物困难得多。这是因为在室内设计中要求设计师必须更多地同人打交道，研究人们的心理。经验证明，这比同结构、建筑体系打交道要困难得多。因此，设计师必须事先对所在建筑物的功能特点、设计意图、结构构成、设施设备等情况充分掌握，对建筑物所在地区的室外环境等也要有所了解。具体地说，室内设计主要有以下几项依据。

1. 使用对象及室内空间的使用性质

使用对象及室内空间的性质是决定设计方向和策略的重要起点，设计师须充分理解和分析用户的需求，如居住者的日常活动模式、家庭成员结构和娱乐习惯，甚至是他们对私密性和社交的特定需求。此外，居住者在室内空间内的居住、工作、学习、娱乐等一系列活动也将直接影响到设计的布局、色彩、照明和材料选择。室内空间功能用途是指导设计师作出设计决策的关键因素。公共空间的设计，如商业、教育或医疗设施，其功能性要求远比私人住宅来得复杂和多变。公共空间要服务于大量不同的个体和群体，满足高效率、易于维护、安全性等公共标准。在这种情况下，空间的使用性质决定

了设计需要考虑人流动线、空间的可达性、信息的清晰展示等关键点。无论是私人还是公共空间，室内设计始终以使用对象的需求为中心，确保空间不仅功能合理，还能够提供舒适和愉悦的体验。

2. 人体尺度及人们在室内停留、活动、交往、通行时的空间范围

室内设计的根本目的是为人服务，而对人体尺度和活动范围的精准理解是设计满足人类需求的关键。人体尺度也称为人体工程学或人机工程学，研究人的身体尺寸在各种环境中如何与周围空间相互作用。设计师在考虑空间布局时，通常会参考平均的人体尺寸数据，例如，成年男性坐高约为 900 mm，成年女性为 850 mm。在室内停留时，人们往往需要一个舒适的空间得以放松。例如，一个标准的沙发座位的深度可能会设计成 600～650 mm，以确保绝大多数人坐下时腿部可以自然弯曲并且脚可以平放在地面上。活动空间则取决于进行的活动类型，例如，厨房工作区的水平工作面通常设定在 850 mm 左右高，而操作空间的深度则可能需要 600～750 mm 的距离，以便提供足够的空间用于食物准备和烹饪活动。交往空间考虑的是人与人之间的互动，例如，餐厅座位之间至少要留有 1 200 mm 的空间，以便人们可以自由地移动而不干扰对面的人。对于通行空间，例如，走廊的最小宽度应不小于 900 mm，以保证一个人可以舒适地通过；而如果是频繁交通的主要通道，则可能需要更宽，如 1 200～1 800 mm，以适应多人同时使用。

3. 使用和安置家具、灯具、设备、陈设等所需的空间范围

在室内设计中，家具、灯具、设备及陈设的安置是塑造空间功能性和美学的关键因素。家具的选择和布局需要考虑其与人体尺度的关系，以及用户的活动模式。例如，客厅沙发应提供足够的坐卧空间，同时留出适当的走动间隙。餐桌和椅子的高度需要适应人坐姿时的舒适度，而床的尺寸要考虑到卧室的面积，以确保周围有足够的活动空间。灯具的安置则需要兼顾照明效果与室内装饰的和谐性。光源应均匀分布，避免产生过强或过弱的光斑，同时要考虑到灯具本身与室内其他元素的视觉协调。例如，吊灯的位置通常位于房间的中心，既能提供足够的照明，又能作为视觉焦点。对于设备，如电视、音响等，则需要根据其功能来确定位置。电视应置于观看距离和角度最

佳的位置，而音响的布局则要考虑到声音传播和接收的效果。陈设物品（如艺术品、装饰品或植物）虽然在功能性上不如家具和设备那样明确，但在营造室内氛围、反映个人品位方面起着至关重要的作用，摆放应恰到好处，既要显示其美感，又不能妨碍空间的流畅使用。

4. 室内空间的结构构成、构件尺寸，设施管线等的尺寸和制约条件

室内空间的结构构成及构件尺寸在室内设计中起着至关重要的作用。每个空间的功能和美观性都在一定程度上受到其内在结构的制约。例如，室内高度、承重墙的位置、梁或柱的尺寸都是设计时必须考虑的结构因素。以居住空间为例，常见的层高标准为 2 400～3 000 mm，这个高度范围为室内设计提供了充足的空间感，同时确保了足够的通风和照明。在考虑室内空间的构件尺寸时，还需要关注门的宽度和高度，标准的室内门宽度通常为 800～1 000 mm，高度则为 2 000～2 100 mm。这样的尺寸既可以满足日常使用的便利性，又能够保证家具等大件物品的搬运。设施管线的布置是另一项关键考量。电线、水管、通风管道等必须在设计之初就确定好，以避免日后的改动带来不必要的麻烦和费用。例如，厨房和浴室的水管直径通常为 15～50 mm，保证良好的水流量，也方便与各种卫浴设备的连接。此外，现代室内设计越来越注重灵活性和可持续性，因此，可移动或可调整的结构元素也变得流行。例如，可移动的隔断墙和可调节高度的工作面，提供了更多的自由度来适应不同的使用需求。

5. 符合设计环境要求、可供选用的装饰材料和可行的施工工艺

在室内设计的过程中，将设计概念具现化，需要精心选择和应用各种装饰材料，还要考量施工的实践可行性。设计的初步构想转变为实际的物理环境，涉及对地面、墙面、顶棚等界面的材料细致入微的选择，每一选择都要充分考虑其功能性、耐用性、美观性及对环境的影响。墙面的装饰材料不仅要营造美观和协调的视觉效果，还要满足隔音、保温等功能需求。顶棚的材料和设计，除了要提供一定的隔音效果，还可能涉及隐藏管线、安装照明等实用需求。在材料的选择上，现代设计趋向于可持续和环保的材料。例如，使用再生材料或低挥发性有机化合物材料，以减少对居住者健康和环境的影

响。同样重要的是施工工艺的选择，它必须与所选材料相匹配，确保设计的可执行性和耐久性。施工过程中采用的技术和方法必须是经过验证的，并符合当前的建筑规范和标准。设计师在设计阶段就必须与施工团队紧密合作，确保设计方案不仅在纸面上可行，而且在现实中也能够顺利实施。

6. 投资造价和建设标准

投资造价和建设标准构成了现代室内设计工程的财务和法规骨架，不仅影响设计的方向和深度，还直接关联项目的可行性和最终实施。相对于建筑设计的广泛性，室内设计更注重细节和个性化，即使在相同的建设标准下，室内装修的投资造价也可能会出现显著差异。设计师在施工材料和工艺选择时必须精打细算，权衡成本与效果，在预定的投资限额内最大化设计价值。工程施工的时间节点对材料的选择和工艺的采用也有着决定性的影响。紧迫的工期可能意味着需要选择快速安装的材料和工艺，而较长的施工期限则可能允许更精细和复杂的设计实现。在这个过程中，施工期限的不同不仅影响成本，也影响室内设计的质量和细节的处理。室内设计项目的总体经济投入和单方造价标准是衡量设计质量和效果的直观指标。经济投入的多寡往往与设计的豪华程度和复杂性成正比。设计师需要在这一框架内展现其创造力，通过成本控制和资源优化，设计出既经济又高效的方案。在工程设计阶段，建设单位提供的设计任务书、相关规范和定额标准是设计师必须遵循的指南，它们规定了设计的基本要求，确保了设计的合规性和可执行性。同时，原有建筑物的总体布局和建筑设计的总体构思为室内设计提供了背景和框架。设计师必须在既定环境中发挥创意，保证新设计与原有结构和谐共存，确保设计的连贯性和一体性。

（二）室内设计的要求

在室内设计的广泛领域内，设计要求是多维度的，覆盖了空间功能性的实现，还包括了美学、技术、经济、安全等各个层面。

第一，室内空间的组织和平面布局必须是合理的。设计师需要精心规划空间以提供一个高效的流动路径，保证声、光、热环境的质量，以满足物质功能的需求。例如，良好的声学设计可以减少噪声干扰，适宜的光照布局既

能保证充足的视觉亮度，又能营造温馨的氛围；而合理的热环境控制则确保了居住者的舒适与健康。第二，室内设计的美学要求相当高，它追求的是空间的形式美、色彩美和材质美的和谐统一，营造出符合建筑物性格的环境气氛，满足人们精神上的享受。设计师通过对光和色的巧妙运用，以及对材质的精心选择，来表达空间的个性，赋予它特定的情感和精神内涵。第三，装修构造和技术的合理性，以及装饰材料和设施设备的适当性。这意味着设计必须既美观又实用，同时考虑到成本效益。在材料和设备的选择上，要考虑其耐久性和美观性，还要考虑到其维护、清洁的便利性及对环境的影响。第四，安全性是室内设计中至关重要的一个方面。设计必须符合疏散、防火、卫生等规范，这是保障使用者安全的基本前提。设计师需要精通这些规范，确保设计方案不仅能通过审批，更能在紧急情况下保护人们的生命安全。第五，随着时间的推移，室内空间的功能需求可能会发生变化。因此，设计应具有一定的灵活性和适应性，能够在未来进行调整或更新。第六，可持续性是现代室内设计不可忽视的要素。设计应致力于节约能源、材料，防止环境污染，并最大限度地利用和节省空间。设计师需要考虑使用寿命长、可循环的材料，优化空间的使用效率，同时考虑自然光、通风等环境友好的设计策略。

四、室内设计的方法与步骤

（一）室内设计的方法

1. 大处着眼、细处着手，总体与细部深入推敲

大处着眼要求设计师在概念化阶段就确立关键的设计原则，这些原则构成了引导项目从概念走向实现的基础，此种方法赋予了设计一个起点，使之立于一个高瞻远瞩的层面，拥有对空间的全面洞察。而细处着手则强调在具体的设计实践中对空间的功能性进行深入地解析和探究，这一过程涉及了广泛而翔实的信息搜集，从人体工学的精确度量，到对人流动态的细致观察，再到活动空间的功能定位，以及家具与设备对空间占用的合理预判。通过这样的细致入微，设计师能够确保每一寸空间都得到充分而有效的利用，每一项设计决策都经得起时间的考验。

2. 从里到外、从外到里，局部与整体协调统一

设计创作的精髓在于内部空间的精心构筑与外部环境的和谐对话之间的相互作用，强调了从室内环境的"里"到建筑的"外"，以及从"外"到"里"的动态过程。设计师要深入研究单个室内空间的功能和美学，还需要考虑其与周边空间甚至与整个建筑物外部环境的关系。在这一过程中，室内与室外不断地进行对话，交织出一种内在的逻辑和美感，要求设计师在设计过程中进行多次的审视和调整，以达到最优的效果。设计的这种内外互动确保了室内环境的每一部分都与建筑的整体性质、标准和风格保持一致。

3. 意在笔先或笔意同步，立意与表达并重

在室内设计的过程中，意在笔先仿佛绘画前的构图，预设了设计的方向和灵魂。设计无立意，犹如无魂之躯，缺乏指导思想和灵动的精神。因此，在设计的初步阶段，必须对概念进行深度探索，确保有一个充满创意的方案在脑海中形成，这是将抽象概念转化为具体形式的必经之路。然而，即便意在笔先是理想的起点，成熟的设计概念也往往源自持续的信息收集和深入的讨论。在这个持续的过程中，设计师可以在实际绘制草图的同时继续研磨和完善构思。

在室内设计的艺术与科学交织的领域内，表达设计构思的准确性、完整性及表现力扮演着至关重要的角色。设计师必须通过图纸、模型、详细说明等多维度的表达工具，确保建设者与评审人员能够充分把握设计的细节与深层意图。在设计的竞争激烈的投标环节中，图纸的完备性、精确度和美学呈现，决定了设计提案的成功与否。形象展现不只是设计的一个重要方面，更是设计师与外界沟通的桥梁。因此，卓越的室内设计其内在品质与外在表达应该反映了设计者对空间和使用者需求的深刻理解。

（二）室内设计的步骤

室内设计是一个将创意和实用性结合起来，以满足用户需求和提升空间功能性与美观度的过程。整个室内设计过程可以分为四个主要阶段：设计准备阶段、方案设计阶段、施工图设计阶段及设计实施阶段。

1. 设计准备阶段

设计准备阶段的主要工作包括以下四个方面。

（1）客户会议与需求分析

设计准备阶段首先开始于与客户的初次会面，该环节目的是建立沟通桥梁，理解客户的愿景、需求、偏好及预算限制，通过提问和讨论，深入挖掘客户对空间的使用方式、期望的风格、功能需求及任何特定的设计要求，帮助设计师捕捉到客户的真实需求和未言之愿。

（2）现场调研与测量

一旦理解了客户的基本需求和项目目标，设计师将进行现场调研，具体包括对现有空间的详细测量，记录空间的尺寸、高度、窗户和门的位置，以及现有的家具和装饰元素，所有这些测量通常以毫米为单位进行，以确保后续设计和施工的精确性。与此同时，还要评估空间的自然光线、视觉流线和任何潜在的结构限制，确保设计方案的可行性和实用性。

（3）设计目标与策略制定

基于客户需求的深入理解和现场的具体条件，制定设计目标和策略，设计师需要考虑如何最有效地利用空间，满足功能需求的同时，体现客户的个性和风格。设计目标包括提升空间的功能性、增强美观性、提高空间利用率、改善用户体验等。策略制定还涉及预算分配，确定哪些方面是成本投入的重点，哪些方面可以采取成本效益较高的解决方案。

（4）初步设计方案的构思

在收集了所有必要的信息和数据后，设计师开始初步的设计，包括草图、概念图或心情板，用于表达设计师对空间潜力的初步想法和视觉方向。虽然这一阶段的设计还不是最终方案，但这一阶段是探索不同设计可能性和创意思考的重要步骤。

2. 方案设计阶段

方案设计阶段是室内设计过程中至关重要的一环，标志着设计从初步概念向具体化方案的转变，其成功与否直接决定了项目最终的实施效果是否能满足客户的需求和期望。在设计准备阶段的基础上，方案设计阶段深入挖掘

和分析与设计任务紧密相关的各类资料与信息，通过构思立意和初步设计，逐步细化和完善设计方案，直至形成一套可操作的设计文件。设计师需要对已有信息进行深入分析，包括空间的功能需求、用户的生活习惯、预算限制，以及可能影响设计的任何其他因素。基于这些信息，设计师开始构思设计立意，这是方案设计阶段的灵魂所在。设计立意要创造性地解决空间功能布局的问题，充分体现美学价值，确保最终的空间既实用又美观。在初步方案设计过程中，设计文件的制作是非常关键的，文件要详细记录设计方案的每一个细节，确保信息的准确传达。通常，初步设计方案的文件包括以下内容。

（1）平面图

平面图（包括家具布置）是设计方案中最基本的部分，通常采用 1:50 或 1:100 的比例。通过平面图，可以清晰地看到空间布局、家具的摆放位置及动线规划，有助于客户和施工团队理解设计师的整体构思。

（2）立面图

室内立面展开图通常采用 1:20 或 1:50 的比例，包括对墙面的处理、装饰元素的布局、窗户和门的设计等，为理解空间的垂直元素提供了详细信息。

（3）平顶图（仰视图）

平顶图或仰视图通常采用 1:50 或 1:100 的比例，主要是展示天花板的布局，包括灯具、风口等的安排，对于实现良好的照明和通风效果至关重要。

（4）透视图

室内透视图（彩色效果），通过三维透视图，客户可以直观地看到设计完成后的空间效果，可以极大地帮助客户理解和评估设计方案。

（5）室内装饰材料实样版面

室内装饰材料实样版面通过展示墙纸、地毯、窗帘、室内纺织面料、墙地面砖及石材、木材等实样，以及家具、灯具、设备的实物照片，使客户能够直观地感受到材料和装饰品的质感和色彩，从而更好地作出选择。

（6）设计意图说明和造价概算

设计意图说明和造价概算对于确保设计方案的实施性和控制预算至关

重要。设计意图说明详细阐述了设计的每一个决定背后的理念和考虑,而造价概算则帮助客户了解项目的预计花费。

3. 施工图设计阶段

施工图设计阶段的任务是将初步设计方案细化和具体化,确保设计意图能够准确无误地传达给施工团队,并最终在实际空间中得以实现。这需要设计师具备深厚的专业知识,对细节的精确掌握及对实施可能性的周到考虑。

施工图设计阶段要求设计师深入理解不同材料的使用特征,包括材料的物理和化学属性、规格尺寸,以及如何通过不同的处理方式来最佳地展现材料的美感和功能。例如,木材作为一种常用的装饰材料,不同种类和处理方式会直接影响最终的视觉效果和耐用性,设计师需要根据空间的具体需求选择合适的木材类型,并决定是采用清漆保留其自然纹理,还是通过着色或贴面的方式来达到设计目的,以确保在施工过程中的无误配合和使用。

材料连接方式的构造特征是施工图设计阶段另一项关键内容。设计师必须详细规划并准确标示各种材料之间的连接方式,如接缝的处理、固定方式的选择,以及如何实现材料间的平滑过渡。

环境系统设备与空间构图的有机结合也是施工图设计中不可忽视的一部分。设计师需要在保证空间美观的同时,合理布置灯具、空调风口、暖气和管道等设备,了解各种设备的功能和尺寸规格,创造性地将这些设备融入整体设计中,既满足使用功能,又不影响空间美观。

界面与材料过渡的处理是施工图设计阶段的重要内容之一,设计师需要考虑到不同材料、不同空间区域之间的过渡,无论是墙面与地面的接触,还是不同材料的拼接,都需要精心设计,以实现最佳的视觉效果和空间体验。

4. 设计实施阶段

室内设计的设计实施阶段,也称为工程的施工阶段,标志着设计理念的物理化实现。在这个阶段,设计从图纸转化为实体空间,设计师的角色转变为监督和指导者,确保设计意图得到准确执行。

在施工前,设计师有责任向施工团队进行详细的设计意图说明及图纸的技术交底,确保施工团队对设计意图有深入的理解,从而能够按照设计师的

预期来实施项目。设计师需要解释图纸中的每一个细节，包括材料的选择、装饰的特点及特殊构造的实施方法。设计师还需要提供对材料、设备的详细说明，确保施工单位能够按照规定的质量标准采购合适的材料和设备。工程施工期间，设计人员需要定期访问现场，核对施工实况是否与图纸要求一致。现场条件往往会有变化，可能会出现一些无法预见的问题，如结构问题、材料供应问题等，设计师需要灵活应对，根据现场实况提出图纸的局部修改或补充，确保施工团队能够及时准确地执行。施工结束时，设计师需要与质检部门和建设单位一同进行工程验收，这一步骤是评估工程质量和完成度的关键环节，涉及对材料、工艺、尺寸等多方面的检查，确保工程结果符合设计要求和建筑标准。验收合格是项目成功完成的标志，也是设计师工作的最终评价。为了实现设计的预期效果，室内设计人员在整个设计和施工过程中必须重视设计、施工、材料、设备等各个方面的质量控制。了解和重视与原建筑物的建筑设计、设施（如通风、给排水、电力等设备工程）设计的衔接。此外，设计师还必须协调好与建设单位和施工单位之间的关系，通过有效沟通取得共识，解决过程中出现的任何问题，确保设计理念得以准确实现，最终达到理想的设计工程成果。

第二节　现代室内设计的发展历程

一、中国室内设计的发展历程

中国室内设计的发展历程反映了中华民族悠久的文化传统和对美的不懈追求。从先秦时期的简约与象征，到汉魏的功能性与舒适性，再到隋唐的开放性与流动性，以及宋代的自然和谐、明清时期的精细化与多样化，直至近代的中西融合与现代化，每一个时期的室内设计都是对当时社会文化、技术水平和审美趣味的直接反映。

（一）先秦时期的室内设计

中国室内设计的起源和发展可追溯至远古时代，人类首次通过劳动创造

出"居室"这种生命的保护物，最初的居住空间虽然简陋，但其内部的仿生图像装饰已经预示了室内设计历史的开端，这些图像通常以动植物形态为主，反映了人类对自然界的观察、理解和崇拜，是人类通过劳动与自然对话的最初尝试。进入商周时期，随着社会的进步和阶级的形成，室内设计开始显现出明显的等级差异和美学追求。统治阶级对鬼神文化的迷信促使青铜器成为祭祀礼器的主要物品，绝大多数青铜器饰以饕餮纹和龙纹，体现了工匠高超的技艺，也反映了当时社会对力量、权威与神性的崇拜（如图2-2所示）。青铜器的形制精美、花纹繁密而厚重，成为商周时期室内设计中的重要元素，其传世珍品至今仍被赞誉为美学与工艺的典范。

饕餮纹

龙纹

图2-2　青铜器饕餮纹和龙纹

　　春秋战国时期，室内设计经历了显著的发展，特别是在南国楚地，室内装饰技巧达到了前所未有的水平。湖南长沙出土的楚墓文物，如漆案、木几、

木床、壁画、青铜器等，展示了当时室内设计的精致和复杂，揭示了楚人生活的奢华和审美偏好，反映了当时室内设计中对功能性和美观性的双重追求。春秋战国时期的楚地，由于仍保留着原始氏族社会的结构，楚式家具的设计融入了浓厚的巫文化因素。家具上装饰的鹿、蛇、凤鸟等图案，是对自然界的模仿和赞美，蕴含了当时人们对宇宙、生命和死亡的神秘观念，巫文化元素的融入，使楚式家具的软装不仅是日常生活用品，更成为传递文化信仰和艺术表达的载体。

（二）汉魏时期的室内设计

汉朝时期室内设计的一个显著特点是绘画、雕刻、文字等艺术形式被广泛应用于室内装饰中，使得空间不仅是生活的场所，更成为展现主人身份、品位和文化素养的平台。绘画作为墙壁、屏风的装饰，以山水、花鸟等自然景象为主题，营造出一种超脱现实、向往自然的意境。雕刻艺术则多用于柱子、横梁及家具的装饰，通过精细的线条和图案展现了汉朝独特的审美风格。文字，尤其是诗文的应用，不仅体现了主人的文化修养，也增加了室内空间的文化氛围。

魏晋南北朝时期，室内设计在材料使用上有了重要的发展。砖瓦的大量生产和质量的提升，使得建筑更加坚固耐用，室内空间的布局和装饰也更加多样化。金属材料的运用，如铜、铁被用于制作门饰、窗花及家具配件，这不仅提高了室内装饰的精细程度，还体现了当时工艺技术的进步。家具的设计和功能也发生了显著变化，床榻变得更加高大，不仅可以躺卧，还可以坐于榻沿，既满足了生活的舒适性，也体现了当时社会对于生活品质的追求。这一时期的室内设计还体现了当时社会文化的多元性。魏晋风流、南北朝的民族融合，使得室内设计风格呈现出多样化的特点。北方由于受到少数民族的影响，室内装饰更加注重色彩的对比和图案的粗犷；而南方则保持了汉文化的传统，强调装饰的精致和文雅。南北方的文化差异使得室内设计更加丰富多彩，体现了当时社会的多元文化特征。

（三）隋唐时期的室内设计

隋唐时期是中国政治、经济、文化发展的黄金时期，也是中国室内设计

和家具艺术创新的重要时期,该时期的室内设计和家具工艺在追求实用的同时,更加注重美学表达和艺术创新。隋唐时期家具工艺的显著特点是更接近自然和生活实际,充分考虑了人体工学和舒适性,以及与自然环境的和谐共生。家具的设计和制作注重材料的选择、线条的流畅和造型的优雅,这使得每一件家具都如艺术品般精美。这一时期的家具种类丰富、形式多样,从简单的生活用具到精致的装饰品,无不体现了匠人的巧思和时代的风貌。隋唐时期的室内墙壁上常绘有壁画和彩画,作品以花朵、卷草、人物、山水、飞禽走兽等现实生活题材为主,图案色彩丰富、生动活泼,充满了生机与活力,这些壁画和彩画美化了居住环境、传递了丰富的文化信息、反映了人们对美好生活的向往和追求。屏风在唐代的使用极为广泛,是隔断空间的实用物品,更是展现工艺美术和文化内涵的艺术品。屏风上常见的书画结合,通过精致的工艺手段(如雕刻和装饰)展现出来,无论是在王宫贵族的居所还是在普通百姓的家中,都是表达个人品位、彰显社会地位的标志。隋唐时期的软装饰家具及摆件饰物,对于空间的把握和处理显示了极高的审美和技术水平。从《韩熙载夜宴图》《重屏会棋图》等作品中可有所窥见。《韩熙载夜宴图》描绘了唐代贵族夜宴的场景,通过这幅画可以窥见当时室内设计的精致与豪华。画中的室内空间布局讲究,使用了大量精美的家具和装饰品来营造出优雅舒适的环境。其中,使用的家具如长几、椅子等,线条流畅、造型优美,体现了唐代家具设计的高水平。《重屏会棋图》则更多地展示了唐代室内的休闲文化,画中以棋局为中心,围绕着棋局的家具摆放和空间布局展现了唐代人对于生活品质的追求和享受。

(四)宋代的室内设计

在宋代,室内设计的理念有了明显的转变,设计上更加强调与自然的和谐共生,倡导简约而不简单的生活方式。这种设计理念的转变与宋代哲学上尊崇道教和倡导理学的思潮不谋而合,道教倡导顺应自然,强调内心的平静和简约的生活,而理学则强调对事物本质的理解和探求。《撵茶图》中的场景描绘了理想化的生活方式,家具和生活用品从室内搬到室外,与自然景观融为一体,宋代人通过这种方式,表达了对于自然的热爱和对于生活本质的

思考，反映了超越物质追求、注重精神和情感体验的生活哲学。在具体的室内设计实践中，宋代的家具和装饰品也体现了简约而富有哲学意味的设计理念。家具线条简洁流畅，追求结构的稳固和实用性，而不是过分的装饰和繁复的造型。材料的选择也更加注重自然和环保，如使用木质、竹制和陶瓷等自然材料，美观耐用，更能够与自然环境和谐相融。此外，宋代室内设计还注重空间布局的合理性和功能性，通过合理的空间规划和家具布置，打造出既美观又舒适的居住环境。

（五）明清时期的室内设计

明清时期的室内设计是中国古典家具发展史上的黄金时代，独特的风格和精湛的工艺，对后世的室内设计产生了深远的影响。在明清时期，家具设计的一个显著特点是从坐卧式家具的简单形式，过渡到更多样化的椅子和高桌。明代家具在材料的选择上非常讲究，常用的材质包括红木、黄花梨、紫檀等名贵木材，结构稳固，颜色光泽美观，纹理清晰。明代家具的一个突出特点是其框架式的结构造型，不仅符合力学原理，保证了家具的稳固性，同时使得家具线条流畅、形态优雅。当时的家具在雕饰上下足了功夫，但更注重在不影响家具结构稳固性的前提下，通过在辅助构件上的装饰，达到点缀美化的效果，体现了明代室内设计的一个重要原则：在追求美观的同时，不牺牲实用性和稳固性。

清代家具在明代的基础上进行了继承和发展，虽然在艺术成就上可能不及明代，但清代家具设计在雕饰技法上有了更多的创新，样式也更丰富。清代家具保留了明代家具的简洁线条和优雅形态，同时加入了更多富丽堂皇的装饰元素，如龙凤纹饰、吉祥图案等，使清代家具更加华丽和精美。

明清时期的室内家具布置体现了高度的对称美和整体协调性。无论是明代的文人雅士，还是清代的官宦贵族，在家具布置上都追求一种严谨和谐的美感。成组成套的家具摆放，体现了室内空间的有序，反映了主人的身份和品位。南方的室内装饰风格以江南私家园林为典范，利用隔扇、屏门等灵活分隔空间，创造出既分隔又相连的空间效果，既保证了室内空间的私密性，又增强了空间的流动性和变化性。北方的室内设计以北京四合院为代表，室

内布局注重实用性和舒适性，炕床的使用既满足了取暖的需要，也合理划分了空间功能，体现了北方室内设计的特色。

（六）近代时期的室内设计

1. 近代早期的室内设计

晚清时期，随着西方列强的入侵和近代科技的引入，中国社会经历了前所未有的变化。在室内设计领域，开始有了较为明显的西方文化影响。上海、广州等城市的租界区成为文化融合的前沿地带，中西合璧的建筑和室内设计风格逐渐兴起，体现在使用西式家具和装饰品、采纳西方建筑布局和设计理念上。然而，这种融合并非简单的西式元素堆砌，而是在充分吸收西方设计精华的基础上，与中国传统审美和文化进行融合，创造出具有中国特色的新式室内设计风格。

2. 民国时期的室内设计

随着国内外政治经济环境的变化，社会思潮日益开放，中国室内设计领域迎来了新的发展机遇。民国时期众多海外留学归来的设计师将西方的设计理念和技术带回国内，推动了室内设计从传统到现代的转型。民国时期的室内设计呈现出多样化和实验性的特点，不仅继续沿用中西合璧风格，也尝试了纯西式或纯中国传统风格的设计。在这一时期，人们开始重视室内空间的功能性和人性化设计，家具和装饰品的设计更加注重实用性和舒适性；同时，民国时期的公共空间设计，如餐厅、剧院和旅馆，也开始采用更加现代化的设计理念，标志着中国室内设计向现代化迈出了重要一步。

3. 新中国成立后的室内设计

抗日战争和国共内战期间，中国室内设计的发展受到了严重阻碍。然而，在新中国成立后，随着国家重建和经济发展，室内设计领域迎来了新的发展阶段。这一时期，国家大力推广社会主义现代化建设，室内设计开始强调简洁实用、节约成本的原则，体现了社会主义建设的时代特色。同时，随着20世纪70年代末期改革开放的推进，中国室内设计开始重新吸纳和探索国际设计理念和技术，引入现代设计工具和方法，室内设计的风格和理念再次发生了深刻变化。

二、西方室内设计的发展历程

（一）古埃及时期的室内设计

在古埃及，贵族宅邸的室内设计充满了奢华的装饰。抹灰墙上绘制的彩色竖直条纹，不仅是对墙面的美化，更是一种象征性的表达，反映了古埃及人对自然界和宇宙秩序的理解和尊重。地面上铺设的草编织物，充分利用了当时可用的资源。室内摆放的各类家具和生活用品，如木制床榻、椅子、储物柜等，展现了古埃及工匠高超的制作技艺，反映了古埃及社会的生活方式和社会等级制度。古埃及的神庙建筑，如卡纳克神庙，是古埃及室内设计艺术的另一重要表现形式。神庙前的雕塑和庙内石柱上的装饰纹样精美绝伦，这些装饰纹样，不仅是对神祇的颂扬，也是对古埃及文化和艺术成就的展示。神庙内部的大柱厅，以其硕大无比的石柱群和压抑的空间感，营造出一种庄严神秘的氛围，既满足了神庙作为宗教礼仪场所的功能需要，也体现了古埃及人对宇宙和生命力量的敬畏。古埃及时期的室内设计，无论是在贵族宅邸还是在神庙建筑中，都展现了一种对美、对生命、对永恒的深刻思考，设计的每一处细节，每一件家具和装饰品，都蕴含着深厚的文化意义和历史信息，为后世提供了宝贵的文化遗产和审美启示。

（二）古希腊和古罗马时期的室内设计

1. 古希腊的室内设计

古希腊的室内设计体现在雅典卫城帕特农神庙的柱廊中，柱廊展现了古希腊人对空间、比例和构成的深刻理解，作为衔接室内与室外区域的缓冲结构，实现了空间的自然过渡，体现了古希腊建筑的核心理念——和谐与比例。通过精心计算的尺度和比例，以及对石材性能的合理运用，古希腊建筑师创造了具有个性的各类柱式，如多立克、爱奥尼克和科林斯柱式，这些柱式后来成为西方建筑美学的重要组成部分（如图 2-3 所示）。古希腊室内空间虽然简洁，但通过对光线、空间比例的精心安排，具有一种静谧而庄严的美感。

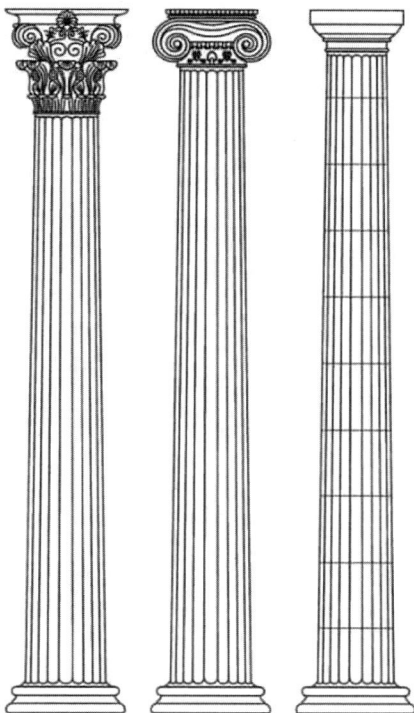

图 2-3　常见的三种柱式

2. 古罗马的室内设计

古罗马的室内设计在古希腊基础上，引入了更多的奢华元素并行了技术创新。庞贝古城的遗址展示了古罗马贵族宅邸室内装饰的精细和成熟。墙面的精美壁饰、铺设精致的大理石地面，以及精工制作的家具和灯饰，反映了古罗马社会对生活品质的高度追求。罗马万神庙的室内设计是古罗马室内空间设计的典范之一，其高旷的拱形空间展现了罗马建筑技术的成就，体现了公共空间设计的理念。万神庙的中庭设置是公共建筑室内设计中的一大创新，为室内引入了自然光，也为公众聚会提供了一个开放而宏伟的空间。

古希腊和古罗马的室内设计，以其对比例与和谐的追求，以及对空间功能性的重视，奠定了西方室内设计的基础，其影响深远，直至今日。

（三）欧洲中世纪和文艺复兴时期的室内设计

欧洲的室内设计发展历程在中世纪和文艺复兴时期迎来了显著的变革

和繁荣。在中世纪，欧洲室内设计的特点主要是实用和坚固，注重宗教和防御功能。教堂是建筑和室内设计的中心，哥特式风格应运而生，哥特式室内设计强调高耸的拱顶和尖塔，以及大量使用彩色玻璃窗和精细的雕花装饰，创造出一种向神性提升的空间感。进入文艺复兴时期，随着人文主义的兴起，欧洲室内设计开始重视古典文化的回归，强调比例、对称和秩序的美学原则。文艺复兴时期的室内设计摆脱了中世纪的沉重和封闭，追求开放和明亮的空间感，大量采用柱廊、圆顶、拱门等古罗马和古希腊建筑元素，以及用壁画、雕塑等艺术形式来装饰室内空间。随后，巴洛克和洛可可风格的出现，将欧洲室内设计推向了另一种极致。巴洛克风格注重动感和戏剧性，使用曲线和丰富的装饰来营造出一种动态的空间效果。室内设计中大量使用镀金、雕刻和壁画，以及华丽的织物和家具，反映了当时社会的奢华，象征着权力。洛可可风格是巴洛克的延续和发展，更加注重细节和装饰的精致，色彩更为柔和，形式更为轻盈，反映了当时对优雅和浪漫的追求。这几个时期的室内设计艺术风格的变迁，反映了欧洲社会、文化和技术进步的历史轨迹。从哥特式的神性追求到文艺复兴的人文关怀，再到巴洛克和洛可可时期的奢华展示，每一种风格都是时代精神的体现。

（四）现代主义的室内设计

现代主义室内设计的发展历程是一段跨越传统与现代、艺术与工业的重要历程，起点可以追溯到 1919 年德国的包豪斯学派的成立，该学派以其革命性的设计理念和对现代工艺技术及新型材料的推崇而著称。包豪斯学派不仅是一个教育机构，更是一个思想实验室，将艺术与工艺融为一体，提倡设计的功能性，以满足工业社会的需求，核心在于强调形式必须追随功能，即设计的美学价值不应超越其实用价值，促使设计师们重新考虑空间的使用和组织，导致了四维空间理论的提出。该理论不仅关注三维空间的布局，还考虑时间的维度，即空间如何随时间的推移而变化以适应人们的需求。包豪斯学派的理论和实践对当时的建筑和室内设计产生了深远的影响。设计开始注重建筑空间与结构功能的合理性，强调设计应适应机械化大生产的要求，导致设计趋向简单化、标准化，这一转变标志着从过去的装饰主义风格向现代

室内设计的过渡，过去那些复杂的装饰和无关紧要的细节开始被简约的线条和形式所取代。

法国设计大师勒·柯布西耶进一步推动了现代主义室内设计的发展。他提出的"住宅是居住的机器"和现代建筑设计的五原则，强调了建筑和室内设计应当是功能性的、效率高的，就像机器一样服务于人类的生活。柯布西耶的理念中，房屋不仅是一个遮风避雨的场所，更是提高生活质量的工具，这一观点进一步强化了功能在设计中的决定性作用。现代主义室内设计的另一大特点是对旧传统样式的反对，它拒绝了从古罗马到洛可可等一系列传统装饰风格的复杂和过分的装饰，转而追求简化的装饰和设计。设计师们力求创造出既实用又具有时代精神的室内空间，以适应快速发展的社会和技术变革。在材料的使用上，现代主义室内设计也表现出了明显的创新。大量使用铁制构件、玻璃、瓷砖等新材料和新工艺，不仅体现了现代工业的成果，还使室内空间呈现出前所未有的轻盈和透明感。铁艺、陶艺等传统手工艺品在现代设计中也被赋予了新的生命，它们不再是简单的装饰品，而是与整体空间设计相融合的元素。

（五）后现代主义的室内设计

后现代主义设计的诞生，源于人们对现代主义设计理性、简洁风格的审美疲劳，以及对更加人性化、富有表现力空间的追求，强调建筑和室内空间的复杂性与矛盾性，挑战了现代主义设计中建筑大师路德维希·密斯·凡德罗提出的"少即是多"的理念，反对过分的简化和模式化。在后现代主义设计中，设计师更加注重空间的文化脉络、社会意义及个体的情感表达，他们认为设计应该是多层次的、富有深度的，能够引起人的情感共鸣和思考。后现代主义的室内设计非常重视文化和环境的融合，追求与周围环境的和谐共生，注重空间的情感富润和环境意识的觉醒。设计师们借助隐喻和象征的设计手法，创造出既有深度又能与使用者产生情感联系的空间。在色彩和装饰的使用上，后现代主义设计大胆创新，摒弃了现代主义中的色彩保守和装饰的简化，而是采用鲜明、丰富的色彩和大胆的装饰元素，以此来增加空间的表现力和视觉冲击力。设计风格的多样化和多元化体现了后现代主义对个性

化和自由表达的重视，每一个后现代主义的室内空间都是独一无二的，它们反映了设计师的个性和使用者的身份特征。后现代主义室内设计中的一些流派，如超现实主义、解构主义、装饰艺术，更是将这种设计理念推向了新的高度。超现实主义在室内设计中运用梦幻般的图像和形式，创造出超越现实的空间感受；解构主义则通过解构和重组传统设计元素，挑战传统的空间构成，创造出独特的视觉和空间效果；装饰艺术派则重视装饰的艺术价值，强调形式和装饰的和谐统一。这些设计流派的出现，丰富了后现代主义室内设计的表现形式，为室内设计的发展开辟了新的道路，展现了无限的可能性和创新的精神。

第三节　现代室内设计的核心理念

一、人本理念

人本理念作为一种设计哲学，强调将人的需求、健康、和心理感受置于设计的核心位置，特别是在现代室内设计领域中，这一理念的实施尤为重要。人本理念关注物理空间的功能性和美学，重视空间对人的行为、情感和身心健康的积极影响。在现代室内设计中，倡导和践行人本理念意味着设计师需要深入理解和关注使用者的实际需求和期望，包括对居住者或使用者的生活习惯、文化背景、个人喜好等因素的考虑，以确保设计方案能够充分满足他们的具体需求。例如，在住宅设计中，通过对家庭成员的年龄、兴趣和活动模式的分析，设计师可以创造出既促进家庭成员间互动又满足个人隐私需求的空间布局。现代室内设计中践行人本理念还体现在对健康和舒适环境的创造上。通过合理的空间规划、良好的采光和通风设计、选用无害或低害的建筑材料等措施，可以有效提升室内空气质量，减少有害物质对人体健康的影响；同时，通过科学的色彩搭配和照明设计，创造出有助于放松心情、提高工作效率的环境。在践行人本理念的过程中，现代室内设计还采用了多种技术和方法，如用户体验研究、人体工程学分析，这些方法有

助于设计师更准确地把握使用者的需求，从而在设计方案中作出更为科学和合理的决策。例如，通过对坐姿和站姿工作的人体工程学研究，设计师可以为办公环境提供更为舒适和健康的家具选择，如可调高度的办公桌和符合人体曲线的座椅。现代室内设计倡导和践行人本理念还体现在对心理感受的关注上。设计师通过创造具有情感价值的空间，唤醒居住者或使用者的积极情感和回忆，增强他们对空间的归属感和满意度。这包括利用个性化的设计元素、纪念性装饰品或艺术作品，以及通过空间设计促进人际交流和社区感的建立。

例如，北京首都国际机场 T3 航站楼作为中国最大的机场航站楼之一，其室内设计充分考虑到了旅客的行为习惯、心理感受和实际需求，通过巧妙的空间规划和设计细节的处理，创造了一个既美观实用，又舒适和人性化的公共空间。北京首都国际机场 T3 航站楼的设计理念深刻体现了对人的关怀，以及对旅客流线的科学规划。航站楼内部采用了直观的指示系统和流畅的动线设计，使得旅客即便是在首次到访时也能轻松找到目的地。在照明设计上，T3 航站楼采用了大量的自然光源，通过巨大的玻璃幕墙引入自然光，既节省了能源，也营造了开阔明亮的空间氛围。T3 航站楼内部的座椅设计考虑到旅客在等待期间的舒适度，选用了符合人体工程学的座椅，并且在等候区域设置了充足的座椅，保证旅客在等待期间能有足够的休息空间。同时，设计中还考虑到了特殊旅客的需求，例如，设置了无障碍设施和专门的母婴室，确保每一位旅客都能享受到贴心和便捷的服务。首都国际机场 T3 航站楼的室内设计还体现了对环境和文化的尊重，航站楼内部采用了大量的中国传统元素和符号，例如，使用了中国红作为装饰主色调，既展现了中国传统文化的魅力，也通过现代设计手法融入了国际化的元素，展示了中国的开放态度和国际视野。

再如，三里屯太古里不仅是一个购物中心，还是一个集购物、餐饮、文化和娱乐于一体的综合体验空间。在三里屯太古里的设计中，可以看到人本理念的多个体现。首先，空间布局充分考虑了人的行为和活动路径，通过宽敞的步行街、灵活的空间划分，为人们提供了便捷舒适的购物和休闲体验。

其次，室内外设计采用大量自然材料和植被，为人们提供了一个接近自然的休息和聚会场所，满足了人们对于自然亲近感的需求。最后，三里屯太古里在灯光和色彩的使用上也体现了人本理念。通过精心设计的照明系统，不仅确保了照明设施功能性和安全性，同时创造了温馨舒适的氛围，满足人们在不同时间和场合下的情绪需求。色彩的运用既体现了现代感，又融入了文化元素，反映了对用户文化身份和审美偏好的尊重。

二、绿色理念

绿色理念主张在室内设计过程中充分考虑材料的选择、能源的使用、环境的保护和空间的健康性，旨在最小化对自然环境的负面影响，同时创造出既美观又舒适的室内空间。其核心目标是实现人与自然的和谐共生，通过室内设计提升居住环境和工作环境的可持续性，实现生态平衡。现代室内设计通过多种方式倡导和践行绿色理念。首先，在材料的选择上，绿色设计强调使用可再生、可回收、低污染和低排放的材料，包括采用天然材料，如竹子、木材、石材，以及高效能和环保的人造材料。通过这些材料的应用，减少了对环境的破坏，保证室内空气质量，为用户创造一个健康的居住和工作环境。其次，现代室内设计在能源使用上积极采用节能和可再生能源技术，包括设计优化自然光照使用，减少对人工照明的依赖；采用高效能的建筑隔热材料，减少能源消耗；利用太阳能、风能等可再生能源，减少对传统能源的依赖，降低了室内活动对环境的影响。再次，在室内空间布局和设计上，设计师通过合理的空间规划，增强室内空间的通风性能和自然光利用率；同时，采用室内绿化等手段，引入自然元素，提升空间的生态质感和居住者的亲近自然感。室内绿化不仅美化了空间，还能改善室内空气质量，提供自然的调节温度和湿度的功能。最后，绿色室内设计还注重水资源的合理利用和废弃物的有效管理，通过安装节水装置、雨水收集系统等措施，有效利用和节约水资源；同时，鼓励使用环保材料和设计方案，减少废弃物的产生，提倡回收利用，减少对环境的负担。

一个典型的体现绿色理念的案例是"垂直森林"住宅项目——博斯科垂

直森林。博斯科垂直森林项目通过在建筑外面设计大量的绿植，美化了建筑，为城市提供了自然的"肺"，改善了周边环境的空气质量，增加了生物多样性，同时为居住者提供了一种接近自然的生活环境。建筑内部的设计同样秉承了绿色理念，采用环保材料和节能技术，优化自然光的利用和通风系统，力求达到能源效率最大化和环境影响最小化。此外，博斯科垂直森林项目还通过智能水循环系统对雨水进行收集和再利用，有效节约了水资源。室内绿化的灌溉就是利用这些回收的雨水，既环保又实用。

三、生态理念

生态一词，其概念最早由德国生物学家恩斯特·海因里希·菲利普·奥古斯特·海克尔于 1866 年提出，用以描述生物体与其周围环境之间的关系，包括生物体之间及生物体与其非生物环境之间的相互作用和依存关系。生态强调的是一个整体视角，即生物体不是孤立存在的，而是生活在一个复杂的、相互连接的系统中，这个系统包括了生物体自身、其他生物体及周围的物理环境。随着时间的推移，生态这一概念逐渐扩展到更广泛的领域，不仅局限于生物学的范畴。在现代社会，生态被广泛应用于环境科学、城市规划、建筑设计等多个领域，用来描述和研究生物体与环境之间相互作用的原理和模式，以及如何通过这些知识来改善人类生活环境、实现可持续发展。

生态理念在现代室内设计中强调的是设计与自然环境的和谐共存，旨在通过设计实践促进环境的可持续发展和生态平衡，其在现代室内设计中的倡导和实践体现在多个方面。一是对材料的选择上，生态设计倾向于使用可持续获取、生产过程中环境影响小的材料，如竹、木、再生材料等，这些材料减少了环境的负担，同时能在室内创造出自然和谐的氛围。二是在能源的使用上，生态室内设计注重能源的高效利用和可再生能源的使用，如太阳能、地热能等。通过智能化设计和技术的应用，如智能温控系统、节能照明，最大程度地减少能源消耗，同时保证室内环境的舒适度。三是在整体布局与规划上，设计师会考虑到自然光线的最大化利用、室内

空气质量的改善及室内植物的配置，通过这些设计策略，提升空间的使用舒适度和美观度，促进室内外环境的生态平衡。例如，通过引入室内绿化，可以改善室内空气质量，实现自然的空气过滤，同时室内植物也能为居住者带来心理上的舒缓和放松。四是在水资源的管理和利用上，生态室内设计同样展现出对环境保护的重视。通过安装节水装置、雨水收集系统等措施，有效地利用和节约水资源，减少水资源的浪费。五是创造"可持续的美"，这意味着设计要满足当前的需求，而且要考虑到对未来环境的影响，力求达到设计的长期可持续性，要求设计师在创造美丽、实用的室内空间的同时，还要具备前瞻性思维，考虑到设计对环境的影响，以及如何通过设计促进生态和环境的改善。

四、创新理念

在现代室内设计中，创新理念是推动设计领域不断进步和发展的重要动力。创新理念指的是在设计过程中引入新的思想、材料、技术或方法，以创造具有独特性、实用性和美观性的室内环境。这种理念不只局限于形式和风格的创新，更包括对功能、可持续性、用户体验等多方面的全面考虑和革新。现代室内设计的创新理念体现了对传统设计规范的挑战和超越，旨在满足日益多样化和个性化的居住、工作和娱乐空间需求。

（一）技术融合

在现代室内设计创新理念中，技术的融合和应用是不可或缺的一部分。随着科技的发展，智能家居、可持续技术、新型材料等被广泛应用于室内设计中，极大地提高了空间的舒适性、功能性和环境友好性。通过技术的创新应用，设计师能够创造出更加智能化、人性化的居住和工作环境。

（二）可持续性

可持续发展理念的融入是现代室内设计创新中的重要方面之一。设计师通过使用环保材料、节能设计、绿色技术等方法，旨在减少对环境的影响，创造健康、可持续的室内空间。这种创新不仅体现在物质选择上，还体现在设计理念和方法上，通过设计实现对资源的有效利用和环境保护。

（三）人文关怀

现代室内设计的创新同样强调人的需求和体验。设计师通过对空间的创新布局、功能的优化组合、情感化的设计元素引入等方式，关注用户的实际需求和心理感受，创造出既美观又舒适、符合人体工学的室内环境。以人为本的创新理念，体现了现代室内设计对居住者身心健康和生活质量的重视。

（四）文化融合

在全球化的背景下，现代室内设计的创新也表现为不同文化元素的融合和创新。设计师通过结合不同地域、民族的设计元素和理念，创造出具有国际视野同时又不失地域特色的室内空间，丰富了室内设计的表现形式，促进了不同文化之间的交流和理解。

（五）创新理念的实践

现代室内设计的创新理念在实践中表现为对传统设计边界的不断突破和对新技术、新材料的大胆尝试。设计师不仅关注空间的美学价值，更重视设计的社会价值和文化意义。通过对空间功能的重新定义、对设计方法的创新探索、对技术和材料的前沿应用，现代室内设计不断拓展其表现力和影响力。

在具体设计过程中，创新理念促使设计师深入研究用户的生活习惯和需求，通过个性化设计满足用户的独特要求。同时，设计师也致力于探索更加环保、智能的设计方案，以应对全球环境变化和技术进步带来的挑战。通过这种持续的创新和探索，现代室内设计不仅为用户提供了更加舒适、美观的居住和工作环境，也为社会可持续发展作出了贡献。

总之，创新理念是现代室内设计不断进步和发展的核心。它要求设计师具有前瞻性的思维、敏锐的洞察力和丰富的创造力，不断探索和尝试新的设计方法和技术，以创造出符合当代审美、满足功能需求、富有人文关怀的室内空间。通过不断地创新实践，现代室内设计将继续引领着人们的生活方式和空间环境向更加美好的方向发展。

第四节　现代室内设计的发展趋势

一、自然化

在当前时代背景下，自然化已成为现代室内设计中一股不可逆转的潮流。这一趋势的兴起，源于人们对环境保护意识的日益增强及对自然和谐生活方式的向往。

（一）环境保护意识的觉醒

随着全球环境问题的日益严峻，人们开始意识到保护环境的重要性。从节能减排到垃圾分类，从野生动植物保护到反对一次性塑料产品的使用，环保意识已经深入人心。在室内设计领域，这种环境保护意识表现为对自然材料的偏好和对可持续设计理念的追求。设计师和居住者越来越倾向于选择那些对环境影响小、可再生、可降解的材料来装饰和建造室内空间，这是对自然资源的尊重，也是对地球的未来负责。

（二）向往自然的生活方式

在现代社会的喧嚣和快节奏中，人们对于宁静和自然的生活方式充满了向往。这种向往不仅体现在假日追求乡村旅游、森林浴等活动上，更体现在日常生活的居住环境上。自然化的室内设计，通过引入自然光、使用自然材料、设置室内绿植等方式，为居住者创造出一种接近自然的生活环境，有助于放松身心、减轻压力，还能增强居住者的幸福感和满足感。

（三）用自然材料的深层意义

在自然化室内设计中，对自然材料的使用远远超出了单纯的美观考虑。自然材料如木材、石材、竹材、藤材等，它们本身就承载着自然的信息，如年轮、纹理、色泽等，这些信息能够激发人们的自然联想，进而在心理层面上产生亲近自然的感受。此外，这些材料通常具有良好的生态性能，如调节室内温湿度、吸收有害物质，对于打造健康舒适的室内环境至关重要。

（四）渴望住在天然绿色环境中的实践

在当代社会，居住在一个天然绿色的环境中已成为许多人的梦想。这种环境不仅有利于身体健康，还能提升生活质量和幸福感。因此，现代室内设计越来越多地采用绿植装饰、自然光照、通风设计等元素，以营造出接近自然的居住环境。室内的绿化不仅能美化空间，还能改善空气质量，还具有净化和调节功能。

二、整体艺术化

（一）从"屋的堆积"到空间艺术的转变

传统的室内设计往往重视建筑的实用功能，即提供一个遮风挡雨的居住空间，很大程度上将居住空间视作"屋的堆积"，这种观念下的室内设计关注点主要集中在如何有效利用空间、如何满足基本生活需求上，而对于空间的美学价值、文化内涵及其对人的心理和情感的影响考虑较少，结果就是虽然居住需求得到了满足，但空间往往缺乏个性、艺术性和情感交流的可能性。

随着社会物质财富的丰富和人们生活水平的提高，人们开始逐渐意识到，居住空间不仅是满足基本生活需求的场所，更是个性表达、审美追求和精神享受的空间，认知的转变催生了对室内设计的新要求——整体艺术化。在这一设计理念下，室内空间被视为一个整体的艺术作品，每一处细节、每一件物品都是这幅艺术作品不可或缺的一部分，它们相互呼应、相互补充，共同构成一个和谐统一、美观舒适的整体。整体艺术化的室内设计不仅重视空间功能的合理布局，更强调空间美学的整体营造，鼓励设计师充分发挥创造力，将建筑、家具、装饰、艺术品等各个元素融为一体，通过色彩、材质、光影等手段创造出具有独特风格和鲜明个性的空间，满足居住者的物质需求，触动人的情感，激发人的灵感，成为居住者情感寄托和精神归宿的所在。

（二）物件之间的统一整体之美

在现代室内设计中，物件之间的统一整体之美是一种追求和谐与协调的

美学原则，要求设计师在空间布局、色彩搭配、材料选择、装饰风格等方面进行细致的考虑，以确保所有元素能够相互呼应，共同构成一个美观、一致的整体环境。在整体艺术化的设计过程中，色彩的选择和搭配尤为关键。设计师通过对色彩的精心挑选和巧妙运用，可以在不同的物件和空间之间建立视觉上的联系，从而营造出统一和谐的氛围。例如，一个以温暖的木质色调为主的居室，通过在家具、地板，甚至是装饰画中重复使用相似的色彩，能够使整个空间显得温馨而统一，给人一种舒适而自然的感觉。材料的选择也是实现物件之间统一整体之美的重要因素。通过采用相同或相似的材料来设计不同的家具和装饰品，可以有效地统一空间的风格和氛围。例如，使用相同的天然石材作为客厅的茶几表面和餐厅的餐桌面，能够在视觉上形成一种连贯感，在材质上实现质感的统一，使得整个居住空间显得更加精致和协调。空间布局的合理规划同样是实现整体艺术化的关键。设计师通过对空间的巧妙划分和布局，使得每个功能区既相互独立又相互关联，形成一个既分隔又统一的整体空间。例如，在开放式的居住空间中，通过使用统一风格的隔断或家具来划分不同的功能区域，既保持了空间的开阔感，又实现了视觉和功能上的统一和连贯。日本建筑师安藤忠雄设计的"水之教堂"，通过使用大量的木材和玻璃，以及对光线的精心引导，创造出了一个既现代又富有自然氛围的神圣空间。在这里，建筑结构、内部装饰及自然环境之间实现了完美的统一和协调，充分体现了物件之间统一整体之美的设计理念。

（三）整体艺术化对现代室内设计的影响

整体艺术化的概念在现代室内设计中的深入实践，已经极大地推动了设计理念和实践方法的革新。整体艺术化要求设计师不要局限于单一元素的考虑，如颜色的匹配、材料的选择或家具的布局，而是需要从更广阔的视角，考虑空间的整体性和艺术性。设计师要具备深厚的文化素养和艺术修养，能够将建筑学、美术、人文等多学科知识融合应用于室内设计之中。与此同时，整体艺术化的趋势也推动了室内设计与其他艺术领域的交叉融合。例如，现代室内设计中常见的艺术装置、定制家具、特色墙面等，都是艺术化理念的

具体体现，丰富了空间的视觉层次，为居住者提供了更为独特和个性化的生活体验。以荷兰建筑师雷姆·库哈斯设计的西雅图中央图书馆为例，该项目通过对空间功能的重新解构和艺术化表达，创造出既实用又具有强烈视觉冲击力的公共空间。图书馆内部的空间布局、色彩运用、光影效果等，都体现了整体艺术化的设计理念，将一个传统的图书馆转变为了一座现代艺术的标志性建筑。整体艺术化对现代室内设计的影响还体现在促进了设计的个性化和定制化发展上。在这一趋势下，室内空间能够更好地反映居住者的个人品位和生活态度，设计师则通过对客户需求的深入理解和艺术化的设计手法，为其打造独一无二的居住或工作环境。

三、高技术、高情感化

在当前的室内设计领域，"高技术、高情感化"已经成为一种显著的国际趋势，特别是在工业先进国家。这一趋势不仅体现了科技的飞速发展对生活各方面的深刻影响，而且强调了在高科技环境中人的情感需求的重要性。在这个背景下，室内设计师面临的挑战和机遇是如何巧妙地将先进的科技与深厚的人文关怀结合起来，创造出既智能又有温度的生活空间。

从高技术的角度来看，现代室内设计正迅速融入各种智能系统和高科技产品，这些技术的应用极大地提高了居住和工作环境的舒适度和便利性。例如，智能家居系统可以根据居住者的习惯和偏好自动调节室内的温度、湿度和光照，甚至通过声控或远程控制来管理家电的开关，这些技术的应用不仅是为了追求功能上的便捷，更重要的是通过技术提升居住者的生活品质，使得家不仅是居住的场所，更是一个智能化、个性化的生活体验空间。然而，技术的高度发展并不意味着情感需求的减弱；相反，在高科技环境中，人们对情感的渴望更加强烈。因此，高情感化设计的意义在于如何在科技的基础上营造出温馨、舒适的居住氛围，让技术服务于人的情感和精神需求。设计师可以通过色彩、材质、灯光、家具等元素，创造出富有情感的空间，使得居住者在享受科技带来的便利的同时，也能感受到家的温暖和舒适。

例如，通过使用温暖的色调和自然的材质，可以在视觉和触感上给人以亲近自然的感觉，缓解科技环境可能带来的冷漠感。又如，合理的空间布局和精心设计的灯光效果，不仅能够满足功能性需求，更能营造出和谐舒适的氛围，促进家庭成员间的交流和情感的交流。

四、个性化

在现代社会，大工业化生产的普及虽然为人们带来了物质的丰富和生活的便利，但同时产生了一个不可忽视的问题，那就是千篇一律的同一化现象，影响了人们的生活方式和审美趣味，导致个体间的差异性和个性表达逐渐减弱。因此，个性化成为人们突破同一化束缚，追求差异性和自我表达的重要方式。尤其在室内设计领域，个性化的追求体现了现代人对生活品质和个人空间表达的高度重视。个性化设计的核心在于反映居住者的个人品位、生活方式和价值观。在这一趋势下，室内设计不再是追随统一的标准或模式，而是变成了一种深度定制的服务。设计师通过深入了解客户的喜好、兴趣、生活习惯及对未来生活的期待，将个性化的元素融入设计中，从而创造出独一无二的空间，在满足功能需求的同时，注重空间与个人情感之间的连接，使得居住空间成为个人性格和审美的直接反映。

个性化设计在具体实施过程中，设计师可能会根据客户的特定爱好，如阅读、绘画或音乐，设计出专门的功能区域；或者根据家庭成员的不同需求，创造出灵活多变的共享空间和私人空间。通过这种方式，每个设计项目都成为讲述居住者故事的场所，充分展现了居住者的个性和生活态度。个性化设计还密切关联着文化身份的表达。在全球化的背景下，人们越来越渴望在自己的居住空间中寻找到文化的归属感和认同感，这促使设计师在进行个性化设计时考虑个人的偏好，深入挖掘和反映居住者的文化背景和传统价值。通过巧妙地将地域特色、民族文化元素和现代设计手法相结合，可以创造出既具有现代感又不失文化深度的室内空间，为居住者提供一个舒适的生活环境，同时也是一种文化和身份的自我肯定。

五、现代化

现代化在室内设计中的体现是一个复杂而细致的过程，是科技的应用，更是一种对于空间美学、功能性及用户体验的深思熟虑。随着科学技术的飞速发展，现代室内设计师面临着如何将现代新兴技术融入设计中，以实现声学、照明、色彩和形态的最佳匹配，创造出既高效又具有审美价值的空间环境的挑战。在现代室内设计中，科技的应用已经远远超越了传统的家电和简单的自动化系统。智能家居系统、环境自适应控制、高效能建筑材料等高科技手段被广泛应用于室内设计之中，使得空间不仅能够满足基本的居住功能，还能在声学、光照、温湿度等方面自动调节，以适应居住者的需求，从而提升居住的舒适度和效率。例如，通过声学设计和高端音响系统的整合，可以在家庭影院中营造出影院级的观影体验；而智能照明系统则能根据时间、场景甚至居住者的情绪自动调整光线的亮度和色温。现代室内设计还强调空间的灵活性和多功能性。随着生活节奏的加快，人们对空间的需求也越来越多样化。设计师通过巧妙的空间规划和可变家具的设计，使得同一空间可以有多重功能，既能满足日常生活的需求，也能适应家庭聚会、远程工作等多种场景。例如，可折叠的墙体和移动的家具能够根据需要快速改变空间布局，既节省了空间，也增加了居住的乐趣。现代室内设计还注重环境的可持续性和生态性。通过使用节能材料、绿色建筑技术和可再生能源系统，设计师不仅能够降低建筑的能耗，还能为居住者创造一个健康、环保的居住环境。例如，采用太阳能板供电的智能家居系统，既减少了对传统能源的依赖，也降低了居住成本。

苹果公司的 Apple Park 总部大楼，位于美国加州库比蒂诺市，是现代室内设计和建筑技术完美结合的典范。这座由著名建筑师诺曼·福斯特创立的 Foster＋Partners 建筑事务所设计的圆形大楼，其室内设计极大地体现了开放和透明的理念，大楼内部空间宽敞，采用了大量的玻璃墙，不仅最大限度地引入了自然光，还确保了内部空间的视觉连通性，使得整个办公环境充满光明和活力。除了自然光照，Apple Park 的室内设计还充分考虑了自然通风和

能源效率。大楼采用了最先进的通风系统和建筑材料，确保了室内空气质量和温度的舒适，同时减少了对能源的消耗。通过使用可再生能源，如太阳能板，Apple Park 实现了运营过程中的净零能源消耗，体现了苹果公司对环境保护的重视。在室内装饰方面，Apple Park 同样展现了极简主义的设计理念。室内采用了简洁的线条和温和的色彩搭配，营造出一个既现代又舒适的工作环境。家具和装饰品的选择也反映了苹果公司对细节的极致追求，每一件物品都既实用又美观，符合苹果产品一贯的设计风格。

六、高度民族化

在过去的几十年里，随着全球化的加速发展，现代室内设计趋向采用国际化的标准和风格，许多空间设计在视觉和功能上趋同，人们在享受现代化生活带来的便利和舒适的同时，逐渐感到了一种文化上的空虚和归属感的缺失，失去了那份属于自己民族的独特性和魅力。正是基于这种背景，高度民族化的室内设计应运而生，它不仅是对现代化设计的补充，更是一种文化和精神层面的回应。高度民族化的室内设计理念强调在设计中融入本土文化的元素，无论是通过材料的选择、色彩的运用、家具的造型，还是通过装饰品和艺术作品的摆放，都力图展现出独特的地域特色和民族文化。设计师在创作过程中，不仅需要深入研究和理解本民族的文化背景，还需要掌握现代设计的技术和语言，从而在保持空间现代感的同时，赋予其浓郁的民族文化特色。例如，云南大理的丽江古城是一个拥有深厚历史文化底蕴的地方，其精品酒店的民族化室内设计是对该地区独特文化的现代诠释和尊重。丽江古城内的精品酒店室内设计充分利用了当地丰富的自然资源和传统手工艺品。墙面、地板和家具多采用当地产的天然材料，如木材、石头和竹子，这些天然材料不仅环保，而且随着时间的推移会展现出更多的自然美和历史感。设计中还经常见到手工编织的挂毯、民族图案的装饰品和传统的家具，这些元素提升了空间的文化氛围，使客人能够亲身体验和感受到浓郁的地方文化。在保持民族文化特色的同时，这些酒店的设计也考虑到了现代功能性和舒适性的需求。例如，通过现代化的灯光设计提升了室内的明亮度和温馨度，同时，

现代化的卫生设施、舒适的床铺、高速网络等的配置，确保了住客的舒适体验。此外，室内空间布局充分考虑了私密性和开放性的平衡，既有开放的公共区域供人交流聚会，又有私密的休息空间保证个人时间和空间。高度民族化的室内设计理念的实践能够提升空间的美学价值，更重要的是，它能够帮助人们在快节奏的现代生活中找到一种归属感和文化认同感。通过在设计中融入民族文化元素，高度民族化的室内设计能够让人们在日常生活中感受到传统文化的魅力，唤起对民族历史和文化的尊重与自豪感。

第三章 现代室内设计的多维观察：
人性化设计

人性化设计是现代室内设计领域的核心方向，它强调从多个维度出发，精心提升居住者在空间中的体验感和舒适度。通过深入洞察人们的生理和心理需求，设计师们匠心独运，打造出既符合人体工学原理又充满心理舒适感的环境，从而显著提升整体生活质量。人性化设计不只是停留在理论探讨上，还通过一系列成功的实践案例，充分展现了在实际应用中的卓越效果与长远价值。在设计的每一个环节，无论是从空间布局、材料选择、色彩搭配还是光线运用，都体现了设计师对使用者需求的深刻理解和细致关怀。经过多维度的观察和实践，现代室内设计正逐步将人性化设计理念融入其中，以便更好地满足不同群体的需求，尤其是为需要特殊关照的人群提供更为贴心与周到的室内环境设计。这一转变使得现代室内设计更加具有人文关怀，为人们创造了一个更加温馨、舒适且具有归属感的生活空间。

第一节 人性化室内设计相关概述

一、人性化室内设计的概念

人性化室内设计代表一种以人为本的设计哲学，体现了对居住者或使用

者需求、心理和生活方式的深入理解和尊重。人性化室内设计理念重点关注空间的实用性、舒适性和方便性，致力于研究如何通过设计让人与空间产生情感上的共鸣，从而提升整体的生活质量。人性化室内设计是现代设计理念发展的必然产物，标志着设计的焦点从单纯的物质和形式，转移到了人的需求和体验上。在人性化室内设计中，设计师将人的生活习惯、心理特征、思想等因素作为设计的出发点和落脚点。这种设计方式强调在满足基本功能需求的基础上，进一步优化和完善设计方案，使得空间不仅是用来办公或居住的场所，更是一个能够提供舒适体验、满足个性需求的环境。人性化的设计考虑到了人们在空间中的行为模式、交互方式及情感表达，力图通过细节的处理和环境的营造，让使用者感受到被尊重和理解。

人性化的室内设计是对人类个性的尊重和追求满足的具体体现。在现代社会，个性化需求日益凸显，人们不再满足于千篇一律的设计，而是渴望能够反映自己性格特征和生活态度的空间。因此，人性化设计在追求实用性、舒适性和方便性的同时，也注重空间与个人之间的情感联系，通过设计传达居住者的价值观和审美观，人性化的设计方式不仅体现在空间布局和功能分区上，更体现在色彩选择、材料运用、光线处理等细节上，每一处设计都力图反映出居住者或使用者的独特性。人性化室内设计将艺术、科学、工艺技术和人性有机结合在一起，创造出既美观又实用的空间。在这种设计理念的指导下，室内设计不再是单一的视觉艺术，而是成为一种综合艺术，它涉及建筑学、心理学、人体工学、环境科学等多个领域的知识。通过科学的方法和技术手段，设计师可以更准确地把握人的需求，创造出既符合人体工程学原则又具有美学价值的空间。人性化室内设计的实践是对人性的深刻尊重，是社会物质文明和精神文明共同发展的体现。在这种设计理念下，设计不再仅是为了满足基本的生活需求，而是成为提升人们生活质量、丰富人们精神世界的重要手段。通过人性化的室内设计，空间变得不仅是生活的容器，而且成为人们情感寄托和个性表达的平台，反映了现代社会对人的全面关怀和对生活质量的高度追求。

二、人性化室内设计的历史

自古以来，对人性的探索与理解就是各文明进步的核心。在我国春秋战国时期，孟子等思想家提出的"以民为本"的思想，主张君王应将人民的福祉置于至高无上的位置，关心人民生活、保障人民利益，是对人性尊重的深刻诠释。孟子认为只有收集并倾听人民的政治意见，国家才能更加稳定和繁荣，体现了古代中国对人性的深刻洞察，为后世治国理念提供了重要的思想资源。

到了 13 世纪末，西方世界经历了一场文化和思想的大革命——文艺复兴。这场起源于意大利的运动，迅速影响了整个欧洲，为西方社会注入了一股新鲜的血液。文艺复兴时期的人文主义精神，与春秋战国时期的"以民为本"思想异曲同工，都强调了对人的尊重和人性的发展。人文主义精神提倡人的自由、个性解放，反对迷信与束缚，强调人应当成为自己命运的主宰，激发了人们对知识的渴望，推动了科学、艺术和文学的蓬勃发展，对后世的人性发展和自由发展产生了深远影响。孟子的"以民为本"和文艺复兴的人文主义精神，共同奠定了对人性尊重和个性发展的基础。这两种思想虽然源于不同的文化背景和历史时期，但都体现了人类对自身价值和潜能的肯定。在这两大思想的影响下，无论是东方还是西方的思想家、哲学家，都开始将人性作为一门综合性学科进行深入研究。对人性的探索和研究，成为社会发展和文明进步的重要驱动力。随着社会的发展，人们对人性的认识和要求也在不断提高和深化。人们开始意识到，人性不仅包含了生理和心理的需求，更包括对自由、尊严、幸福和创造性表达的追求，认识的深化促进了社会制度、法律和文化的不断进步，使得人性得到了更加全面和深刻的尊重。

人性的思想观念随着时间的推移已深入人心，成为现代社会中不可或缺的一部分。在生活的各个方面和领域，人们都开始追求人性化，不仅体现在产品设计中，更影响到了服务、管理乃至社会制度的各个层面。对人性的重视，反映了一个社会对于个体价值和尊严的尊重，标志着社会文明的进步和发展。我国的室内设计有着悠久的历史和深厚的文化底蕴，从大气豪华的宫

廷建筑内的陈设和手工艺品，到充满诗情画意的园林建筑内的精致设计，再到民间建筑中的质朴与实用，都是中华民族优秀文化遗产的体现，展现了先人对于美学、功能与人的关系的深刻理解。它们不仅是物质的创造，更是精神和文化价值的传承。同样，欧洲的城堡、教堂、小镇等室内设计同样令人赏心悦目，代表了欧洲深厚的历史文化和独特的审美观念。尽管"室内设计"这一概念尚未被正式提出，但人们对居住和使用空间的美学和功能需求的认识已经开始逐渐形成。随着工业革命的到来，人类社会经历了剧烈的变革。新艺术运动、现代主义设计运动等运动中一系列设计理念的提出和发展，标志着室内设计作为一个独立的专业领域开始逐渐走向成熟。在这一过程中，设计不再仅关注形式的美观，更加重视功能的实用性和人的体验感受。到后来，随着人们生活水平的提高和审美需求的多样化，人性化的室内设计理念应运而生，并迅速成为现代社会设计的主流。人性化的室内设计强调在设计过程中充分考虑人的物理和心理需求，旨在创造出既符合人体工程学，又能满足使用者情感需求的空间。这一理念的提出和实施，虽然时间并不长，但已深刻影响了现代设计师的设计思维和方法。在人性化设计理念的指导下，设计师不仅要考虑空间的实用性、舒适性和美观性，更要关注设计如何满足使用者的个性化需求、如何与使用者的生活方式和文化背景相融合，以及如何通过设计提升使用者的生活质量和幸福感。

因此，人性化的室内设计不仅是一种设计趋势，更是现代社会对于人性重视和尊重的体现。它要求设计师们不断努力，通过创新和实践，探索更多能够触动人心、满足人性需求的设计方案，为人类的前进与发展服务。

三、人性化室内设计的原则

（一）安全性原则

安全性原则的实施涵盖了多个层面，包括物理安全、化学安全、火灾安全、环境安全等方面，要求设计师具备综合的视角和前瞻性的思考。

1. 物理安全

物理安全是安全性原则的基础，设计师需要通过合理的空间布局和家具

选择，减少因碰撞、摔倒等意外而导致的伤害风险。在室内设计中要避免使用尖锐的边角、选择防滑的地面材料、合理布置家具和设施，确保有足够的移动空间，以防止拥挤导致的摔倒。对于有特殊需要的群体，如儿童、老年人或残障人士，设计师需要考虑到他们特定的安全需求，通过设置安全门栏、防滑垫、手抓杆等设施来提供额外的保护。

2. 化学安全

化学安全关注的是室内使用材料的健康影响，设计师在选择材料时，应优先考虑低毒性、无害化学成分的材料，避免使用可能释放有害气体或颗粒物的材料，如甲醛超标的木材产品、含有挥发性有机化合物的油漆和黏合剂。通过选择环保、健康的材料，可以有效减少室内空气污染，保障使用者的健康。

3. 火灾安全

火灾安全是安全性原则中不可忽视的一部分，室内设计需要遵循防火规范，合理规划逃生通道和紧急出口，确保在发生火灾时，使用者能够迅速、安全地疏散。此外，设计师还需要考虑安装烟雾报警器、灭火器等消防设施，使用阻燃材料，同时在设计中考虑电气安全，避免电线过载、电器过热等问题。

4. 环境安全

环境安全强调的是室内设计应满足健康的居住和工作环境需求，包括良好的通风、适宜的湿度和温度控制、充足的自然光照等，这些因素直接影响室内空气质量和使用者的舒适度，设计师需要通过科学的布局和技术手段，创造一个既安全又舒适的环境。

（二）环保性原则

随着全球环境问题的日益严峻，包括气候变化、资源枯竭、生态破坏等，人们开始认识到，设计和建筑领域必须采取行动，通过环保的设计理念和实践，为减缓这些问题贡献力量。环保性原则要求设计师在室内设计的每一个环节中都考虑到对环境的影响，从材料的选择到施工方法，再到设计的整体布局，每一个决策都应以减少对自然环境的负面影响为目标。

在材料选择方面，环保性原则鼓励使用可再生资源、可回收材料及对环境影响小的产品，如木材、竹子等天然材料，使用在生产过程中释放有害物质少、能耗低的人造材料，优先选择那些耐用性高、易于维护且最终可以安全回收利用的材料。通过这种方式，室内设计能够减少对自然资源的消耗，减少废物产生，从而降低设计实施过程中对环境的影响。在施工方法上，环保性原则倡导采用低污染、低排放的施工技术和方法，包括减少施工现场的噪声和尘埃污染、使用低挥发性有机化合物的油漆和黏合剂，以及尽可能地采用干预措施减少建筑废料，降低室内设计和装修过程对周围环境和居住者健康的负面影响。环保性原则还强调在室内设计中应用节能和高效利用资源的策略，通过设计优化自然光的使用，提高室内空间的照明效率。此外，合理的空间布局和隔热材料的使用可以提高能源效率，减少对暖气和空调的依赖，从而降低能源消耗和二氧化碳排放，为使用者创造一个舒适健康的生活环境，同时为抗气候变化作出积极贡献。

（三）舒适性原则

在现代室内设计中，强调坚持舒适性原则，努力创造一个既美观又实用，能够满足人们生理和心理需求的生活或工作环境，该原则的实现主要包括三个方面，即环境舒适度、视觉舒适度及心理舒适度。

1. 环境舒适度

环境舒适度关注的是室内环境对人体生理状态的影响，包括温度、湿度、通风、空气质量等因素。为了保证环境舒适度，设计师需要考虑室内的自然通风和人工调节系统，确保空气流通，减少污染物的积聚。同时，通过使用恒温系统维持室内温度在一个适宜的范围内，既能保证冬暖夏凉，又能提高能源使用的效率。合理的湿度控制也是非常重要的，湿度变化直接影响到人的舒适感和健康状态。通过综合考虑这些因素，可以为居住者或使用者创造一个健康舒适的环境。

2. 视觉舒适度

视觉舒适度则更多地关注室内设计中色彩、光线、材质等视觉元素的搭配。合理的色彩搭配不仅能美化空间，还能影响人的情绪和心理状态。

例如，温暖的色调可以营造出温馨舒适的氛围，而冷色调则给人以清新宁静的感觉。在光线设计上，自然光的充分利用是非常重要的，能够在一定程度上节省能源，提升空间的舒适度和宜居度。此外，适当的人工照明也不可忽视，需要根据空间的功能和活动需求进行设计，避免过强或过弱的光线造成视觉不适。通过精心的视觉设计，可以大大提升空间的舒适度和美观度。

3. 心理舒适度

心理舒适度是室内设计在满足使用者心理需求和情感寻求方面的考量，包括对空间的私密性、开放性及个性化的设计。空间的私密性设计需要保证使用者在需要时能拥有自己的私人空间，避免过度的干扰和噪声，从而保证心理上的安宁和独立性。同时，开放性空间的设计则有助于促进人际交流，增加活动的自由性，提升整体生活的动态性。除此之外，个性化的设计元素，如纪念品的展示、个人喜好的色彩和材质选择等，都能让空间更贴近使用者的内心世界，增加归属感和满足感。

（四）经济效益原则

1. 成本效率与预算控制

成本效率是经济效益原则的核心，它要求设计师在设计初期就充分考虑项目预算，通过合理的材料选择、施工方法和技术应用来优化成本。这意味着设计师需要具备良好的成本意识，能够评估不同设计方案和材料的成本效益，选择那些既经济实惠又能满足设计要求的方案。预算控制不仅是简单地压缩成本，而是通过精细的规划和管理，确保每一分投入都能产生最大的价值。在实际操作中，可能涉及对材料、家具和装饰品的精选，确保它们既美观耐用又具有成本效益。

2. 功能性与多功能性设计

经济效益原则强调的不仅是成本的控制，还包括空间的有效利用和设计的长期价值。在人性化室内设计中，通过增强空间的功能性和引入多功能性设计，可以极大地提升空间使用效率，从而带来经济效益。例如，一个可以同时作为书房、客房和工作室使用的多功能空间，其价值远超过单一功能的

房间。多功能性设计能满足用户多变的需求，在有限的空间和预算内创造出更多的可能性，有助于实现经济效益的最大化。

3. 可持续性与长期投资回报

经济效益原则还涵盖了设计的可持续性和对长期投资回报的考虑。在人性化室内设计中，采用可持续和环保的材料、技术和方法，不仅能减少对环境的影响，还能降低长期运维成本，如节能灯具和家电、高效的隔热材料等，这些都能在长期内节省成本。同时，设计的可持续性也意味着空间设计需要有足够的灵活性和适应性，能够随着用户需求的变化而调整，从而延长空间的使用寿命，提高投资的长期回报率。

四、发展人性化室内设计的意义

（一）发展人性化室内设计是个性化的体现

在现代社会中，随着经济的蓬勃发展和文化的多元化，人们的生活方式和价值观念发生了显著变化。对自由和个性的崇尚成为社会的主流趋势，深刻地影响着人们对于室内设计的期望和需求。人们不再满足于室内设计的基本功能，更加追求能够反映自己个性、爱好和生活态度的设计。在这个背景下，室内设计不再是单一风格或样式的重复，而是变得丰富多彩。每个人对于室内设计的风格都有着不同的期望和需求，他们希望自己的居住或工作环境能够在某种程度上反映自己的性格、兴趣爱好和生活习惯，这促使室内设计师在设计时更多地考虑用户的个性化需求，努力通过独特的设计元素和细节处理，让每一个空间都能够成为用户个性和品位的展现。个性化的室内设计是对色彩、材料、家具的简单选择，是一种对空间功能的重新思考和对生活方式的深入理解。设计师通过与用户的沟通，将用户的个性化需求融入设计之中，创造出既实用又具有个性特色的空间。这种设计旨在让每一个客人进入空间时，都能够感受到设计背后的故事和情感，体验到与众不同的空间魅力。随着社会对个性的重视和个性消费的兴起，个性化室内设计已经成为室内设计领域中不可忽视的趋势，这不仅体现了社会的发展和进步，更是人类文明发展的必然结果。

（二）发展人性化室内设计是对人文精神的重视

在当代社会，随着物质条件的显著改善，人们的生活追求也在不断升级，从最初的物质满足逐渐转向对精神文化层面的深层需求，具体体现在对艺术、文学等领域的探索上，更体现在日常生活的各个方面，尤其是居住和工作环境方面。人性化的室内设计正是重视人文精神的具体表现，强调在设计中融入对人的深刻理解和尊重，旨在创造出既美观又舒适的空间，让人们在其中能够找到精神的慰藉，获得心灵的平静。舒适的办公环境和温馨的居住环境是对空间功能和美观的追求，是对人的精神状态和心理健康的深切关怀。在一个经过精心设计、能够满足人体工学和心理舒适度需求的环境中，人们更容易保持积极向上的心态，更能有效放松身心，从而在高压的现代生活中找到平衡点。人性化室内设计的精髓在于"天人合一"和"以人为本"的设计理念，其中，"天人合一"强调人与自然的和谐共生，倡导在室内设计中融入自然元素，如自然光、绿植等，以此来缔造一个既环保又健康的生活空间；而"以人为本"则要求设计师深入理解使用者的需求和心理，通过科学合理的空间布局、色彩搭配、材料选择等，创造出真正符合人的使用习惯和审美趣味的空间。通过发展人性化的室内设计，能够满足人们对物质和精神双重享受的追求，引导人们关注和重视人文精神的价值。

（三）发展人性化室内设计有利于环保工作的顺利进行

环境保护在全球范围内被普遍认为是人类发展面临的一个紧迫而重要的任务。随着工业化进程的加快和全球人口的持续增长，环境问题逐渐凸显，成为制约社会可持续发展的关键因素之一。伴随着环境恶化的现实情况，包括气候变化、生物多样性的丧失、水资源的污染和枯竭、空气质量的下降等，人类的生活环境日益恶劣，人类自身的健康和福祉受到威胁，自然生态系统受到了不可逆转的伤害。在这样的背景下，各国政府和国际组织纷纷采取措施，通过立法和政策指导，强调在经济发展过程中必须考虑到环境保护的重要性，涵盖了从减少温室气体排放、保护自然生态到促进资源的可持续使用等多个方面，目的是在确保经济增长的同时，最大限度地减少对环境的负面影响。随着人们对环境问题认识的深化，人与自然

之间的关系也被重新审视。越来越多的人开始认识到，人类不应该是自然的征服者，而应该是自然的合作者和守护者，人们认知的转变促进了环境保护理念的广泛传播，使得环境保护成为社会各界共同关注的焦点。在室内设计领域，环保性原则的重要性日益被业界认识和接受。环保性原则强调在设计过程中采用环保材料，提倡节能减排，鼓励循环利用和可持续性设计，从而最小化室内设计对环境的影响，创造出健康、安全的居住和工作环境。通过实践环保性原则，室内设计能够为人们提供舒适美观的生活空间，能促进环境的可持续发展，实现人与自然和谐共存的理想状态，这种兼顾环境保护的设计理念，无疑将推动室内设计行业向更加成熟和长远的发展方向前进。

（四）发展人性化室内设计是帮助弱势群体

在传统的设计观念中，往往将更多的注意力集中在服务社会的主流群体上，而忽视了对弱势群体的关照。然而，随着人性化设计理念的普及和深入，这一局面正在发生积极的变化。人性化的室内设计不再仅服务社会的主导力量，而是开始更加注重对弱势群体的关怀和服务。设计师们深入了解弱势群体的实际需求和生活困难，运用专业知识和创新思维，设计出既实用又舒适的室内环境，帮助他们解决生活中的具体问题。例如，为视障人士设计更加安全便利的居住空间，或为行动不便的老年人创造更加便捷舒适的生活环境，这些设计都充分体现了人性化设计的价值和意义。通过人性化室内设计，弱势群体的生活质量得到了显著提升，传递了社会对弱势群体的关怀和尊重，增强了他们的归属感和自信心。总之，人性化室内设计的发展标志着设计行业的进步和社会文明的成熟。

第二节　生理维度的现代室内设计

一、视觉维度

视觉作为人类获取外界信息的主要渠道，拥有极其独特和强大的能力，

能够捕捉到色彩、形状、大小、光线、运动、肌理等一系列复杂而丰富的客观情况，还能通过这些视觉元素的综合作用，深入人的感知系统中，帮助人们构建出对物体体积、重量、构成等物理特征的深刻印象，进而成为人们体验世界的一部分，影响着人们对周围环境的感知和理解。相关研究显示，人类通过视觉接收到的外部信息比例高达75%～87%，而且90%的人类行为反应也是由视觉刺激引发的。这一点充分说明了视觉在人类感知系统中的主导地位，以及视觉信息在日常生活和决策过程中的重要作用。

正是基于人类对视觉信息的高度依赖和敏感性，视觉设计在各个设计领域中都占据了至关重要的地位。无论是平面设计、产品设计，还是数字界面设计，良好的视觉效果都是吸引受众、传递信息、引发情感共鸣的关键。室内设计领域亦是如此，良好的视觉效果不仅能提升空间的美感，更能影响人们的情绪和行为，进而提升空间的实用性和舒适度。室内设计师通过对色彩、光线、材质等视觉元素的巧妙运用，创造出既美观又功能性强的空间环境。这不仅需要设计师具备深厚的美学素养和丰富的设计经验，更要求他们深入理解人类的视觉心理和行为习惯。

因此，视觉设计在室内设计中的重要性不言而喻，已成为提升空间品质、增强用户体验的重要手段。室内设计师需要把握视觉设计的核心原则和技巧，通过合理的视觉布局、色彩搭配、光线运用等手段，创造出既符合客户需求又具有审美价值的空间。在这个过程中，设计师不仅是空间的创造者，更是视觉艺术的传达者，他们的工作影响着空间的物理属性，更触及使用者的心灵和情感，展现了视觉设计在室内设计中不可替代的地位和价值。

（一）视觉体验

生理维度在现代室内设计中占据着核心地位，特别是视觉维度的设计，它直接影响人们的视觉体验和生理感受。一个经过精心设计的室内空间，能够通过视觉元素的有机组合，创造出既舒适又美观的环境，促进人的身心健康。视觉元素主要包括色彩、灯光、造型、形态、材质、装饰等方面，这些元素相互作用，共同构成了室内设计的视觉体验。

1. 色彩

色彩是视觉体验中最直接且强烈的元素之一。在室内设计中，色彩的运用涉及空间的功能性、视觉平衡及情感表达，是设计师表达设计意图、营造氛围的重要手段。色彩能够激发人的感官反应，不同的色彩组合能够唤起不同的情绪和感受。例如，温暖色系如红色、黄色和橙色，能够营造出温馨、活跃的氛围，适合餐厅、客厅等社交空间；而冷色系（如蓝色、绿色等）则给人以宁静、放松的感觉，更适合卧室、书房等需要安静的空间。色彩的明暗、饱和度也会影响空间的视觉效果和心理感受，深色调显得稳重而神秘，浅色调则显得轻松明亮。在应用色彩时，需要考虑色彩心理学和文化背景的差异，因为在不同的文化背景下，人们对色彩的感受和解读存在差异。例如，在某些文化中，白色象征纯洁与和平，而在另一些文化中，则可能与哀悼和悲伤相关联。因此，设计师在进行色彩选择和搭配时，需要充分考虑空间的使用者及其文化偏好，以确保色彩能够准确传达设计意图，满足使用者的心理和情感需求。

2. 灯光

灯光在室内设计中的应用，超越了基本的照明功能，成为一种富有表现力的艺术形式。光影的巧妙运用不仅能够突出空间的主题和焦点，还能有效地增强空间的层次感，创造出既丰富多彩又各具特色的室内氛围。

自然光作为一种动态变化的光源，其独特之处在于能够带来无穷尽的变化，从而影响室内的光色调、明度和纯度。自然光的变化体现在光线的强弱和光影的投射与分布上，这些变化共同作用于室内空间，为其带来生动和变化的视觉效果。例如，早晨的柔和阳光可以营造出温馨舒适的氛围，而傍晚的斜阳则能给空间增添一份温暖和浪漫。自然光不仅能美化室内环境，还对人的健康有着积极的影响，充足的自然光照有利于身心健康，能够提升人们的舒适感和幸福感。

与自然光相辅相成的是人工光，它在室内设计中的作用同样不可忽视。人工光源的优势在于其灵活性和适应性，能够根据室内环境和设计需求进行有针对性的调整和设计。通过不同类型、色温和亮度的灯光配置，设计师可

以创造出符合特定功能和氛围需求的空间。人工光的运用可以强化空间的视觉效果，通过光与影的交错，增强空间的立体感和动态感。此外，人工光还能突出空间的重点区域，例如，通过聚光灯突出艺术品或通过柔和的灯光营造出放松的阅读角落，使空间更具层次和趣味性。

3. 造型

在室内设计中，造型艺术是一种通过点、线、面及形体的巧妙组合和塑造，创造出理想的视觉形态的过程，这个过程本质上是一种创意的表达和设计语言的运用。室内空间的造型，如立面的线条流畅、天花的层次分明、地面的材质变化，都是这种设计语言的具体体现。造型语言在室内设计中的应用是多样而独特的，既可以是通过简约的线条勾勒出现代感，也可以是通过复杂的几何形状营造出艺术氛围。无论是可视的抽象形态还是具象的模拟，造型都能有效地表达设计者的意图和空间的功能需求。例如，柔和的曲线往往能给人以安宁和舒适的感觉，而锐利的角度和直线则可能传递出力量和动感。此外，造型作为一种"设计语言"，其表现形式虽然有限，但其方式却是独特且富有表现力的。设计师通过对造型元素的精心选择和组合，能够在有限的空间内创造出无限的可能性，要求设计师不仅要有良好的美学素养，更要有深刻的空间感知能力和创造力，能够在遵循空间功能性的基础上，通过造型设计提升空间的审美价值和情感表达力。

4. 形态

在现代室内设计中，空间的形态是塑造视觉体验的关键因素之一，是一种能够深刻影响人心理感受和行为反应的设计语言。空间形态的设计，如体量和形状的选择，直接关系到空间能否有效地容纳人、影响人、感染人及规范人的行为。空间的体量和形状应当根据空间的功能性质来确定。不同的空间尺度能够激发出不同的心理感受。例如，较小的空间往往能够营造出一种亲切和宁静的气氛，给人以温馨和安全的感觉；而较大的空间则容易形成庄严、博大和雄伟的感受，给人以震撼和敬畏的心理体验。这种尺度上的差异不仅体现了空间设计的多样性，也展现了设计师利用形态来引导人的感知和情绪的能力。在复合空间的设计中，空间的体量和形态变化更是丰富多彩。

通过改变空间的高度，设计师能够创造出不同的气氛和情绪反应。高耸的空间使人感到振奋和自由，而低矮的空间则给人以亲切和宁静的感觉，有时甚至能引发人的压抑和沉闷情绪，高度上的变化为设计师提供了丰富的设计语言，使他们能够根据具体的空间要求和艺术意图，灵活选择和运用空间的形态。

5. 材质

在室内设计中，材质是构成空间的物理基础，更是塑造视觉体验和触觉感受的关键元素。人类对室内空间的感知是通过视觉和触觉这两种主要方式实现的，其中视觉能够捕捉到材质的色泽、纹理、明暗对比、凹凸变化等细节，而触觉则让人们体验到材质表面的光滑或粗糙、温度差异、硬度及重量感。材质的审美特性源于其丰富的表现形式，它们具有一种独特的能力，能够穿透人的思想、触动人的情感，甚至影响人的行为模式。例如，温暖的木材能够营造出亲切和舒适的氛围，冷硬的金属和玻璃则给人以现代和科技的感觉。通过对材质特性的深入理解和巧妙运用，室内设计师可以在不同的空间中创造出各具特色的视觉和触觉体验。在选择和设计材质时，需要根据空间的功能要求做出精细的考量。每种材质都有其独特的物理和化学属性，这些属性决定了材质是否适用于特定的空间环境。例如，公共空间可能需要耐磨、易清洁的材质，而家庭空间则更注重材质的舒适性和安全性。除了满足实用性、方便性、安全性、环保性等基本条件外，还需要考虑材质对人视觉体验的影响及可能带来的心理效应。

6. 装饰

在精心设计的空间中，绿化植物、细腻的画作、精致的灯具、独特的艺术品、各种装饰饰品等元素在有限的空间中经过合理布置，能够美化环境，提升空间氛围，更是展现空间品位和文化内涵的重要手段。装饰物的选择和摆放是一门艺术，通过装饰物的巧妙搭配和布局，可以营造出和谐而富有层次的视觉效果，使得空间充满生机和活力，提升了空间的精神层次，成为体现空间品质和文化品位的重要标志。此外，装饰物还具有陶冶人们性情的作用，良好的空间布局和精心挑选的装饰品能够影响人们的情绪和行为，提升

生活品质。在当代室内空间设计中，人们越来越重视装饰物的审美和文化价值，将其视为提升空间品质、反映个性化需求和审美趣味的重要元素。

（二）视觉思维

鲁道夫·阿恩海姆 1904 年生于德国，是心理学、艺术理论和视觉感知领域的重要学者。他的研究跨越了心理学与艺术之间的界限，致力于探索视觉艺术中的心理过程。阿恩海姆的理论强调，人类的视知觉不仅仅是简单的感官活动，还是一种充满思维能力的复杂过程。阿恩海姆所强调的，是我们通过视觉捕捉到的形象并非简单的感性材料的机械复制，而是一种充满理性的、积极的认知活动。这揭示了一个重要事实——人类在观看外部世界时，所进行的并非被动接受，而是主动构建和理解。阿恩海姆认为，通过视觉感知所把握到的形象是富含想象力、创造性和敏锐性的美的形象，这意味着视觉感知不仅是识别或记录现实世界的能力，更是一种创造性的把握，能够超越直观的感知，触及事物的深层意义。在这个过程中，人们能够通过视觉感知发现和创造美，将个人的情感、经验和理解融入所观察的对象中，使得视觉体验成为一种丰富多维的心理活动。

1. 视觉选择性

视觉选择性是人类感知世界的一种独特而复杂的能力，反映出视觉是一种积极主动的探索行为。在日常生活环境中，变化无处不在，而视觉选择性使得人们能够专注于那些变化最为显著的事物，这种能力不是随机的，而是一种由人类生存需求驱动的自然调节机制。当环境中的某个元素发生变化，如出现或消失，或者在位置、形状、大小、色彩、亮度上发生变化时，变化往往与实际需求、兴趣和安全息息相关，因此，视觉系统会自然而然地被这些变化所吸引。视觉的探索过程类似于用手去触摸和感受物体，尽管它是无形的，但它能让人们在空间中自由移动，带领人们走向新的地方，发现环境中的各种事物。通过视觉，人们能够"触摸"远处的物体，捕捉它们的轮廓，扫描它们的表面，寻找它们的边界，探究它们的质地。视觉作为一种主动性极强的感知器官，其选择性和探索性质使得人类能够有效地从复杂多变的环境中提取有用信息，在人类的进化历程中能够帮助人类适应环境，识别资源

和威胁，促进了人类对环境的理解和利用。在现代社会，视觉选择性依然发挥着关键作用，无论是在学习、工作还是在艺术创作中，视觉都是人们获取信息、感受世界的重要窗口。

2. 视觉局限性

人类的视野是通过眼睛观察世界的窗口，其所能覆盖的范围直接影响人们对周围环境的认知和互动。在水平面上，人的双眼视区能够覆盖大约 60°左右的范围，该区域内人们对特定颜色的辨识最为敏锐，尤其是在视线角度为 30°～60° 的范围内，视觉能力得到了最充分的发挥。进一步细分，人类最敏锐的视力集中在标准视线的每侧 1° 范围内，这一细微区域内的视觉信息处理极为精细，允许人们捕捉到细节和深度信息。而从单眼视野来看，每侧的界限扩展到了 94°～104°，展示了人眼在接收视觉信息时的宽广能力。在垂直平面上，如果将标准视线设定为水平 0°，可以观察到的最大视区分布在视平线以上 50° 和视平线以下 70° 之间，此时人们能够感知到头顶和脚下相当宽广的范围，但对于颜色的辨识能力则集中在视平线以上 30° 和以下40° 的区域内，显示出在垂直方向上人眼对颜色敏感度的分布。值得注意的是，人的自然视线实际上通常低于标准视线。在站立状态下，自然视线比水平线低约 10°，而坐着时这一差距增加到 15°。在更为放松的状态下，无论是站立还是坐着，自然视线与标准线的偏差会更加显著，分别达到 30° 和38°。这一现象反映了人在不同姿态下视线的自然调整，以适应不同环境和活动需求。特别是坐着观看事物时，最佳的视区实际上位于标准视线以下30° 的区域，对于设计工作环境和休息空间有着重要的指导意义。通过了解人的视野范围及其在不同状态下的变化，可以更好地理解人类如何与周围环境互动，以及如何通过调整空间布局和设计来优化视觉体验，能够帮助室内设计师考虑到人的视觉习惯和舒适度，进而创造出更加人性化的生活和工作环境。

3. 视觉完形性

格式塔心理学提供了一种理解视觉知觉和设计中形式创造力的独特视角，揭示了一个深刻的真理：人们在面对不完全或不完整的形式时，内心会

产生一种强烈的倾向，即追求完整性、对称性、和谐及简洁性，这种倾向是一种被动的视觉体验，更是一种积极的心理活动，激发人们内在的一股力量，去"补全"那些形态，使它们恢复到应有的"完整"状态，从而在视觉和心理层面上提升知觉的兴奋程度。

在室内空间设计的实践中，运用格式塔心理学可以创造出具有更深层次形式意义和强烈视觉刺激力的空间。设计师通过故意留下的不完整形态，引导观者的想象力，促使人们在心理上完成这一形态的"完整"。该设计手法在某种程度上增加了空间的趣味性，拓展了设计的表达维度，并且该设计手法通过有意地省略和选择性地突出某些关键部分，而不是简单地创造一个模棱两可的形态，被突出的部分承载了设计的核心意义，蕴含了一种指向完形的"动态"，激发观者内心的"压强"或"张力"，使得空间设计不仅是静态的美感体验，还是一种动态的心理交互过程。当然，这种设计手法中的"不完全"并非随意形成，它可能是通过某种形态的省略、扭曲或偏离而故意构造出来的。这种不完全的形态，在一定程度上会造成视觉上的"模糊"，但关键在于这种"模糊"的程度。适当的"模糊"不仅不会削弱设计的表达力，反而能通过触发人们的视觉完形功能，激发特定欣赏能力者的潜在创造力。这种创造力的激发，源于人们内在的探索欲和对未知的好奇心，使得观者在参与空间的解读和想象中，体验到一种独特的心理愉悦。因此，"刺激"的空间设计，正是通过这种潜在的创造力的激发，引发人们对空间更深层次的思考和情感共鸣。格式塔心理学在此发挥着桥梁的作用，不仅为室内设计师提供了一种理解人类视觉知觉和心理反应的框架，更为他们开启了一扇探索设计创新和深化空间表达的大门。

二、听觉维度

听觉系统的复杂性在所有感觉系统中无出其右，是人类感知世界的一个深奥而微妙的途径。不仅如此，听觉还是人们自我感知中最不易被控制和抵抗的部分，蕴含着人性最原始的力量，这使得听觉在知觉领域中具有无与伦比的吸引力。当人们闭上眼睛，让视觉休息，听觉便占据了主导地位，引领

着人们的感知世界，利用声波的传播和反射，准确地进行空间定位，让人们能够在心中勾勒出所处环境的轮廓，感受空间的深远和广阔，某种程度上弥补了视觉在某些场合下的不足。例如，在黑暗中或在视线被遮挡的情形下，听觉成为人们认知世界的主要渠道。声音能够在毫无预期的时刻突然出现，在心灵深处激起回响。然而，这并不意味着人们完全处于被动接受的状态。作为空间的主人，人们不仅是声音的接收者，同时是声音的创造者，人的言语、行动乃至存在本身，都在不断地向周遭空间发出声响，与空间中的其他声源互相交织，共同构成了一个复杂的声音生态。正是基于这种认识，人们开始意识到听觉设计关注声音本身的美感与和谐，更重要的是关注如何利用声音与空间的相互作用，创造出独特的空间感受，涉及声音的方向、强度、回响，以及与空间材料和形态的关系等多个方面。通过细致入微的听觉设计，可以在空间中营造出特定的氛围，无论是安静祥和的静谧空间，还是活力四射的动感环境，都能够通过声音的巧妙布局得以实现。

（一）听觉的作用

人类的听觉系统被认为是一种非常神奇而复杂的生物机制，能够感知 $20 \sim 20\ 000\ \text{Hz}$ 频率的各种声音，这一范围被称为听觉频率范围，是人类能够感知的声音的极限。从低沉的隆隆声到尖锐的高音，耳朵可以轻易地辨别出各种声音的特征和来源。当听到声音时，大脑立即开始解析这些声音，能够分辨出是人声、乐器声、交通工具的声音，还是动物的叫声，这种分辨能力是非常惊人的，因为人们能够迅速理解周围环境中发生的事情，并作出相应的反应。例如，当人们听到汽车的鸣笛声时，会立即意识到有危险，从而采取适当的行动来保护自己。不仅如此，人的耳朵还能够识别出声音的细微差别，如男性和女性的声音之间的差异，以及不同人的独特语调和音色，从而更好地理解他人的情感和意图，加深人际交流和理解。此外，不同频率和声音的效果也会对人们产生不同的影响。例如，尖叫声、音乐、雷声等强烈的声音可以引起注意，这对于应对紧急情况至关重要。而柔和的声音，如流水声或风吹叶子的声音，则可以使人们感到平静和放松，有助于缓解压力和

焦虑。总的来说，听觉在生活中起着至关重要的作用，不仅帮助人们感知和理解世界，还影响着人们的情绪和行为。

（二）听觉在空间设计中扮演的角色

在空间设计领域中，听觉的角色绝非仅是辅助性的，而是塑造空间体验的关键元素之一。从功能的角度来看，特定空间的听觉设计，如酒吧、餐厅、零售店等，不仅是关于背景音乐的选择，还关乎如何利用声音创造一个引人入胜的环境，增强空间的氛围感，从而影响人们的情绪和行为。例如，在酒吧中，设计师可能会精心挑选或创作音乐播放列表，以激发客人的活力和社交欲望；在书店或咖啡店中，轻柔的音乐和环境声音则有助于营造一个宁静、放松的阅读或工作环境。通过听觉设计来增强空间功能性的做法，实际上是在利用人类对声音情感反应的深层次理解。从定位的角度来讲，听觉在空间设计中的应用远超过简单的音乐背景。声音能够帮助人们对空间进行定位和导航，尤其在视觉信息不足或不可用的情况下。在大型建筑或复杂的室内环境中，特定的声音标志，如水流声、钟声或特定的语音指示，可以帮助人们识别自己的位置，指引人们前往目的地。此外，声音还能够帮助塑造人们对空间的感知和记忆，通过特定的声音或音乐，人们能够在心中构建起对某个地方独特的记忆标签，在提升空间识别度和增强品牌形象方面起着至关重要的作用。

（三）空间设计中的听觉设计

在现代空间设计中，听觉设计的概念逐渐被重视，既是一个独立的设计领域，也与视觉、触觉等其他感官设计相互交织，共同构建出一个多维度的空间体验。听觉设计关注的是如何通过声音来影响和改善人们对空间的感知、情绪和行为，承载着丰富的情感和心理影响力，成为现代空间设计不可或缺的一部分。在听觉设计中，声音是一个能够独立存在并影响空间感知的维度。声学空间的设计着眼于如何利用声音的传播特性和听觉的感受性，创造出一个既能促进声音传播实现最佳效果，又能满足特定情感和心理需求的环境，其核心在于认识到声音是四处环绕、无形中存在的，打破传统空间界限的限制，深刻影响人们的空间体验。听觉信息虽然在物理形态上看似缺乏，

却在情感和心理层面上极为丰富。不同的声音可以引发不同的情绪反应，从而深刻影响人的心理状态。例如，柔和的音乐可以使人感到放松和舒适，而嘈杂的环境声音则可能使人感到紧张和不安，情绪上的影响改变了人们对空间的主观感受，还可能影响到人们在空间中的行为模式。因此，听觉设计不仅是对声音的物理操作，更是对人心理和情绪的深度塑造。在特定的空间设计中，如酒吧、咖啡馆或展览空间，声效的设计成为创造独特氛围和体验的关键。通过精心选择音乐风格、声音效果，甚至是特定的声音事件，设计师可以为这些空间赋予独特的身份和氛围，引导访客的情感和心理体验，通过音乐和声音的选择来表达空间的主题或概念，更重要的是通过声音与空间结构的相互作用，创造出能够触动人心的听觉体验。进行听觉设计时，设计师需要考虑如何通过声学知识和技术手段，如材料选择和空间布局，来优化声音的传播和接收，包括如何减少噪声污染和回声的问题，也涉及如何增强特定声音效果，以及如何利用声音来创造出期望的空间感知和情绪反应。这种二度设计的过程，实质上是对现实空间的重新解释和塑造，旨在通过听觉元素的引入和调整，来增强空间的功能性和感官体验。值得注意的是，听觉设计虽然具有巨大的潜力，但也存在其固有的限制。不同的空间类型和用途，对声音的需求和容忍度各不相同。在一些场合，如图书馆或医院，过强的声音设计可能会产生负面效应，往往需要特殊的材料及设计才能保证其正常的使用功能，这一点是不容忽视的。

三、嗅觉维度

嗅觉，这个人体对外界气味信息的敏感接收器，为人类提供了一种独特而强烈的体验方式。当置身于不同的环境中时，空间里的气味能够直接作用于嗅觉感官，引发一系列复杂而深刻的情感反应，人的这种情感反应不仅是一种瞬间的感受，还深深地影响着人们对空间的选择和喜好，甚至在无形中塑造了人们对环境的记忆和情感链接。2004 年诺贝尔生理学或医学奖的颁发，标志着对人类嗅觉研究的重大突破。美国科学家理查德·阿克塞尔和琳达·巴克因揭示了嗅觉受体的奥秘和嗅觉系统的复杂性，而获此殊荣，他们

的研究增进了人们对人类嗅觉极为细腻和敏感特性的理解，也为后续的嗅觉科学研究和应用开辟了新的道路。

空间设计师作为创造环境体验的专家，必须深入理解气味如何影响人的情绪和行为。气味刺激可以迅速而直接地影响人的情绪状态，比视觉刺激更加直接和强烈，这是因为嗅觉信号直接传输到大脑的情感中心，而无须经过大脑的逻辑处理区域。因此，设计师在规划空间时，通过精心选择和应用特定的气味，可以创造出旨在激发特定情感反应的环境。研究表明，不同的气味有着各自独特的影响。例如，某些花香可以唤起人们心中的愉悦感，而恶臭则可能引起不适或厌恶的反应。某些特定的气味，如新鲜的草味或某些花卉的香气，能够提振人的情绪，还对人体有积极的生理影响，如降低血压或有助于身体恢复。在设计实践中，深入探索和利用气味的潜力，需要广泛的知识积累和细致的观察。设计师需要收集和分析各种气味对人情绪和行为的影响，包括传统的花香或食物的香气，自然和人造气味，进而为每个空间定制独特的气味方案，以期达到预期的情感和生理效果。

科学研究发现，与视觉记忆相比，嗅觉刺激在人脑中留存的时间更长，嗅觉记忆的形成与人脑的联想能力紧密相连，这种联想气味本身，以及与特定气味相关联的物体、场景或事件，使这些记忆成为人们情感记忆的一部分。嗅觉记忆一旦形成，其影响深远，往往会给人留下持久而强烈的印象，即便是在努力忘却的情况下，记忆也难以被完全抹去。嗅觉的这种强大潜能表明，它能够激发人们对特定气味的强烈情感反应，并且这种情感某种程度上受到个人经历、文化背景和当前情绪状态的影响。因此，嗅觉的情感潜能在空间设计中应得到充分利用，设计师可以通过精心选择和应用不同的气味来强化空间的功能性和情感氛围。例如，在一个旨在提供放松体验的空间中，采用薰衣草或茉莉的花香可以帮助人们减轻压力和焦虑。在零售环境中，引入新鲜水果的香气可能激发顾客的购买欲望。

人类嗅觉的另一个引人注目的特点是其能够感知大约一万种不同的气味，大致可以分为六类：花香、果香、香料香、松脂香、焦臭和恶臭。每种气味类型都携带着特定的信息和情感含义，从而在人们的日常生活和空间设

计中发挥着独特的作用。例如，恶臭通常会引起人们的本能反应，如恶心和反胃，这种反应有助于人们识别并避免潜在的危险。从这个角度看，即使是不愉快的气味也具有存在的价值。在空间设计中，重要的是要慎重选择和应用各种气味。设计师应考虑空间的功能和所希望营造的氛围，同时要注意到气味的选择应尽可能反映自然界的香气。自然气味的使用不仅能够唤起人们对特定环境的记忆和情感，还能增强空间的舒适感和亲近感。例如，在一个商业空间中使用柑橘或薄荷的清新香气，可以创造一个活力四射、让人感到焕然一新的环境。在家庭环境中，木材或松脂的自然香气可以营造出一种温暖和宁静的氛围。

　　气味设计的领域在当今社会已逐步成为人们探索和体验的一个新领域。传统上，它依赖于自然界或化学合成的物质来产生和传递特定的气味。然而，随着科技的飞速发展，对气味的理解和使用方式正在发生着巨大变化。就像图像和声音可以被数字化并通过互联网传播一样，气味信息的数字化传输不再是遥不可及的梦想。在这种技术设想中，每一种气味不再仅是某种物质的物理属性，还是可以被转换成一串数字的信息。通过精密的编码和解码技术，计算机能够精确地捕捉到气味的独特组成，然后通过排列组合这些基础的气味信息，创造出全新的气味体验。诺基亚新型概念手机的设计便是这一技术革新的具体体现。这款手机通过搭载特殊的香料和气味识别系统，实现了气味信号的识别与传送。用户不仅可以发送文本、图像或声音，还能够将自己的气味，或者任何他们希望分享的气味，通过手机传递给接收者。想象一下，无论距离多远，亲人的气味、大自然的气息，甚至是美食的香气都可以通过数字信息的形式，穿越虚拟空间，到达接收者的感官。这不仅增加了人与人交流的维度，也为数字媒体的感官体验开辟了新的领域。

　　对于空间设计而言，嗅觉的智能化设计可能会成为一种革新性的趋势，创造出具有特定功能需求的空间环境，极大地提升人们的生活质量和工作效率。通过集成先进的红外线电子感应系统于空间中，敏感地捕捉到空间中人们的身体状况和情绪变化。随后，将实时收集到的数据传输至计算机进行深

入分析，在这一过程中，计算机能够综合评估在特定情境下人体的实际需求。基于这些分析结果，智能系统能够自动调节并散发出最适合当前环境和人体需求的气味。这种技术的应用范围极为广泛，例如，在办公环境中，系统可以识别员工因长时间工作而出现的疲劳或压力状况，这时系统会自动释放如茉莉花香或柠檬香这样能够激活大脑、提振精神的气味，从而帮助提高工作效率和集中度。而在家居环境（如卧室）中，系统则可能选择散发出薰衣草、檀香等具有镇静作用的香味，香味能够有效地缓解紧张和疲劳，帮助人们更快地进入深层睡眠状态。在餐厅、茶室等休闲空间，通过释放能够唤起放松感觉的香气，如淡淡的咖啡香或茶香，创造出一个宁静舒适的用餐和休闲环境，不仅能够满足空间的特定功能需求，还能够极大地丰富人们的生活体验。香味的设计不只是关乎美学的问题，还深刻地触及到人们的情感和记忆。人类的嗅觉与情感和记忆之间有着密切的联系，特定的香味能够触发深层的情感反应和回忆，从而在心理和情感层面上对人们产生积极的影响。然而，嗅觉设计并非一个孤立的设计领域，通常需要与视觉、听觉等其他感官体验相结合，以创造出一个多感官的空间体验，使人们在其中感受到更为丰富和深刻的情感联想或回忆。

因此，在设计室内空间时要注重将气味和其他空间要素结合，通过精心选择和配置气味，使空间与众不同，为特定的人群或活动量身打造，从而提升空间的舒适度和吸引力。例如，一个图书馆可以通过散发淡淡的木质或纸张气味，增强访客的阅读体验；而一家 SPA 中心则可以使用薰衣草或柑橘的香味，帮助客人放松心情，提升整体的服务质量。气味与空间功能的结合还会对使用者情绪和记忆产生影响，例如，特定的香味能够唤起人们对某个地方或经历的美好回忆，增强他们与空间的情感联系，特别是在零售和品牌空间设计中，通过标志性的气味可以加深顾客对品牌的记忆。此外，将气味融入空间设计还需要考虑环境品质和气味的持久性。选择自然而不刺激的香料，能够确保空间中的气味不会因为过于浓烈而使人产生不适，同时更加环保。设计师们应该追求一种平衡，让气味成为空间的一个细腻而有力的补充，从而唤起情感共鸣和归属感。

四、触觉维度

触觉是实现人类与环境进行互动的基本感官之一，古希腊哲学家亚里士多德认为，没有触觉就不可能有其他的感觉，深刻地指出了触觉在所有感觉中的基础性和先决条件。触觉感知的过程，本质上是对微弱的机械刺激及皮肤表层感受器官的反应，使得人们能够感受到外界物体的多种物理属性，如质地、温度、形状等。

触觉可以分为两种基本类型：滑动触觉和柔性触觉。滑动触觉主要是通过手指与物体表面平行方向的接触来感知，这种触觉能够感受到物体表面的纹理、形状乃至温度变化。例如，轻轻触摸一件丝绸衣物，能够感受到其平滑细腻的质感；而当手指划过冰冷的大理石表面时，温度的急剧变化亦会被敏锐地察觉。柔性触觉则是垂直于手指接触面方向的感知，能够感知物体的弹性或硬度，例如，按压一个海绵球和一颗乒乓球，尽管它们外观相似，但通过柔性触觉人们能够轻易地区分它们的刚性差异。在设计领域，设计师通过创造具有不同触感的界面和材料，能够极大地丰富用户的体验。人的皮肤与外界接触时，能产生冷暖、滑润、干燥、软硬等多种感觉，这些感觉背后是对材质物理特性的直接反应。例如，当触摸一块金属和一块木材时，即使闭上眼睛，也能通过它们表面的温度变化和质地差异来区分材料类型。金属的冷感和木材的温暖给人带来的感受截然不同，这种差异在设计中被巧妙利用，以调动人的感官体验。此外，材质的摩擦阻力及其变化能够激发人的不同触感反应，从光滑的玻璃到粗糙的石墙，触摸的感受为人们提供了丰富的信息，指导着人们对物体的使用和理解。而材料的硬度直接影响人们对其弹性、塑性的感知，从柔软的布料到坚硬的钢铁，每种材料都有其独特的触感特性，这些特性在设计中的应用，不仅关乎美学，更关乎功能性和用户的互动体验。

在室内设计的世界里，每一种材质都承载着设计师的意图和情感，它们通过视觉传达给观察者一个初步的印象。人们通过色彩、形状、整体布局等视觉元素，对空间进行初步地评判和感知。视觉作为人类获取信息最直接的

方式，其在室内设计中的作用不可小觑。设计师通过巧妙的视觉布局，可以引导观察者的注意力，营造出期望的空间氛围。然而，室内设计的魅力远不止于视觉所能涉及的范畴。触觉作为一种更加深层次的感知方式，能够提供关于材质、温度、硬度等更加细腻和真实的信息。当人们身体与某种材质直接接触时，那种独有的质感和肌理便在无声中讲述着它的故事。不同的材质会给人带来不同的触感体验，如冰冷的大理石、温暖的木材、柔软的织物等，这些触感直接作用于人的神经系统，激发出相应的情感反应。因此，室内设计中对触觉的重视，实际上是在寻求一种更深层次的、能够直接与人的情感相连结的设计方法。在室内空间中，有许多表面经常与人体发生直接接触，如家具表面、墙面、地面，影响着空间的视觉美感，更重要的是影响着使用者的触觉体验和心理感受。一个优秀的室内设计，不应只满足于视觉的审美，更应考虑到触觉的舒适度。例如，选择柔软细腻的沙发织物，可以让人在触觉上感受到温暖和放松；而采用粗糙的石材作为墙面装饰，则能给人一种原始和自然的触感体验，不仅增加了空间的层次感，也在无形中传达了设计师的用心和对居住者的关怀。

五、味觉维度

尽管相较于其他感官（如视觉和听觉），人类的味觉可能在感知的广度和细致度上不那么发达，味觉在情感和记忆的深度上却拥有无可比拟的丰富性，能够激发出深层次的情感反应，唤醒记忆中的片段，甚至构建起个体与特定时刻或经历之间的独特联系。在空间设计领域，特别是涉及厨房与餐厅时，味觉经验的丰富性尤为重要。厨房作为家庭中的味觉"发源地"，是烹饪食物的物理空间，更是感官体验的起点。在设计厨房时，除了要确保其满足基本的功能性需求，如高效的空间布局和合理的工作流程，还需要考虑如何通过设计激发和丰富味觉体验，包括选择能够激发味觉联想的材料，例如，使用木质元素增添温暖和自然气息，或者通过合理的照明设计来提升食物的视觉吸引力，从而间接丰富味觉体验。餐厅则是味觉"产地"，它是家庭成员或朋友聚集一起享受美食、分享生活的场所。在餐厅的设计中，除了基础

的用餐功能外，设计师可以利用色彩、材质、光线等元素，创造一个能够激发和满足味觉期待的环境。例如，柔和的照明和温暖的色调可以营造出舒适、放松的用餐氛围，而精心挑选的餐具和餐桌布置可以增添美食的诱惑力，提升整体的用餐体验。此外，将味觉识别的小景点融入空间设计，如在餐厅设置一个可视化的香料角或小型的食材展示区，能打破空间的单调性，激发来宾对食物的好奇心和探索欲，从而增强整体的用餐体验。通过这样的设计策略在满足了基本的用餐需求的同时，更在无形中增加了用餐者对味觉的期待和想象，进而在心理层面上加深了对食物味道的认知和体验。

除此之外，超越传统视觉和听觉的界限，将味觉融入设计之中是一种独特而创新的尝试。味觉作为人类五感之一，通常依赖于食物作为载体来体验。然而，在室内设计领域，直接通过空间让受众体验到具体味道是一项挑战。尽管如此，设计师们可以采取一些策略和方法，巧妙地将味觉元素融入设计中，从而激发受众的味觉记忆和情感联想，创造出独一无二的空间体验。

一种方法是通过唤起人们对味道的共识和记忆，利用视觉元素引发味觉的联想，类似于"望梅止渴"的效果，即通过视觉刺激模拟出味觉体验。设计师可以利用颜色、形状、图案等视觉元素，唤起人们对某种特定味道的记忆和情感。例如，使用柔和的黄色和橙色调配果实图案，可以让人联想到温暖的阳光下成熟的水果，进而获得甜美的味觉体验。通过这种视觉到味觉的转换，设计不仅是视觉上的享受，也成为一种全感官的体验。

另一种方法是深入研究味觉的结构和产生原理，将这些原理融入设计结构中。味觉的体验不是随机产生的，而是通过特定的味蕾在不同区域感受到不同的味道。在空间设计中引入这种味觉体验的结构，意味着设计师需要考虑如何通过空间的布局、材料选择和光线处理等，来模拟不同味觉体验的产生过程。例如，可以通过空间中的温度变化、光线的强弱变化或特定的材料质感，来模拟从酸到甜、从苦到辣的味觉转变，让空间本身成为一种味觉的载体，也让体验空间的人们在心理和情感上与空间产生深度连接。通过这两种方法，空间设计不再局限于传统的视觉和听觉体验，而是成为一种多感官的综合艺术。

第三节　心理维度的现代室内设计

室内空间设计是对美学的追求，更是一种心理艺术的展现。通过巧妙地运用空间形式、色彩搭配、灯光布局及材质选择，能够在无声之中对人的心理产生深刻的影响，既包括对人的基础心理需求的满足，也触及更为复杂的高级心理需求。在这个过程中，室内空间与人的心理构成了一种互为因果、相互影响的密切关系。

一方面，当人们步入一个精心设计的空间时，他们的生理感官系统——视觉、听觉、嗅觉、味觉、触觉，会被空间中的各种元素所触动，其中包含了对空间信息的接收、分析和处理，这种感知过程会对个体的心理状态产生直接的影响，如舒适感、安全感、归属感等基础性心理需求被激发，同时可能引发更为复杂的情绪反应，如惊喜、好奇或是平静，这种被动式的心理反映揭示了室内空间对人心理的深层次影响。另一方面，人们对室内空间的需求远远超出了生理感官的范畴，延伸到了对空间形式和存在方式的主动式心理需求，这些需求包括个体的距离需求、私密需求、交往与联系需求、依托需求、导向需求、求新与求异需求、纪念性与陶冶心灵需求等。

下面主要针对人的主动式空间心理需求进行论述。

一、距离需求

人际接触的距离是一个复杂而微妙的概念，反映了人与人之间的关系密切程度，暗示了各种社会文化因素的影响。人际距离可以分为四个层次：密切距离、个人距离、社会距离和公众距离，每个层次又细分为近距离和远距离，这一理论深刻揭示了人类社交互动中的空间规律。

在密切距离层面，人们与亲密的家人或爱人之间的交流往往不需要言语，仅通过嗅觉、触觉和体温的感知就足以传达深厚的情感。这种距离下，人们能够感受到对方的气息和体温，产生一种亲密无间的联结感。而在这个范畴的远距离层面，则允许握手、拥抱等简单的肢体接触，这种接触虽然不

如嗅觉和触觉那般亲密，但仍维持着温暖和信任的关系纽带。

个人距离则更多地体现在朋友之间或工作关系较为密切的同事之间。近距离下的个人关系允许在私人空间内进行更为深入的交流，而远距离则是在保持一定私密性的同时，还能够清晰地观察到对方的面部表情和非言语信号，这在沟通中起到了关键作用。

社会距离覆盖了正式或半正式的社交场合，如工作会议、社交活动等。近社会距离适用于同事之间的日常互动，或在某些社交场合中较为亲近地交谈，允许人们在保持一定的专业性和礼貌性的前提下，进行有效的沟通。而远社会距离则适用于正式场合，如演讲、会议发言，此时的空间距离虽然较远，但仍然需要保证沟通的清晰和有效。

公众距离则是在最为正式的公众场合中使用，近公众距离需要足够的音量以确保信息的传达，而远公众距离往往涉及大型的集会或演讲，此时可能需要借助扩音设备和视觉辅助工具来实现有效的沟通。

值得注意的是，人际距离并非一成不变，它受到多种因素的影响，包括文化背景、性别、年龄、社会地位等。不同文化中对个人空间的定义和尊重程度各不相同，这种差异在国际交往中尤为显著。例如，地中海文化认为较近的身体接触是友好和热情的表达，而北欧和东亚文化中，人们可能更倾向于保持较大的个人空间，以示尊重。人际距离的概念，不仅在理解人类社交行为方面具有重要意义，也为室内设计、城市规划、工作环境布局等领域提供了重要的指导。设计师和规划者需要充分考虑到人际交流和接触时所需的空间距离，以创造出既能满足功能需要，又能促进人际互动的环境。

二、私密需求

私密空间的概念在居住和公共环境中占据着极其重要的位置，涉及视觉和听觉的隔绝，关乎个体情感表达的独立性和安全性，具体体现在人们对个人空间边界的自然需求上，这种需求驱使人们在选择生活环境时，追求那些能够提供视觉和听觉隔离的场所。

　　具体到日常的生活场景，如集体宿舍的床位选择，可以观察到一个有趣的现象：当给予选择权时，人们往往倾向于选择位于房间尽端的床位，因为远离入口的位置在生活和就寝时，能够相对减少外界干扰。这种心理需求同样适用于公共就餐环境，人们在餐厅中选择餐桌时，往往避开靠近门口或人流密集的区域，而偏爱靠窗或角落的位置，因为这样的位置可以轻松地观察整个空间和其中的人，同时减少了成为他人视线焦点的可能性。对私密空间的自然倾向揭示了人们在空间选择上的无意识心理动机，为空间设计提供了重要的指导原则。设计时，必须考虑到人的这种心理和行为倾向，通过合理的空间布局和设计策略，如动静分离、疏密有序，以及私密空间与公共空间的恰当平衡，来满足人们对私密性的需求，提高空间的使用效率，提升居住者和使用者的心理舒适度和满意度。在空间设计中，私密性的考量应贯穿整个设计过程，从室内布局到外围环境的配置都需要精心考虑。例如，通过使用屏风、隔断或适当的绿化来创造视觉障碍，可以有效地提升空间的私密性。同样，合理的声音管理和控制，如使用吸音材料或设计静音区域，也是保障私密性的重要方面。通过这些细致入微的设计考虑，可以创造出既能满足个体对私密空间的需求，又具备良好社交互动环境的生活和工作空间，从而达到设计的最佳效果。

三、交往与联系需求

　　人类的社会属性是其本质特征之一，这一属性催生了人们在空间设计中对交往与联系的深切需求。随着社会的发展，特别是信息时代的到来，人与人之间的互动和沟通变得更加频繁和复杂，这加深了人们对彼此的了解，也促进了个体自我认知和社会认同感的形成。在这个过程中，建筑空间作为人类活动的物理载体，其设计理念和功能需求也随之发生了变化。在现代社会中，人们对建筑空间的要求不再仅限于满足基本的居住和工作需要，更加注重空间是否能够促进人际交往和社会联系。在确保个体私密性的基础上，空间设计还需要提供足够的开敞空间，以支持和鼓励人们之间的互动和交流。建筑空间应该是开放和包容的，能够鼓励人们在其中自由地交往和沟通。通

过设计互相连通的开放空间，可以促进人们之间的视觉和物理接触，从而增强社区的凝聚力和个体之间的联系。在实践中，建筑师和设计师需要在空间规划和布局上下功夫，创造出既有私密功能又有公共功能的复合空间。例如，通过巧妙的设计，公共空间和私人空间可以相互穿插而存在，既满足了人们对隐私的需求，又提供了交流和聚集的场所。此外，使用透明或半透明材料，可以在不破坏私密性的前提下，增加空间的视觉连通性，进一步促进人与人之间的交流和理解。

四、依托需求

从人们的空间心理需求出发可以发现，空间设计并非一味追求开阔和宽广就能满足人的需求。事实上，过于空旷的环境往往会让人感到茫然无措，难以找到归属感或安全感，这种感觉源于人类深层的心理需求，即对于一个可以依靠或依托的对象的渴望。依托需求并非现代才有，古往今来，无论是在村落选址还是帝王建陵的过程中，都能发现一个共同的倾向——人们倾向于选择背山面水的地点，并非仅因为风水学的因素，更重要的是山和水给人们提供了一种心理上的依靠和安慰。山象征着坚实的后盾，水则象征着生命和繁荣，这两者共同构建了一个理想的生活环境，满足了人们对安全感和归属感的需求。

在现代社会的室内空间设计中，依托心理需求同样得到了体现。例如，在火车站或地铁站的候车厅和站台上，经常可以观察到，人们并不是选择停留在最容易上车的位置或是相对更加开阔的地方。相反，他们更倾向于聚集在柱子附近，或是与人流通道保持一定距离的地方，这揭示了人们在空间中寻找"心理依托点"的本能。柱子、墙角等，看似只是简单的空间元素，实际上却在人们的内心中扮演了"安全岛"的角色，给予人们一种心理上的安全感和稳定感。

在空间设计中，对人的心理需求的考虑可以被称为"边界效应"，边界效应强调的是在空间分割、组织和布局时，合理利用边界和界线来创造出既安全又舒适的空间。通过在空间中设置明确的视觉或物理边界，如墙面、柱

子、家具等，设计师可以为人们提供心理上的依托点，从而减少在开放空间中可能产生的不适感，增强空间的实用性和舒适度，还能体现出设计者对人的深切关怀，从而大大提升空间的整体品质。在实践中，运用边界效应的策略可以多样化。例如，在一个开放的办公环境中，通过设置半透明的隔断或低矮的书架，既保持了空间的开放性，又为员工提供了一定程度的私密性和安全感。在居家设计中，使用不同的地面材质或色彩来划分不同的功能区域，也是运用边界效应的一个例子，在无形中强化了人们对空间的认知，使人们能够更好地与空间互动，提高了居住和使用的舒适度。

五、导向需求

在空间设计领域中，构思和整合导向系统至关重要，特别是考虑到人们在紧急情况和日常情况下的行为模式。对空间中的方向引导的方法可以分解为几个基本方面，尤其是声音和照明方向，这些方向是个体导航和解读周围环境的主要途径。

声音方向在空间设计中显得尤为关键，尤其是在紧急情况下，当视觉线索可能无法提供足够信息时。例如，在一些公共场所发生的紧急事件中，可以看到人们在危机时刻往往会盲目地跟随人群的流动方向，而不考虑这些方向是否通向安全出口。当火警或烟雾开始蔓延时，人们很难集中注意力去识别标志和文字内容，甚至可能对这些指示缺乏信任感，而是依赖直觉和跟随领头的人群行动，最终可能导致人群四散。

照明导向的设计原则源自人们的趋光心理，这表明人们在室内空间流动时，会自然地从暗处向较为明亮的地方移动。在紧急情况下，通过设计明确的照明路径，可以有效地引导人们快速地找到安全出口，减少混乱和恐慌。

除了声音和照明导向之外，空间设计还必须考虑到结构导向、空间序列导向，以及相应的文字和图像引导，这些元素共同作用，确保在日常和非常情况下，空间的使用功能都能得到有效的发挥。通过综合考虑这些方面，设计师可以创造出既安全又舒适的空间环境，满足人们的需求和预期。

六、求新与求异需求

俄罗斯生物学家巴浦洛夫的研究解释了人类对新鲜事物的强烈喜爱和追求。他发现当人们接触到微弱、单调且重复的刺激时，大脑皮层的神经细胞会产生抑制过程，导致人们感到疲倦，甚至引发睡眠，这一发现揭示了人类大脑对于单调刺激的反应机制，也解释了为什么人们总是渴望新鲜感和刺激。

在建筑设计领域，理解人们的求新求异心理需求至关重要。人们对于新颖、独特的建筑外观和内部空间设计有着强烈的兴趣和好奇心。因此，在建筑设计中，需要注重创新，通过外观造型、色彩搭配、灯光设计、空间布局等方面的独特性，吸引人们的眼球，满足他们对于新奇感的追求。首先，在建筑外观的造型设计上，可以采用一些前卫的建筑风格和结构形式。例如，可以尝试运用现代主义、后现代主义或者未来主义的设计理念，打破传统的设计模式，创造出与众不同的建筑外观。其次，在色彩搭配方面，可以运用一些非常规的色彩组合，突破传统的色彩搭配方式，营造出奇特的视觉效果。例如，可以尝试运用亮眼的对比色或者是鲜艳的饱和色，使建筑外观更加鲜明突出，吸引人们的注意力。再次，在灯光设计方面，可以运用一些创新的灯光技术和灯光效果，为建筑外观增添动感和活力。例如，可以使用 LED 灯光进行建筑轮廓的照明，打造出夜间璀璨夺目的景观效果；或者利用投影技术在建筑外墙上投影出各种图案和动态效果，增强建筑的视觉冲击力。最后，在内部空间设计方面，可以注重创新和个性化。通过独特的空间布局、材料选择和装饰风格，打造出与众不同的室内环境，为人们带来全新的空间体验。例如，可以采用开放式的空间布局，打破传统的隔断和界线，创造出通透、流畅的空间感；或者通过装饰品的运用，为室内空间增添一份艺术气息和个性化特色。

七、纪念性与陶冶心灵需求

在进行艺术创作时，人们常常能够感受到心灵得到了升华。艺术作为一

种表达情感和思想的方式，能够深深触动人心，激发内心深处情感共鸣。通过绘画、音乐、文学等形式的艺术创作，人们可以将自己的内心世界表达出来，寻求心灵的解放和升华。艺术作品所传递的情感和思想常常能够引发观者的共鸣，让他们感受到与作品的交流和沟通，从而得到心灵上的满足和安慰。建筑作为艺术的一种表现形式，同样具有慰藉人们心灵的作用。除了具有实用性的功能之外，建筑还能够通过其独特的设计和构造方式，给人以美感和愉悦的感受。一座美丽的建筑不仅能够给人们提供生活、工作和学习的场所，更能够成为人们心灵的寄托和慰藉。人们常常会被建筑所呈现出的美丽景观和独特氛围所吸引，从而感受到心灵得到了滋养和陶冶。在人类文明发展的历程中，人们对于某些特殊地点和事件常常会有纪念性的需求。这种纪念不仅是对历史的追忆和铭记，更是特定情感和价值观的体现。例如，人们会建造纪念碑来纪念战争中的英雄和牺牲者，以表达对他们的敬仰和怀念之情。纪念性建筑不仅是对过往事件的回顾，更是对人类情感和价值观的传承和弘扬。人们在参观这些纪念性建筑时，常常会被历史的沉淀和情感的凝聚所感动，从而感受到内心的震撼和激动。除了纪念性建筑之外，人们还常常会通过园林景观等来陶冶心灵。园林景观作为一种具有艺术性的环境设计，能够为人们提供一个悠然自得的休闲场所，让他们远离喧嚣的都市生活，沉浸在自然的美景之中。在园林景观中散步或是静坐，人们可以感受到大自然的恩赐和生命的美好，从而获得心灵的宁静和舒适。园林景观的设计常常融入了人文情怀和审美理念，通过空间布局、植物搭配等方式来营造出一种和谐、宁静的氛围，让人们得以放松身心，重拾内心的平衡与和谐。

第四节　人性化室内设计的实践

随着社会的发展和科技的进步，图书馆作为公共文化设施，其室内设计越来越注重人性化。人性化室内设计旨在满足人们的生理和心理需求，为读者创造一个舒适、便捷、美观的学习环境。宁波图书馆新馆作为我国现代图书馆的代表，其室内设计充分体现了人性化理念。为了更好地理解人性化室内

设计的实际应用，本节以宁波图书馆新馆室内设计为例进行深入探讨。通过对具体案例的分析，深入探讨如何在室内设计中融合人性化理念，提升使用者的体验与舒适度。

宁波图书馆自 1927 年成立以来，一直是知识与文化的重要场所。2018年 12 月 28 日，宁波图书馆的新馆在东部新城正式对外开放，这座现代化的图书馆由丹麦的知名建筑事务所 SHL 设计，采用了简洁直白的建筑语言，旨在打造一个新颖的知识交流平台。新馆建筑总面积达到 3.18 万平方米，包括四层地上和一层地下的结构。

新馆不仅是一座图书馆，还是一个多功能的文化中心。内部功能区域分为开放区和三个不同的功能区，中央书架巧妙地将这些区域连接起来，形成了一个开放而自由的公共空间。新馆提供了约上百万册的实体书籍和上百万种电子书，以及上千个阅览座位和网络接入点，充分满足市民的阅读和研究需要。新馆还承担多重文化和教育功能，包括作为宁波地区文献保障中心、公共图书馆数字资源及服务中心等。此外，新馆的服务还涵盖了纸质图书的采编配送、公共图书馆业务培训、服务网络的发展等方面，不仅提供传统的图书借阅服务，还特别设计了多种创新空间，如自助图书馆、乔石书房、艺术空间、创客空间、音乐馆等，丰富市民的文化生活。

新馆大力推广阅读文化，发起了"天一讲堂""天一展览""天一约读""天一音乐""天一文荟""天一文简""天一约书""天一童读"等阅读推广特色品牌，这些品牌活动在新馆的推动下将进一步提升读者的阅读体验。宁波图书馆新馆的人性化室内设计体现在多个方面，充分展现了以人为本的设计理念，注重提升读者的阅读体验和自身的服务水平。以下是对其人性化室内设计的详细介绍。

一、空间布局的合理性

（一）中央中庭设计

宁波图书馆新馆的中央中庭设计为五层通高，这种垂直空间的处理手法极大地增强了室内空间的纵深感（如图 3-1 所示）。高耸的中庭不仅为读者提

供了开阔的视野，也让整个图书馆的内部空间显得更加宽敞和大气。此种设计在视觉方面突破了传统图书馆的封闭之感，为读者营造了一种全新的空间体验。尤为重要的是，中央中庭作为衔接各个功能区域的纽带，实现了不同区域之间的流畅过渡。读者在往返于各个楼层之间时，能够沿着中庭的扶梯或楼梯便捷到达，不必绕行或穿越复杂的通道。这样的设计不仅提升了读者的通行效率，还增进了不同区域之间的交流与互动，使得整个图书馆成为一个充满活力的知识共享空间。

图 3-1　中央中庭

（二）功能区域划分

宁波图书馆新馆的室内设计充分考虑了不同年龄段读者的阅读习惯和需求，凭借科学的布局和精细的设计，给每个读者群体均打造了专属的阅读空间，充分彰显了高度的合理性与人性化关怀。例如，首层专门设置了少儿图书馆（如图 3-2 所示），其内部装饰和家具设计均契合儿童的身高及审美，为孩子们营造了一个满是趣味和想象的学习天地；而上层则配置了专业研究空间及古籍文献阅览室，满足了成年读者和研究人员的深度阅读之需。新馆对于功能区域的划分还彰显了对各类阅读需求的满足。例如，24 小时自助图书馆（如图 3-3 所示）为那些需要夜间学习或工作的人带来了便利；盲人阅览室（如图 3-4 所示）更是配备了特殊的阅读设备和资料，保障了视力障

碍读者的阅读权益。此外，新馆还设置了多媒体阅览区、讨论区等，满足了读者丰富多样的阅读和学习诉求。同时，新馆的室内设计在功能区域划分上维持着灵活性，使得空间能够根据实际使用情况予以调整。这种设计理念展现了对未来图书馆功能改变和读者需求变动的前瞻性，确保了图书馆空间的长期适用性和可持续性。这种设计不仅提高了图书馆的空间品质，也为读者打造了更加舒适、便捷的阅读环境，充分凸显了人性化室内设计的核心价值。

图 3-2　少儿图书馆

图 3-3　自助图书馆

图 3-4　盲人阅览室

二、自然采光的巧妙利用

（一）玻璃幕墙设计

宁波图书馆新馆的室内设计极为重视自然采光的引入，借助大面积的玻璃幕墙（如图 3-5 所示）、天窗、透明屋顶等设计技法，让自然光线能够充分弥漫到图书馆的每一处角落。这种设计不仅降低了室内对人工照明的依赖程度，还营造了一个敞亮、舒适的学习环境，有利于保护读者的视力，同时也增进了阅读体验。其中，新馆的一大亮点在于其独特的玻璃幕墙设计。这些巨大的玻璃幕墙宛如城市的眼睛，将室外的自然光线引入室内，给整个空间罩上了一层柔和又温暖的光辉。自然光线的照射不单让整个阅读环境越发明亮舒适，还使读者在阅读时能够感受到自然的气息与节奏。在如此的环境中阅读，犹如置身于一个富有生命力的绿色空间之中。窗外的风景随着四季的交替而不断变化，为读者带来无穷的惊喜与灵感。而自然光线的轻柔与温暖，也使读者的眼睛得到了充分的保护与放松，防止了长时间阅读可能带来的视力疲劳问题。总而言之，宁波图书馆新馆凭借其宽敞且明亮的阅读环境和自然光线的巧妙融入，为读者塑造了一个既惬意又富有自然韵味的阅读胜地。在此，读者不但可以畅享阅读的愉悦与知识的滋养，更能在与自然的和谐共舞中感受到生命的美好与力量。

图 3-5　玻璃幕墙

（二）天窗设计

宁波图书馆新馆的中庭设计采用 5 层通高的结构，顶部装配超大型的天窗（如图 3-6 所示），极大地优化了自然采光效果，为整个图书馆创造了视觉上开阔且光线充足的中心空间。高达 28 m 的中庭在物理上增加了空间的通透感，在视觉和感官上为读者和访客提供独特的体验，通过顶部的天窗，自然光能够直接照射到中庭内部，阳光自上而下地倾泻至中庭，无论是从功能性还是美学角度来看，都极大地提升了空间的使用价值和审美体验。天窗的尺寸和形状都经过精心计算，以确保在一天中的不同时间里都能引入最佳的光线，有助于减少电力消耗，同时为图书馆内部创造健康和环保的阅读环境。同时，中庭空间也是人们社交和休息的聚集地，中庭内设置的座椅和休息区可以让读者在阅读间歇中放松身心，同时享受阳光带来的温暖和舒适。此外，为了在自然光光线不足时也能保证阅读质量，新馆配备了智能照明系统，系统能够根据室内外光线条件自动调节室内灯光的亮度和色温，保证阅读环境的光线舒适度。每张书桌上的冷光源 LED 灯，也提供了可调节的光源，使读者可以根据个人喜好和具体需求调整光线强度和方向。这种设计，不但彰显了对读者生理和心理需求的关怀，为读者营造了一个既健康又舒适的学习空间，令读者在长时间的学习期间感受到自然的节奏，进而提高了图书馆的整体使用价值，同时还有益于节能、环保和可持续发展。

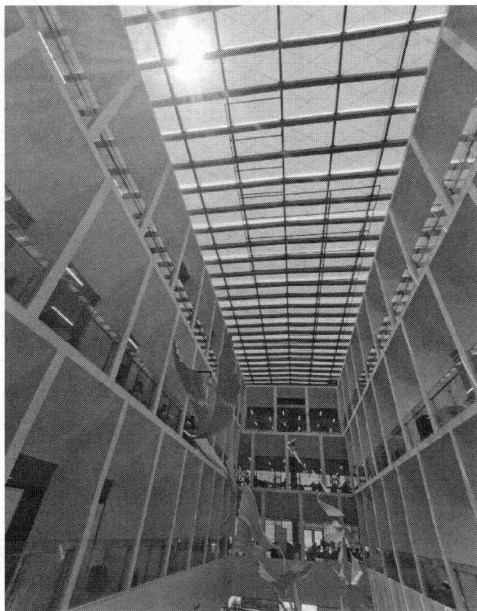

图 3-6　天窗

三、舒适的阅读空间

（一）悬空扶梯的设计

在宁波图书馆新馆的设计中，悬空扶梯作为重要的交通工具，不仅是简单的连接设施，更是整个图书馆室内设计的亮点。悬空扶梯的设计突破了传统图书馆内部结构的局限，通过开放式的悬挂方式，使空间感和通透感得到极大的提升，扶梯连接一楼与二楼，可以快速、直接地移动到不同的阅读层次，悬空扶梯的设计还考虑到了美观与实用性的结合。扶梯的造型与图书馆外观设计的现代感相呼应，成为连接不同楼层的流畅动线，增加了建筑的视觉美感，也使整个空间更加和谐统一。从用户体验角度来看，悬空扶梯提供的便捷上下楼方式，有效减少了读者在不同阅读区域之间移动的时间，提升了图书馆的服务效率。

（二）阅读区域划分

新馆根据读者的不同需求和阅读习惯，将阅读区域进行了细致的划分，主要包括三个部分。一是普通阅览室。普通阅览室是新馆最大的阅读区域之一，可以提供大量的阅读座位和丰富的图书资源。座位之间保持适当的距离，读者在阅读时不会相互干扰。同时，阅览室内配备舒适的座椅、柔软的坐垫和靠背，以及可调节高度的书桌，为读者提供良好的阅读体验。二是亲子阅读区。为了满足家庭读者的需求，新馆特别设置了亲子阅读区，提供了小巧童趣的桌椅和上百册儿童绘本，让孩子们在家长的陪伴下享受阅读的乐趣。此外，亲子阅读区还配备了适合小孩子高度的借还机，方便家长和孩子们借阅图书。三是专业研究空间。对于需要进行深入研究和学习的读者，新馆提供了专业的研究空间，空间通常位于较为安静的区域，并配备专业的研究设备和资料，以满足读者的特殊需求。

（三）阅读区的人性化配置

宁波图书馆新馆的多功能阅读区包括母婴室、读者餐厅和休闲阅览区，每个区域都根据特定功能进行细致的设计，以满足不同读者群体的需求。母婴室提供安静舒适的环境，使年轻的母亲可以在照顾婴儿的同时享受阅读，这个区域的设计考虑到了隐私和安静的需求，有助于创造无干扰的阅读氛围。读者餐厅则是集休闲与餐饮于一体的空间，读者可以在这里边享受美食边阅读，有效将文化消费与日常生活结合起来，增强了图书馆的吸引力。休闲阅览区则注重提供轻松的阅读环境，舒适的座椅、柔软的坐垫和靠背及可调节高度的书桌，确保读者在享受阅读的同时，能够保持健康舒适的姿势。新馆内部还布置了绿植、艺术品等装饰元素，不仅美化了室内环境，还营造了一种温馨、舒适的阅读氛围。

四、多元化的文化公共空间

宁波图书馆新馆的首层围绕着一个 8 000 m² 的开放文化市集展开，是新馆的核心区域。这个设计打破了传统图书馆的单一功能模式，将图书馆转化为一个多元化的文化交流空间。开放文化市集不仅提供书籍借阅服

务，还成为了文化交流、知识分享和创意碰撞的平台，为读者提供了更加丰富和立体的文化体验。文化市集包括主门厅、读者服务区、少儿图书馆、盲人阅览室等多个功能区域，设计理念是通过开放的空间布局和多功能的区域设置，为读者提供集文化、休闲和交流于一体的公共空间。主门厅是文化市集的重要组成部分，是读者进入图书馆的第一站，也是开放的交流场所，宽敞的门厅空间使得读者一进入图书馆就能感受到开放和欢迎的氛围。其设计宽敞明亮，结合了现代简洁的装修风格和温馨的照明设计，为读者提供了一个亲切的第一印象。读者服务区是图书馆的核心服务区域，为读者提供咨询、借阅等各项服务，方便读者迅速获取所需信息。其布局合理、流程清晰，采用了自助服务与人工服务相结合的方式，提高了服务效率，减少了读者等待时间。少儿图书馆的设置提供了丰富的儿童读物，还设有专门的活动区域，为孩子们提供一个安全、舒适的阅读和活动空间。其整体布局针对儿童的特点进行了专门设计，家具尺寸适合儿童身高，图书陈列也充分考虑了儿童的阅读习惯。盲人阅览室体现了图书馆对特殊群体的人文关怀，室内配备了盲文书籍、有声读物、盲文电脑等设施，为视力障碍读者提供了平等的学习机会。总之，开放的文化市集设计使得各个功能区域能够有机结合，读者在一个空间内就能享受到多种服务和体验。这些多功能区域设置，通过不同的空间设计和功能布局，满足了不同读者群体的需求，体现了图书馆服务的人性化和多元化。这些精心设计的区域不仅提升了图书馆的服务质量，也增强了图书馆作为公共文化空间的社会价值。

此外，为了增强图书馆的文化氛围，新馆内部设置了多面文化墙和艺术品展示区，展示宁波的历史文化、风土人情等特色元素，让读者在阅读之余能够了解和感受宁波丰富的文化底蕴。例如，一些文化墙上展示了宁波的历史发展脉络，详细介绍了从古至今的重要历史事件和文化成就；一些展示区则展出了本地艺术家的作品，包括绘画、雕塑等多种艺术形式，读者在经过这些区域时，可以停下来细细观赏和阅读相关介绍，从中获得新的知识和启发。

五、无障碍设计的细致考量

在宁波图书馆新馆的设计与建设进程中，无障碍设计理念渗透至每一个角落，深刻彰显了对特殊读者群体的深厚关怀及对社会责任的担当。首先，新馆在硬件设施上至善至美，例如，安装多部宽敞、运行平稳且配备便捷操作按钮的电梯，保障轮椅用户及其他行动不便者能够自如地往返于各楼层之间。其次，在入口及主要通道铺设平缓的坡道，彻底摒除了台阶障碍，让每一位读者都能够顺畅地进出图书馆的大门。再次，新馆还格外注重细节，如无障碍卫生间内使用防滑地砖、设置低位洗手池与紧急呼叫按钮等，确保特殊读者在使用当中的安全与便利。最后，在信息获取方面，宁波图书馆新馆着实展现出了前瞻性的视野与人文关怀。通过引入先进的科技手段，如提供丰富的盲文书籍、有声读物资源，以及为听障读者配备手语服务与字幕显示设备，新馆成功突破了传统信息传播的藩篱，令知识的海洋向所有读者敞开怀抱。这种全方位、多维度的无障碍设计，不单是对特殊读者需求的精准应对，更是图书馆作为社会公共文化服务机构，对平等、包容、共享理念的鲜活诠释。

六、冥想与沉思的环境营造

宁波图书馆新馆的室内设计巧妙地糅合了人性化理念，尤其是在冥想与沉思环境的塑造上，彰显了对读者深层次需求的关注。在室内空间内设置了多个静谧角落，意在为读者提供一个远离喧嚣、适宜冥想和沉思的场所，让读者在阅读之余，能够拥有一个独立思考的区域。同时，为了满足读者冥想和沉思的需求，还特地挑选了舒适度颇高的座椅。经过精心设计的宁静角落和舒适的座椅布局，图书馆不但为读者打造了放松身心的私密空间，还保证了座椅的舒适度，契合人体工程学原理，采用柔软、透气的材质，使读者在长时间静坐时能够保持身体的舒适感。这些宁静的角落和舒适的座椅布置，不仅为读者提供了一个静谧的环境，还激发了他们的创意思维，有助于在阅读和学习之余，借助冥想和沉思来舒缓压力、恢复精力。宁波图书馆新馆的

这种人性化设计，全面体现了图书馆作为公共文化空间的人文关怀，提高了读者的满意度和图书馆的服务效能，同时也为我国图书馆室内设计提供了有价值的借鉴，有利于推动我国图书馆事业的繁荣发展。

七、服务领域的延伸与拓展

宁波图书馆新馆在传统图书馆的借阅功能基础上，还拓展了新的服务范围，使图书馆服务更加人性化和多元化。具体包括自助图书馆、乔石书房、艺术空间、创客空间、天一音乐馆等功能区域。自助图书馆实行无人值守、自助借阅，并设有 24 小时自助还书口，以及全国首个 480 门的"天一约书"信用借阅柜。自助图书馆提供图书借阅、归还服务，支持自助操作，让读者在无人值守的情况下也能完成借阅流程，极大地提高了借阅效率，满足了读者随时随地借阅的需求。乔石书房（如图 3-7 所示）集文物收藏、文献阅览、陈列展示、宣传教育、学术研究等功能于一体，是宁波图书馆的特色功能区与特藏文献区。书房内还原了乔石夫妇生前家中书房的场景，全部实物及其摆设方式均为原件、原貌，收藏乔石的藏书及音像材料，展示乔石夫妇的生平事迹和优良家风，同时作为党史学习教育活动的热门"学堂"，满足党员干部和市民读者的学习需求。艺术空间（如图 3-8 所示）凭借"天一展览"的活动品牌，设置专门的艺术展览区域，举办各层次的展览活动。艺术空间展线长、面积大，为读者提供多元的文化、艺术展览活动。创客空间引进创客的文化体系，包括 3D 打印、手工机床、机器人、虚拟现实等设备，提供科技创新设备和资源，支持读者进行创意实践、项目研发等活动，促进科技创新和人才培养。天一音乐馆（如图 3-9 所示）把解读音乐文化作为品牌建设的核心理念之一，注重音乐的个性化解读和文化启迪。馆内设有高清显示系统、发言扩声系统、数字媒体系统等设备，支持各类音乐文化活动的举办。天一音乐馆还提供音乐鉴赏、音乐研究、音乐讲座等服务，举办各类主题音乐文化推广活动，成为市民心中一座"看得见、听得见"的音乐图书馆。

图 3-7　乔石书房

图 3-8　艺术空间

图 3-9　天一音乐馆

此外，还有其他新服务区域，例如，电子阅览区提供各类数字资源的阅览、检索、下载等服务，满足读者的数字化阅读需求；外文阅览区提供外文原版图书、期刊等文献资源的开架阅览服务，并定时组织开展外文俱乐部等各类外文阅读推广活动；地方文献室主要收藏宁波人著述、涉及宁波内容的文献、参考文献等地方文献资源，集文献征集、保存、展览、整理、研究等功能于一体。

综上所述，宁波图书馆新馆的室内设计案例充分展示了人性化设计的理念和优势。通过对空间布局、自然采光与通风、多功能区域、与自然环境的融合、冥想与沉思环境等方面的深入研究和实施，该设计成功实现了人性化设计的多个维度。这种设计全面考量了读者的生理和心理需求，借由营造舒

适、便捷、美观的学习环境，提高了图书馆的服务水平和读者满意度。同时，宁波图书馆新馆的室内设计巧妙地融合了中国传统文化的元素，如传统材料的运用和空间布局的创新，呈现了地域文化特色。这种设计理念的成功实践，为我国图书馆室内设计提供了有价值的参考，有助于推进我国图书馆事业的繁荣发展。

第四章　现代室内设计的多维观察：意境营造

意境营造是中国文化特有的超越环境本体的境界营造，它融合了物质性的"实境"和精神性、情感性、文化性的"虚境"。这种理念与现代室内设计追求的多维度空间体验和人文关怀不谋而合。现代室内设计的意境营造，其内涵远超美学范畴，触及深层的空间感受。意境作为设计的灵魂，展现了设计师对空间布局、文化脉络及个体情感的细腻捕捉和独到见解。经过匠心独运的设计，室内空间不再只是满足日常起居的容器，而是蜕变为能够触动人心、唤起情感共鸣与进行精神交流的艺术空间。意境的营造让室内空间不再局限于功能性，而是跃升至情感与哲学的层次，为现代生活空间注入了更为浓厚的人文关怀和艺术气息。这种设计哲学不仅极大地丰富了人们的生活体验，更推动了室内设计领域的持续创新和深度探索，引领着设计潮流向更高层次迈进。

第一节　室内空间意境相关概述

一、室内空间意境的内涵

（一）意境

意境是中国古代文论及古典美学中极为精粹且富有现代气息的概念，代

表着一种深邃而独特的艺术境界，是中国文化与艺术创作及审美普遍原则的体现。《周易》中的"在天成象，在地成形"寓意深远，形象地概括了意境的本质。这里"形"指的是具体、可触摸的实体，"象"则是指形之所以为形的内在意义和精神氛围，暗示了艺术创作中形与神、实与虚的辩证关系。意境依赖于"象"的抽象与内涵，通过艺术家的主观感悟与客观世界的精神对话，构建出一种超越日常经验、富有哲理和情感深度的艺术空间。刘禹锡的"境生于象外"和司空图的"象外之象""景外之景"进一步深化了意境的概念，强调意境的创造不仅局限于自然景物的直接描绘，更在于通过景物投射出的无形之"象"，以及"象"在观者心中激起的情感波动与精神共鸣，提醒人们艺术创作与欣赏过程是一次心灵的旅行，是艺术家与观者超越物质界限的精神对话。宗白华的话则如一股清流，他提到艺术家以心灵映射万象，通过主观的生命情调与客观自然景象的交融互渗，创造出一个充满生机、深邃且灵动的艺术世界，这一描述强调了艺术创作中情感与景象的和谐统一，突出了艺术意境的生命力与深度，指向了艺术作品所能触及的精神层面和情感深度。在艺术设计领域，意境的理解进一步拓展了其美学内涵，它被视为一种具有特殊美学价值的艺术表现形式，是在情与景交融的基础上，将客观景物转化为主观情感，实现物我合一、虚实相生的艺术创作过程。这种过程能够引导观者超越对感性具体的直接感受，通过艺术形象激发内心的共鸣与联想，进而引发深层次的思考与想象，使人体悟到生命的深刻哲理，享受到更为丰富的艺术审美体验。

在中国传统文化中，意境的独特之处在于对"无"的深刻体现和探索。这种"无"的境界超越了物质和形象的直接描绘，追求一种更为精神和心灵层面的共鸣与体悟。与西方艺术的直观表现和理性解析不同，中国的意境美学强调的是一种难以用言语完全表达、只能通过心灵体悟来把握的境界，主要体现在儒家的"意象论"、道家的"道象论"和佛家的"境界说"三个哲学范畴中。

儒家的"意象论"强调通过具体的象征（如诗歌、书画中的意象）来表达抽象的思想和情感。这种表达并不直接描绘对象本身，而是通过象征性的意

象引发观者的情感共鸣和思想联想，从而达到一种"意在言外"的境界。在这一过程中，"无"作为一种不言而喻的美学空间，成为传递深层意义的重要途径，它既非虚无缥缈，也非空洞无物，而是一种充满无限可能和深远意义的艺术空间。

道家的"道象论"则进一步强调了"无为"和"顺其自然"的哲学思想。在道家看来，最高的艺术境界是"道法自然"，即艺术创作应遵循自然的法则，而不是刻意雕琢。在这种思想指导下，意境的创造更多地依赖于对自然界和宇宙法则的深刻体悟和内在感应。这种"无"的境界，不是简单的空白或缺失，而是一种超越具体形态、达到形而上的自然和谐之美。

佛家的"境界说"则从心灵的净化和超脱入手，认为最高的美学享受来源于对世界的无我观照和心灵的彻底释放。在佛教哲学中，"无"是对世间万象本质的深刻洞察，通过超越个人欲望和世俗纷扰，达到一种心如止水的境界。

因此，某种程度上可以将意境的核心概念概括为情景交融、虚实相生、言有尽而意无穷的韵味三个方面。情景交融体现了意境中情感与景象的深度融合。艺术创作是对自然或社会现象的直接描绘，更是艺术家内心情感与外部世界景象相互作用、相互渗透的过程。通过情感与景象的交融，艺术作品能够超越简单的模仿，达到一种情与景、心与物和谐统一的境界，从而引发观者或读者的情感共鸣，激发内心深处的思考和联想。虚实相生强调了艺术创作中虚幻与现实、抽象与具体之间的相互依存和转化。在意境的创造过程中，艺术家通过巧妙地运用象征、暗示、寓意等手法，将具体的事物与抽象的思想情感相结合，形成一种既有形体又含深意的艺术表现，使作品具有更为丰富的层次和更广阔的想象空间。言有尽而意无穷的韵味揭示了意境在艺术表达中的无限可能性。在各种艺术作品中，通过有限的语言文字、色彩线条、音符旋律等形式，艺术家能够表达无限的情感和思想，留给观者或读者广阔的想象空间和深远的思考余地。综上所述，意境的内涵通过三个方面体现，其在诗歌、散文、小说、绘画、音乐、园林、盆景、室内设计等各种艺术形式中的广泛应用，是艺术创作的重要原则和目标，也是欣赏、批评艺术作品时衡量其美学价值的关键标准。

（二）空间

从汉语词源学角度来看，"空"字有着空虚、无物的含义，它是对一个区域内部没有任何物质填充的状态的描述。而"间"字，则多含有间隔、之间的意思，它描述的是两个物体或两个点之间的距离。因此，当人们将"空"与"间"这两个字组合起来时，"空间"就寓意了一个具有一定间隔、可以被物质填充或已被物质部分填充的范围或领域。空间作为一种物质存在形式，与时间相对，通过长、宽、高三个维度来展现，这种定义源自物理学对空间的基本理解。空间是一个立体概念，不局限于一个平面，三维特性使得空间成为人类生活的舞台，提供了成长、活动和创造的环境。在这个舞台上，人们的生活得以展开、文化得以传承、情感得以交流。室内空间的构成一般呈现为六面体，由顶面、地面和四周的墙面构成，既是对物理空间的划分，也是对功能区域的定义。每一个由不同面界定的空间，都承载着特定的用途和意义，如居住、工作、休闲。空间对于人类而言有着非比寻常的含义，能够承载和传递情感。空间中的每一个角落、每一处布局，都可能成为情感的寄托，反映出使用者的品位、记忆和情感状态。这是因为随着时间的推移，空间被赋予了人的情感元素，不再是冷冰冰的物理实体，而是充满了人气和人情味的生活场所。设计师在设计空间时，会受到自身情感、文化背景、自然环境等多种因素的影响，主观与客观因素的交织，让设计师能够将个人或集体的情感和审美理念融入空间设计之中，使空间不仅满足功能需求，更成为情感表达和精神寄托的载体。因此，设计出来的空间，会自然而然地具备了一定的情调和意境，影响并塑造居住或使用该空间的人的情感和心理状态，进而在他们心中产生一种对空间的依存感。

（三）室内空间意境

室内空间意境的营造是一门深邃的艺术，追求的是通过有形的空间设计触及人的无形情感，创造出一种能够引发深层次心灵共鸣的氛围，要求设计师具备出色的美学鉴赏能力和丰富的文化知识，深刻理解人的内在需求，通过空间的每一个细节传达出深层次的情感和精神追求。在中国，许多著名的

设计师和建筑师都对室内空间意境有着自己独到的理解和实践。例如，建筑师王澍在其作品中就频繁探索如何将传统文化的精髓与现代设计理念相结合，以营造出具有深厚文化底蕴和情感张力的空间意境。他认为真正的空间设计应该超越简单的视觉美感，更重要的是要能够触动人的心灵，引发人们对生活、对自然和对文化的深层次思考和情感共鸣。另一位享誉国际的中国设计师朱小杰，他在谈到室内设计时强调，空间设计的最终目的是创造出能够让人们产生情感共鸣的环境。他认为一个成功的室内空间设计不仅要满足功能性的需求，更要在视觉、触觉和情感上给人以深刻的影响，通过对光影、材质、色彩等元素的巧妙运用，营造出一种让人们能够感受到美、感受到情感波动的空间氛围。这些设计师的观点和作品展现了室内空间意境的深远意义，即室内设计不仅是一种物质上的创造，更是一种精神和文化上的传达。通过对空间的精心布局和设计，室内空间变成了一种能够激发人们情感、触发人们内心深处情感共鸣的艺术作品。

构成室内空间意境的要素是多方面的，包括空间布局、光与影、色彩搭配、材料与质感、文化与艺术元素等，这些要素相互作用、相互影响，共同创造出一个既满足实用功能，又能触动人心灵深处的室内空间。首先，空间布局作为室内设计的骨架，是构建室内空间意境的基础。一个优秀的空间布局不仅能够合理地安排功能区域，优化人在空间中的活动流线，能够通过视线的引导和空间的开合，创造出既有序又充满惊喜的空间体验。空间布局的巧妙安排可以增强空间的动态感，让人在移动中体验空间的变化，感受空间的节奏和韵律，从而在无形中增加空间的情感深度和文化内涵。其次，光与影的运用是室内空间意境营造中的灵魂。适当的光线不仅能够照亮空间，更重要的是能够塑造空间的氛围，引导人的情感方向。自然光与人造光的有机结合、光与影的交错映衬，可以营造出丰富多变的视觉效果和情感体验。例如，柔和的散射光可以营造出温馨舒适的家居氛围；而有意识地创造光影变化，则可以给空间增添神秘或庄重的感觉，使空间的意境更加深邃。另外，色彩搭配在室内空间意境的构建中也占据着重要的地位。色彩不仅能够影响人的视觉感受，更能直接作用于人的情绪和心理。通过色彩的和谐搭配，可

以营造出不同的空间氛围，例如，明亮的色彩可以让空间充满活力，深沉的色彩则可以让空间显得更为内敛和沉稳。色彩的选择和搭配需要考虑空间的功能、光线条件，以及使用者的个性和喜好，以此来达到既美观又能引发情感共鸣的效果。此外，材料与质感的选择是室内空间意境营造中不可或缺的一环。不同的材料和质感可以给人带来不同的触觉和视觉感受，影响人的情绪和心理状态。通过对材料质感的精心挑选和应用，可以增强空间的层次感，丰富空间的视觉和触觉体验。例如，天然木材、石材等材料可以营造出温暖自然的氛围；而金属、玻璃等现代材料则可以给空间带来清爽感和现代感。最后，融入文化与艺术元素是赋予室内空间深厚意境的有效手段。通过艺术品的摆放、装饰风格的选择等，不仅可以美化空间，更重要的是可以让空间散发出独特的文化韵味和艺术气息。文化和艺术元素的引入，能够提升空间的审美价值，更能够激发人的情感共鸣，让人在享受美的同时，也能感受到文化的深度和艺术的温度。综上，室内空间意境是一种通过室内设计艺术创造出的精神和情感体验，超越了简单的空间布局和装饰美学，触及了空间与人内在情感的深层次连接，要求设计师在视觉、听觉、嗅觉等多个感官层面进行综合考虑，还需要深入探索空间与使用者之间的互动关系，以及空间如何影响和改变人的心理状态和行为模式。

二、室内空间意境营造的影响因素

（一）设计理念

设计理念在设计过程中如同指南针，为设计师提供了明确的方向和目标。一个深刻而独到的设计理念是设计成功的关键，能够确保作品在形式上追求完美，在内容上具有深刻的文化内涵和独特的个性特征。设计理念的核心价值在于能够引导设计师超越传统的审美和功能的界限，创造出真正能够触动人心，与众不同的作品。好的设计理念是设计的灵魂，它蕴含着设计师的思考和哲学，使得每一件作品都像是一件艺术品，具有独一无二的魅力和深远的文化意义。勒·柯布西耶是 20 世纪最具影响力的建筑师之一，他的设计理念和作品对现代建筑有着深远的影响。朗香教堂是他设计的最为人称

道的建筑之一，位于法国东部的朗香。这座教堂不仅是勒·柯布西耶建筑设计生涯的巅峰之作，也是 20 世纪现代建筑史上的里程碑。朗香教堂的设计理念打破了传统教堂建筑的常规，展现了勒·柯布西耶对形式、光线与空间的深刻理解和创新运用。他没有采用传统的直线和对称形式，而是选择了曲线和不规则形态，通过这种设计，教堂在视觉上呈现出了一种动态和生命力。教堂的墙体厚重而曲折，带有小窗户，这些小窗户以非常独特的方式排布，使得光线能以神秘而多变的方式进入室内，创造出一种几乎是神圣的氛围。勒·柯布西耶在这里的设计展现了他的"建筑是光线的游戏"的设计哲学，仿佛每一缕光线、每一个角落都被注入了生命力，唤醒了人们内心深处的情感共鸣。在这样的空间里，光影像是设计师用来叙述故事、表达情感的语言。随着时间的流逝而变化，给予人以时间的流动感和生命的动态美，让人仿佛能够摆脱现实世界的束缚，体验到心灵上的解放和自由。这种设计追求告诉人们，室内设计不应局限于实用功能的满足，更重要的是要通过空间和环境的营造，传递出一种情感和氛围，实现形式与精神的高度统一。

（二）生活方式

生活方式是室内空间意境营造中的一个重要影响因素，直接关联空间设计的功能布局、美学取向及情感表达。不同的生活方式反映了人们在生活习惯、价值观念、情感需求上的差异，这些差异在室内设计中的体现，不仅能够提升空间的实用性，更能够丰富空间的情感深度，使得设计成果能够与使用者产生共鸣，进而营造出独特的室内空间意境。马斯洛的需求理论将人类的需求分为五个层次：生理需求、安全需求、社交需求、尊重需求和自我实现需求，为理解生活方式与室内空间设计之间的关系提供了一个框架。在不同的需求层次上，人们对室内空间的期待和需求也会有所不同，因此，设计师在进行室内空间设计时，需要深入理解目标使用者的生活方式，以此为依据进行创意和设计。生理需求是最基本的需求层次，包括对食物、水、睡眠等的需求。在室内设计中，要求空间能够提供舒适的休息区域、合理的餐饮空间布局、良好的采光和通风等。例如，对于追求健康生活方式的人群，设计师可能会特别强调自然光的引入和室内植被的布置，以营造出一个促进身

心健康的居住环境；安全需求涉及个人、财产的安全，以及对环境的控制感。在这一需求指导下，室内设计可能会着重考虑空间的私密性、安全性能的提升、对家居智能化的运用等，以提高居住者的安全感和便利性；社交需求关注人与人之间的交往和归属感，在室内设计中的体现可能是营造开放的社交空间、灵活的空间布局，以及增加共享的活动区域等。例如，开放式厨房设计满足了人们烹饪的功能需求，促进家庭成员之间的交流和互动，增强了家的温馨感和归属感；尊重需求和自我实现需求属于更高层次的精神需求，强调的是个体的自我价值、成就感以及自我表达的需求。在室内设计中，这可能表现为提供个性化的空间设计方案、允许使用者参与设计过程，以及通过艺术品、收藏品等个人喜好的展示来满足使用者的自我实现需求。设计师通过对空间的精心打造，不仅能够满足使用者的功能性需求，更能够触及其心灵深处的情感和理想，从而营造出充满个性和情感的室内空间意境。

啤酒广告的案例在这里可以作为一个有趣的参考。许多啤酒广告不仅是在展示产品，更是在通过场景的营造、人物的互动来传达一种轻松愉悦、社交友爱的生活方式。这些广告中的空间设计，虽然是为了商业宣传目的，但其中对生活方式的理解和表达，对于室内设计师来说，同样具有启发性。它们强调的社交互动、轻松愉悦的氛围，可以被巧妙地运用到餐厅、酒吧等公共空间的设计中，通过空间布局、光影运用、材质选择等手段，营造出让人们自然而然产生社交欲望的环境，进而增强空间的吸引力和留存度。

（三）情感体验

情感体验在室内空间意境营造中关系到空间使用者的直接感受，影响着人们的心理状态和行为方式。一个成功的室内设计，能够触动人心，留下深刻的情感记忆，设计背后往往蕴含着对人性深刻的理解和对生活细节的精细捕捉。在讨论情感体验对室内空间意境营造的影响时，要考虑空间本身的物理属性，探讨人与空间之间的情感连接，以及这种连接如何塑造人们对空间的感知和记忆。首先，情感体验的核心在于创造与人们日常生活紧密相关的情感联系。人们对空间的感知不仅是通过视觉、听觉等感官进行，更是通过情感和记忆来实现。因此，室内设计师在创造空间时，需要深入理解使用者

的生活习惯、文化背景、情感需求等，以此为基础设计出能够引发情感共鸣的空间。例如，在设计一个家庭居住空间时，设计师可能会通过使用温暖的色调、舒适的家具布局和具有个人记忆意义的装饰品来营造一种温馨和舒适的氛围，使家庭成员能够在这个空间中感受到归属感和安全感。其次，情感体验的营造还需要关注空间中细节的处理。在室内设计中，细节往往是情感表达的重要载体。通过对光线的精心安排、材料的精选及装饰品的巧妙布置，设计师能够在无形中传递出一种情感氛围，让人们在使用空间时能够产生特定的情感体验。例如，在一个阅读空间中，通过设置柔和的照明、舒适的阅读椅及方便取用的书架，可以营造一种宁静而专注的氛围，鼓励人们沉浸在阅读的乐趣中。最后，情感体验在室内空间意境营造中还涉及空间与人的互动关系。空间不是静止不变的，它随着人的使用而变化。设计师在设计时，需要考虑到人们如何与空间互动、如何在空间中进行活动，以及这些互动和活动如何影响人们的情感体验。通过设计灵活多变的空间布局，提供多样化的使用功能，可以激发人们对空间的好奇心和探索欲，增加人们对空间的情感投入，从而提升整体的空间体验。

在电影《罗马假日》中，西餐厅的室内设计作为一个背景场景存在，通过精心的设计细节和布局，营造出了一种独特的情感体验。西餐厅的设计体现了欧洲中叶的奢华与现代的完美结合，从而在视觉和情感上为观众提供了一次非凡的旅程。

设计师通过巧妙的照明设计，营造出了一种温馨而浪漫的氛围。柔和的灯光从精致的吊灯中散发出来，与周围环境融为一体，使得整个空间充满了温暖和欢愉的气息，照亮了空间，更照进了人的内心，为角色之间的情感交流提供了一个理想的环境。在这样的光线下，人们的面孔显得更加柔和，眼神交流更加深情，光线成为传递情感的媒介，让角色之间的互动更加自然和深刻。西餐厅内部主要采用了温暖而低调的色调，如奶油色、深棕色、金色等，这些色彩的搭配既体现了空间的奢华感，又不失温馨和舒适。在这样的色彩环境中，角色之间的情感交流显得更加细腻和丰富，观众和角色在这样的环境中更容易产生情感的共鸣。西餐厅桌椅的安排既保证了私密性，又便

于角色之间的互动，使得每一次对话都充满了情感的深度。此外，空间中还巧妙地设置了一些半开放式的区域，如靠窗的座位，既能享受到窗外的美景，又不失为一个情感交流的舞台，使得空间功能性和美观性得到了兼顾，更重要的是，为角色之间的情感发展提供了一个舒适而浪漫的环境。

三、室内空间意境营造的理论依据

在艺术创作的广阔天地中，无论是东方还是西方，无论是古典还是现代，追求精神上的韵致一直是艺术家们努力的方向。在中国传统艺术中，这种精神韵致被称为"意境"。意境这一概念深植于中国的文化土壤之中，是情与景、意与象相互交融、统一的一种境界，中国传统文化对意境的追求，使得大多数艺术作品并非仅停留在表面的形象描绘上，而是在平淡无奇中展现出深邃的内涵和无限的想象空间。在书画艺术中，"凡书画当观其韵"实际上是在强调作品中的精神和性情，"韵"是作品超越物质形式，达到精神层面的关键。意味着作品能够在简约之中寓含深意，在静默之中传达情感，让观者在欣赏的过程中能够感受到作品背后的精神世界，达到心灵的共鸣。这种艺术追求不限于书画，同样适用于室内设计领域。将这种美学理论运用于室内设计中，要遵循的是形式美的法则，设计师在创作时要考虑空间的功能性和实用性，注重空间形式的美感，通过对比例、线条、光影、色彩等元素的精心处理，构建出和谐而富有层次感的空间形式，为意境的营造奠定基础。而室内设计的特点和原则，如空间的连贯性、层次性、节奏感等，都是创造理想室内空间环境、营造充满意境的室内空间所必须掌握的基本要求和准则。

（一）形式美法则是室内意境创造的基础

在室内设计领域中，追求意境美是对空间的物理改造，是深层次的精神和情感表达。形式美法则作为室内意境创造的基础，十分注重形式美背后所蕴含的时代精神和文化内涵。在人类长期对美的追求和创造活动中，形式美的法则被总结和提炼，如对比律、同一律、节韵律、均衡律、数比律，成为设计师创造室内空间意境时必须遵循的规律，更是室内设计的技术指南。对

比律强调的是空间元素之间的差异性和对立性，通过颜色、形状、质地的对比，增强空间的视觉冲击力和层次感，使得空间更富有表现力和动感。同一律则是在空间设计中追求一致性与和谐性，通过统一的色彩、材料或风格，营造出宁静舒适的空间氛围。节韵律如同音乐的节奏，通过空间布局和元素排列的有序性，给人以美的享受和节奏感。均衡律则强调空间中各元素的平衡配置，无论是对称式还是不对称式的均衡，都能使空间显得稳定而和谐。数比律则是通过对空间比例的精确把握，使室内空间达到美的最佳状态。设计师在运用这些形式美法则时，需要具备高度的创造性和敏感度，将形式的指示和象征作用发挥到极致。通过对家具、陈设、照明、绿化等室内美术因素的精心配置，如同作曲家编排乐章一般，使室内空间如音乐般流动，产生和谐而统一的整体效果。

（二）室内设计的特点和原则是室内意境创造的基本要求和准则

室内设计被认为是一门将艺术美学、功能实用与人文关怀融为一体的行业，不同于纯粹的艺术创作，也区别于其他类型的设计构思，具有鲜明的独特性，是一种对生活方式的创新和对人的行为模式的引导。因此，深刻理解并掌握室内设计的特点和原则，对于创造具有深度意境的室内空间具有重要意义。室内设计的对象是有限的空间，但它的范围却是广泛的，包括住宅、办公、商业、公共设施等多个领域。每一种空间都有其特定的功能需求和使用人群，要求设计师在设计时要考虑空间的美观性、功能性和舒适性。室内设计的思维方式强调的是空间与人的关系，即如何通过有限的空间布局和设计元素的运用，创造出既符合人体工程学又能满足人们精神需求的空间。这种思维方式要求设计师具备较强的空间想象力和创新意识。在室内设计的构思方法上，强调的是整体性和系统性。在设计构思时，需要考虑空间的整体布局和各个部分之间的联系，考虑如何通过材料、色彩、照明等元素的综合运用，营造出统一和谐的空间氛围。此外，室内设计还强调对细节的关注，因为往往是一些细微的设计，如一扇窗、一盏灯或一件装饰品，就能极大地影响空间的意境和氛围。掌握室内设计的特点和原则，并将其理性地运用于室内空间意境的创造中，是每一位设计师必须完成的课题。

第二节　相关艺术领域的意境创造

一、古典文论和文学、绘画、书法、音乐中的意境

（一）古典文论和文学作品中的意境

在中国古典文论和文学作品中，无数的诗人、文学家借助自然景象、人文情怀及哲学思考，创造出了独特的意境美，这些美不仅停留在视觉和听觉的享受上，更重要的是能够触及人的灵魂深处，引发人对生命、自然和宇宙的深刻思考。

1. 古典文论中的意境

在中国古典文论中，关于意境的探讨有着悠久的历史。早在魏晋南北朝时期，就已经出现了关于意境的探讨，尤其是在《文心雕龙》这部文学批评巨著中体现尤为突出。《文心雕龙》由南朝梁的文学家刘勰撰写，全书共三十卷，是中国古代文论的集大成之作，其中"神思"篇专门探讨了艺术构思的问题，对于理解古典文论中的意境概念至关重要。《文心雕龙》通过其深刻的见解和广泛的内容，展示了古代文论的精髓，尤其是在艺术创作的神思层面。刘勰认为文学作品的创作是技巧的运用，是内在精神和创造性思维的体现，这种思维或神思，是文学创作中不可缺少的灵魂，决定了作品的生命力和感染力。在"神思"篇中，刘勰强调了创作前的沉思冥想对于达到艺术创作高度的重要性。他提出，一个作家在着手创作前，必须进行深入的思考和内心的探索，深度的思考和探索能够激发创作灵感，帮助作家捕捉到那些超越常人感知的艺术之美。刘勰认为这种神思是对事物表面的观察，更是对生命、自然和宇宙深层次规律的感悟，能够触及读者心灵最深处的共鸣。在《文心雕龙》的讨论中，意境的概念虽未直接明确提出，但神思的探讨实际上为后来意境理论的发展奠定了基础。意境作为一种超越具体形象、能够引发深层情感共鸣的艺术境界，与神思中所强调的内在精神和创造性思维是紧密相关的。艺术家通过神思的过程，能够创造出富有深度的意象和情境，使

得作品具有超越常规的美感和深远的意义。例如，诗歌中常见的山水、云雾等自然景象，不仅仅是简单的自然描绘，而是诗人通过神思捕捉到的内在情感和哲理的外化。

2. 文学作品中的意境

（1）诗歌中的意境

在中国古典诗歌中，意境的营造是通过诗人对自然景观的描绘，且通过情感与哲学的深度融合，构建出一种超越具体形象的精神世界，让读者在心灵深处与诗人产生共鸣，感受到一种无法用言语完全表达的美和深远的意义。以李白的《静夜思》为例，这首诗用极其简洁的语言描绘了诗人夜晚思念家乡的情景。"床前明月光，疑是地上霜。举头望明月，低头思故乡。"这四句诗虽然只是简单地描写了月光照射在地面上，令人误以为是地上的霜，以及诗人因此而引发的对故乡的深切思念，但通过这种描写，李白构建了一种超越时间和空间的意境。月亮成为连接诗人内心与远方家乡的桥梁，同时是自然与人心、现实与记忆之间的纽带。这种深邃的情感表达和对自然美的崇高追求，共同营造了一种唯美而深远的意境。再如王维的《山居秋暝》，通过对秋天山中景象的细腻描绘，展现了一种淡泊明志、远离尘嚣的生活态度。"空山新雨后，天气晚来秋。明月松间照，清泉石上流。"在这四句诗里，王维不仅是在描绘山中的自然景观，更重要的是通过这种景观表达了一种宁静致远的人生哲学和对自然美的深切感悟。山、月、松、泉这些元素共同构建了一个宁静而幽美的世界，让读者能够在这种意境中感受到一种超脱尘世的宁静和平和。中国古典诗歌中的意境之所以能够跨越千年仍然感染着现代人的心，是因为它们是对美、生命、自然和宇宙深刻思考的体现，通过自然景象引发的情感共鸣和哲学思考，构建了一种独特的艺术世界，让读者感受到生命的美好和宇宙的浩瀚。

（2）小说中的意境

小说中的意境，往往通过人物的命运、环境的描绘、情节的发展、语言的艺术处理等多种手段来实现，给读者以强烈的心灵震撼和深刻的思考。

①《红楼梦》——梦幻与现实的交织。《红楼梦》是中国文学史上的一

座高峰，曹雪芹借助贾宝玉、林黛玉、薛宝钗等人物的爱恨情仇，展现了一个绚烂多彩又充满悲剧色彩的世界。在这部小说中，意境的营造达到了极致。例如，通过对大观园的描写，营造了一个美好而又悲哀的梦幻世界，这个世界既是青春美好的象征，也预示着所有的美好终将消逝。贾宝玉与林黛玉的爱情故事，更是以其悲剧性的结局，深刻地揭示了人世间的无常和梦幻泡影，营造出一种超脱于现实之上的深邃意境。

②《边城》——清新脱俗的自然意象。沈从文的《边城》则是通过对湘西边城风情的细腻描绘，构建了一种清新脱俗的意境。小说通过讲述翠翠和傩送之间纯洁而悲剧的爱情故事，展示了自然与人的和谐共处及淳朴人性的美好。边城的山水、小镇的风情、人物的情感，都被沈从文用诗意般的语言细腻描绘，构成了一幅幅美丽的画面。在这些画面中，读者不仅能感受到自然之美，更能体会到人性的纯真和生命的尊严，这种超越现实的美好构成了小说独特的意境。

③《围城》——幽默与讽刺中的哲理。钱锺书的《围城》以其独特的幽默和讽刺手法，展现了 20 世纪 30 年代中国知识分子的生活状态和心理特征。小说通过方鸿渐的婚姻历程，揭示了人性的复杂和社会的矛盾。在这部作品中，钱锺书巧妙地使用了语言艺术，将幽默与讽刺融入生活的细节之中，营造了一种既轻松诙谐又深含哲理的意境。《围城》中的意境，不同于《红楼梦》的悲剧美和《边城》的自然美，它更多的是一种思想上的深刻和艺术上的精巧，使读者在笑声中体会到生活的真谛和人性的复杂。

无论是《红楼梦》中梦幻与现实的交织、《边城》中清新脱俗的自然意象，还是《围城》中幽默与讽刺的哲理，这些小说都通过独特的艺术手法，将读者带入了一个又一个深刻的精神世界。

（3）散文中的意境

散文中的意境是中国文学独有的美学特质之一，它借由作者的深刻感悟、细腻描绘及对自然和人生的独到理解，构建出一种超越现实的精神境界和情感空间。在众多经典的中国散文中，朱自清的《荷塘月色》是对意境营造的极致展现，《荷塘月色》以一次夜晚散步的经历为线索，通过对荷塘、

月光、微风等自然元素的描绘，构建了一个静谧、和谐而又略带忧郁的艺术世界。文章开头，朱自清用平实而细腻的语言描绘了夜晚散步的场景："这几天心里颇不宁静。今晚在院子里坐着乘凉，忽然想起日日走过的荷塘，在这满月的月里，总该另有一番样子吧。"这里，朱自清通过对个人情感的抒发，引领读者进入一个充满月光与回忆的世界。随着故事的展开，作者详细描绘了荷塘夜色中的一切：荷叶、荷花、倒影、远处的山、近处的竹林，以及那轻轻摇曳的荷叶和花朵。每一笔描绘，都透露着作者对自然美的深刻感悟和热爱。特别是当提到月亮与荷塘的互动时，朱自清写道："月光如流水一般，静静地泻在这一片叶子和花上。"这样的描写，不仅生动呈现了一幅幅如画的景象，更重要的是，营造了一种宁静、纯净而又略带忧伤的意境，让读者仿佛置身于那清幽淡远的荷塘之畔，体会到作者所感受的每一份细腻的情感和深邃的思考。

（二）绘画中的意境

1. 中国绘画中的意境

（1）齐白石《虾》

齐白石是中国现代著名的画家，其艺术成就主要体现在国画领域，尤其擅长花鸟、虫鱼。齐白石的艺术风格独特，善于以简练的线条和生动的形象表达出浓厚的生活气息和深邃的哲理思考，被誉为"画圣"。他的作品《虾》是其艺术成就的代表之一，通过对虾的绘画，展现了齐白石对自然生命的深刻理解和独到的艺术追求。

《虾》是齐白石众多杰作中的佼佼者，以其生动的形象和深邃的意境深受人们喜爱。这幅画作以简洁有力的线条描绘了几只虾的形象，虾体姿态各异，或蜷或伸，充满了动态之美。齐白石在《虾》中的笔墨运用极为讲究，既有细腻的线条描绘，又有墨色深浅不一的变化，使得画中的虾栩栩如生，仿佛随时都会从纸面上游走。齐白石《虾》所表达的意境不仅局限于对虾的形象再现，更重要的是通过这些生动的虾形象传达了画家对生命力与自然美的赞美。虾在中国文化中象征着活力和长寿，齐白石通过这幅画传达了不屈不挠、顽强生存的态度。画中虾的生动形态和自由游动的姿态，体现了齐白

石对自然界生灵的深刻观察和热爱，同时映射出画家内心的生命哲学和艺术追求。

（2）王希孟的《千里江山图》

王希孟是我国北宋时期的著名画家，他的代表作《千里江山图》是中国山水画中的经典之作，被无数艺术爱好者和研究者所推崇。《千里江山图》是一幅长卷，画面描绘了蜿蜒的江河、连绵的山峦、繁茂的树木以及散落其间的人物和建筑，展现了一种宏伟壮丽的自然景观。王希孟在这幅作品中运用了精细的线条和层次分明的色彩，通过细腻的笔触和精巧的构图，展现了一种超然物外、恬静淡远的意境。在《千里江山图》中，王希孟通过对自然景观的高度概括和艺术化处理，再现了自然的形态，传达了一种与自然和谐共处、超越尘世纷扰的精神追求。此外，画中的人物虽然只是点缀，但却巧妙地映射出人与自然的关系，体现了人在自然面前的渺小和自然界的伟大。通过这种对比，王希孟不仅展现了自然的壮丽，也表达了一种人文哲思，即人应当保持谦卑、顺应自然，寻找内心的宁静和平和。

（3）展子虔的《游春图》

展子虔是隋朝时期杰出的画家，以其精湛的山水画技艺闻名于世。他的作品深受文人画风格的影响，注重表达画家的主观情感和对自然美的深刻体会。展子虔的画作不仅追求形式上的美感，更重要的是追求一种"画外有情"的艺术境界，即在画面之外还有更深层次的情感和哲理内容，使得观者在欣赏画面的同时，能够感受到画家的情感世界和精神境界。《游春图》是展子虔极具代表性的作品之一，画面以山川树木为背景，描绘了人物在春天自然中游乐的情景。画面传递出浓郁的春天气息，山清水秀，绿树成荫，处处洋溢着勃勃生机。画中人物或漫步或停留，或相聚交谈，形态各异，生动传神，人物的活动与周围的自然景观相得益彰，展现了人与自然和谐共处的理想状态。

在《游春图》中，展子虔巧妙地将自己的主观情绪融入了山水树木和人物的描绘之中，使整幅画作不仅是一幅静态的自然风景画，更是一曲赞美春天和生命的诗。画家通过细腻的笔触和恰到好处的色彩搭配，表达了对春天

无限的热爱和向往，以及对自然美的深刻感悟。画面中的每一处细节都透露出画家对美好生活的向往和对自由自在生活态度的追求，使观者能够在欣赏美景的同时，感受到画家的情感共鸣和精神追求。

2. 西方绘画中的意境

从文艺复兴时期开始，西方绘画便开始注重对现实世界的观察和再现，而到了 19 世纪末，随着印象派和后印象派的兴起，画家们越来越关注光影的变化、色彩的运用及主观情感的表达，这为梵高、莫奈等艺术家探索新的表现手法和意境营造提供了良好的土壤。

（1）梵高的《星空》

文森特·威廉·梵高这位后印象派大师，以其强烈的色彩、狂热的笔触和充满情感的作品而闻名于世。《星空》是他 1889 年在法国圣雷米的精神病院创作的。这幅画不仅是夜空的描绘，还是梵高内心世界的直接反映。

在《星空》中，梵高运用了旋涡状的星云和炽烈的星星，以及充满动感的蓝色和黄色调，表达了他对宇宙的无限追问和对生命意义的深刻思考。画中的旋涡不仅代表了夜空中星辰的流动，也象征了梵高内心的风暴和狂热。他通过这种强烈的视觉效果，传达了一种超越现实的情感和精神状态，使得《星空》成为一幅充满哲学意义和深刻情感的作品。

（2）莫奈的《日出·印象》

奥斯卡-克劳德·莫奈是法国印象派画派的创始人之一，他的作品《印象·日出》创作于 1872 年，是印象派命名的起点。这幅画描绘了勒阿弗尔港口的日出景象，但莫奈的关注点并不在于具体的景物描绘，而是光影和色彩的变化。《印象·日出》以其独特的笔触和色彩运用，捕捉了日出时分光线和雾气交织的瞬间美感，展现了一种瞬息万变的自然景观。《印象·日出》的意境在于它突破了传统绘画对形象的精确描绘，转而关注光与色的即时印象。莫奈用色彩和光影的细腻变化表达了自己对自然美的深刻感受和独到见解。这幅画不仅是对一个具体时刻自然景观的记录，更是对时间流逝、光影变幻的哲学思考。通过这幅画，莫奈传达了一种生活在当下、感受瞬间之美的生活态度，同时展现了印象派追求光与色即时感受的艺术理念。

（三）书法中的意境

中国书法是一种高度抽象和富有表现力的艺术形式，以独特的方式传达着书法家的情感和意志，它能够通过笔墨的流动与停歇、线条的粗细与转折，以及纸张的留白，构建出一种节奏感和空间感，使得静态的文字跳跃起来，呈现出生命的动态美。书法与绘画的内在联系，体现在它们共同追求的"韵味"和意境上。古人认为书画虽形态不同，但精神共通，都力求通过艺术的形式，传达出作者的情感和哲思。书法通过笔墨的变化、空白的留存，表达一种无形的情感和意境，这与绘画用色彩、线条来描绘对象的方式异曲同工。两者都在艺术创作的过程中经历酝酿构思和灵感迸发的阶段，力求在有限的形式中表达无限的意境。在书法艺术中，书写与内容的统一尤为重要。一笔一划都承载着书法家的情感和思维，通过对文字形态的把握和运笔的控制，以情动心，以境引人。书法的意境不仅局限于文字所传递的直接意义，更在于书法家如何通过笔墨的运用，将个人的情感和对生活的感悟融入每一个字中，使观者在欣赏文字的同时，也能感受到背后的情感和意境。章法布局和留白的艺术是书法意境营造中的另一个重要方面。好的书法作品，不仅在于字的书写本身，更在于整个作品的布局和空间的处理。适当的留白，可以给予观者无限的想象空间，使作品具有更深的意境和更丰富的层次感。这种通过空白美来增加作品意境的做法，体现了中国书法独有的空间美学。中国书法之所以能够跨越时空，成为一种长盛不衰的艺术，正是因为它超越了文字的表面，触及了更深层的精神和情感世界。在书法的线条中，不仅能看到中国人的气韵和情感，更能体会到那种源远流长、醇厚绵长的文化韵味和美学追求。

（四）音乐中的意境

音乐被认为是一种能够直接触及人心灵深处的艺术形式，其意境的创造成为衡量一部作品艺术价值的重要标准。艺术家们通过对音乐元素，如节奏、旋律、音响和音调的巧妙组织，将音乐构建成有机和谐的整体。在这个过程中，意境的营造是艺术家在与外界接触中，通过突然的领悟和心灵的震动而诞生的深层次情感和哲学思考的体现。

古曲《阳关三叠》便是意境创造的典范，这首曲子通过悠扬的旋律和含蓄的情感，表达了离别时的深切惆怅和浓烈愁思，使得聆听者能够深切感受到那种离愁别绪，激起人们心中的共鸣，甚至泪水，展现了其独特的艺术感染力。音乐创作中的意境营造可以通过多种手法实现。首先是"情随景生、情景交相辉映"，这种手法通过音乐与具体景象的结合，让情感与景物相互映照、相得益彰。其次，"移情入景、借景抒情"也是一种常见的方法，音乐家们往往通过对外界景物的描绘，引发内心情感的共鸣，以景物为媒介传达深层次的情感。最后，"体贴物情、物我交融"要求艺术家深入物与我之间的内在联系，将自己融入音乐中，通过音乐表达与景物、情感的和谐统一。这些手法的成功运用，关键在于艺术家能否深刻理解所要表达的"物情"，并将其通过音乐的形式，自然而然地融入作品之中，使得音乐不仅是声音的组合，而且是情感和思想的传递者。贝多芬的第六交响曲《田园》以其独特的音乐语言，巧妙地勾勒出了一幅充满生机的自然风景画。在这部作品中，贝多芬通过自然景观，传递出一种人与自然和谐共处的理想境界。《田园》的每一个音符，都仿佛是大自然的呼吸和心跳，使人们能够透过音乐，感受到自然界的温暖怀抱和无限美好。贝多芬巧妙地运用了弦乐组的柔和旋律，营造出潺潺流水的宁静画面。流水的声音似乎在耳边轻轻诉说，带领人们进入一个遥远而又祥和的田园世界。而小提琴断续的旋律，则如同溪边的倩影，静静地、优雅地在水边徘徊，显露出一种超脱尘世的静美。更为神奇的是，贝多芬通过管乐器的精妙配合，完美地模仿出了夜莺、鹌鹑和杜鹃的鸣叫声，这些自然界的声音，与乐曲中的旋律交织在一起，形成了一首充满诗意的田园交响曲。贝多芬在《田园》中的音乐创作，展现了他对自然的深刻理解和热爱。通过精心的音乐构造和细腻的情感表达，让人们感受到了人与自然和谐共生的美好愿景。

二、园林的意境

中国古典园林美学的核心在于追求一种融合了自然景观与人的情感的意境。在园林的设计与欣赏过程中，园林造主通过对自然元素的精心选择和

布局，赋予景观以深刻的情感和思想，使得游人在欣赏这些景观时能够产生情感的共鸣，触发内心深处的思考，既是对自然美的一种高度概括和凝炼，也是对人生哲理的一种深刻反映。在中国古典园林中，每一处景观的设计都不是偶然的，而是蕴含着丰富的文化内涵和情感表达。从飞檐翘角的亭台楼阁，到曲折蜿蜒的小桥流水，再到那些含义深远的楹联和古色古香的文物，每一处都是造园师深思熟虑的结果。他们利用自然的材料和人工的艺术，通过借景、障景、框景、虚景等手法，将有限的空间转化为一处处充满生机与意韵的景观。在园林中的每一处景观，都能根据不同的时间、天气和个人情感，展现出不同的美。无论是细雨蒙蒙的春日，还是白雪皑皑的冬天，园林中的每一处景致都能激发人们不同的情感体验，正如园林中的诗词匾联，不仅美化了环境，更是情感和文化的传递，它们如同一座座桥梁，连接着过去与现在，将游人的情感引向深远。

园林意境的创造手法主要有以下五种。

（一）以师法自然为法则

在我国古典园林设计中坚持以师法自然为法则，具体是通过模拟自然景观的形态和精神，创造出一种既真实又理想化的自然环境，让人在其中游览时能够感受到自然的真实之美以及超越现实的诗意情境。在实践中，设计师通过精心的布局和选择，使园林中的每一石、每一水、每一植被都成为自然美的一部分，同时又融入人的审美和情感。在这样的园林中，山不仅是山，水不仅是水，它们还是人与自然和谐共处的象征，是文化与自然完美融合的产物。中国园林的叠山理水，追求的是一种"虽由人作，宛自天开"的自然境界。这种境界的实现，需要园林设计师深入观察自然界的规律，理解自然元素的内在联系，然后通过人工的手段巧妙地模拟这些自然规律，创造出既符合自然美感又能引起人深层情感共鸣的景观。例如，通过对山石的精选和布置，营造出峰回路转、山重水复的景致；通过对水系的规划和设计，形成潺潺流水、清波不息的宁静氛围。此外，以师法自然为法则的园林设计还强调天然野趣的营造。这种野趣不是野蛮或未经雕琢的自然状态，而是一种经过艺术加工、能够激发人们对自然本真美感的欣赏的自然状态。园林中的假

山、水池、植物等元素，都经过巧妙的设计和布置，旨在引发游人内心的共鸣，体验到一种返璞归真的生活方式和心灵的平静。

（二）构建一池三岛，构造人间幻境

在中国园林艺术中，构建一池三岛的设计理念源自古代中国对仙境的向往，尤其是道教中对蓬莱、方丈、瀛洲等神仙居住地的想象。通过在园林中模拟这些神话中的仙岛，旨在创造出一个超脱现实、理想化的空间，让人们在繁忙的世俗生活中寻找到一片精神的净土。一池三岛的布局手法，通过在广阔的水面中设置几处小岛，利用水体和岛屿之间的视觉和空间关系，巧妙地利用了水的流动性和开阔性，使得园林的景观层次更加丰富、视觉效果更加深远。当游赏者行至岛上，四周被碧波环绕，仿佛置身于一个遥远的神仙居所，从而达到了离尘去俗、心灵得到净化的境界。此外，一池三岛的设计是造园主追求超然物外生活态度和哲学思想的体现。通过这样的园林布局，造园主希望表达出自己自然和谐、返璞归真的生活理念，以及身处尘世而心向往仙逸的精神追求，体现了中国古典园林的深层美学追求，即通过园林艺术的营造，达到人与自然和谐共生、心灵得到释放和升华的目的。

（三）模仿名山胜景，追求诗情画意

中国园林在模仿名山胜景、追求诗情画意是通过园林空间让游人体验到诗、画、书法的精髓，实现了一种超越物质形态的精神交流和文化传承。中国园林利用山水植被的布局，巧妙地再现了自然界中的名山大川，例如，江南园林中常见的小桥流水、奇石假山，都是试图捕捉自然界的神韵，将自然美景的精华凝聚于园林之中，使园林不单是一个观赏的场所，而是成为一处能够让人沉浸于自然之美、体会自然和谐的空间。更为独特的是，中国园林在表现形式上将传统文化艺术附着于各种建筑形式上，尤其是楹联的运用，承载着丰富的文化内涵，游人通过阅读这些楹联可以触景生情，体会到一种深层的文化美和艺术美。例如，苏州的拙政园和留园便是这种艺术追求的杰出代表。拙政园中的"与谁同坐轩"，留园的"长留天地间"为园林的某个景点命名，赋予了这些景观以深刻的文学意境和哲思，使游

园者在欣赏美景的同时，也能感受到一种超越视觉的文化与艺术的享受。

（四）借鉴文化典故，展现隐逸生活

中国古典园林艺术的精髓，在于其深深扎根于丰富的民族传统文化之中，巧妙地将文化典故和神话传说融入园林设计之中，传达了一种隐逸生活的理想，反映了园主对自然和谐、人生自由的向往。以"濠梁观鱼"为例，这一取自庄子哲学思想的典故，在杭州西湖的玉泉鱼乐国得到了精妙的再现。通过在园林中设置观鱼景点，为游人提供一处清幽的休憩场所，并且巧妙地引入了庄子逍遥隐逸、与万物共生共息的哲学理念，既是对古代文化精神的一种追慕，也通过临池观鱼这一行为，传达了一种怡情悦性、亲近自然的生活态度。中国古代许多名园的主人，往往是仕途不顺、心怀抱负却难以施展的士大夫。在复杂的社会环境和人生困境中，他们选择通过营造一处"城市山林"，来寻找心灵的慰藉和精神的自由。苏州拙政园便是这一理念的典型代表，其园林设计充满了遁世归隐的意境，通过小桥流水、亭台楼阁等元素，营造出一个隔绝尘嚣、回归自然的空间，让园主和游人都能在这里找到内心的平静和自由。

（五）强调比德思想，突出人化景物

在中国古典园林艺术中，"比德"思想的运用是一种审美手法和深刻的文化表达。"比德"思想源自中国传统文化中的儒家思想，特别是《诗经》中的比兴手法，通过对自然景物的拟人化处理，赋予其特定的品格和情感，从而使这些景物成为传递人类情感和道德理想的载体。在中国古典园林中，山水、泉石及松、竹、梅、兰等自然元素，常常被赋予高洁、坚韧、纯洁等品格。例如，竹子以其坚韧不拔的特性，象征着高洁的人格和不屈的精神；梅花则因其在严寒中独自开放的品质，成为坚韧和纯洁的象征。通过这些富有象征意义的植物，园林不仅展现了自然之美，更深层次地表达了人的精神追求和道德理想。通过拟人化手法赋予自然景物以人类品格的做法，使得园林中的每一山一水、每一草一木都充满了生命力和情感，成为托物寄兴、借景抒情的审美对象。当人们在园林中漫步时，能感受到一种情景交融、意境融合的美感，引发了人们对于生命、对于自我、对于道德理想的深刻思考。

此外，"比德"思想的运用，还体现了中国园林艺术中主客观之间的相互感应和交流关系。园林中的自然景物不再是孤立的客观存在，而是与人的情感和理想紧密相连的审美对象，强化了园林的艺术感染力，使园林成为一种能够引发情感共鸣、提升精神境界的空间。

三、建筑的意境

在中国传统美学中，"意境"占据着至关重要的地位，是许多杰出艺术作品背后的理论支撑，是一种独特的审美追求和表现形式，强调通过艺术创作营造超越直观感受的精神空间和情感氛围，从而引发观者深层次的情感共鸣和思想共鸣。在建筑领域，意境美的追求同样具有重要意义，将建筑形式美的各个要素提升到一个新的层面，通过与空间、环境、氛围等元素的巧妙结合，赋予建筑更深的文化内涵和更强的情感表达力。梁思成作为中国现代建筑学的奠基人之一，最早提出了"建筑意"的概念，将其与"诗意""画意"等艺术形式中的意境理论相并列，从而开辟了建筑学研究中一个全新的视角。他认为"建筑意"或"建筑意境"是情感和精神上的沟通与交流，该理论的提出，为后来的建筑师和学者研究建筑与人的情感联系、建筑与环境的和谐共生提供了理论基础，强调了建筑不仅要追求形式上的完美，更要注重内涵的丰富和情感的传达。

梁思成将"建筑意"以散文的形式娓娓道来，其文笔之优美吸引众多学者深入探讨。侯幼彬在其著作《中国建筑美学》中，以"意"为核心，细致解析了"意象"与"意境"的概念，为理解"建筑意"提供了更为细腻的视角。吴良镛先生则将中国建筑文化与西方理论进行对比研究，巧妙地将"建筑意境"与诺伯－舒茨提出的"场所精神"相联系，为东西方建筑美学的融合提供了新的思路。宗白华对建筑意境的解读则更为深邃，强调其不仅反映了主体的情感与意志，而且是一种深层的象征境界。

在这样的理论背景下，吴良镛先生的创作实践——孔子研究院，便是对"建筑意境"设计理念的具体体现。孔子研究院的设计旨在捕捉"建筑意"的精髓，营造出一种古朴和谐的空间氛围。设计师通过对空间布局的精心组

织、对材质和色彩的考究选择，以及对光影和流线的巧妙运用，使整个建筑群落呈现出一种宁静致远、简约而不简单的美学特质。

"建筑意"的代表性表达观念有以下四种。

（一）历史感

人类自古以来便在历史的长河中寻找自我定位，通过对过往的回望与思考，以期在宇宙的广阔与人生的有限之间找到平衡。孔子曾站立于黄河之畔，目睹江水东流，感慨万千地说出"逝者如斯夫，不舍昼夜"的名句，表达了对时间流逝无情、人生易逝的深刻认识。这既是对自然现象的描绘，也蕴含了对人生哲理的思考，展现了时空交错下的意境美。

在建筑艺术领域，虽然无法像文学作品那样直接描绘人的情感和生命故事，但通过对空间与形态的巧妙构思，同样能够营造出充满历史感的场所，让人们在其中感受到时间的厚重与文化的积淀。这样的场所不单单是物理空间的堆砌，它通过激发人们的记忆与想象，成为连接过去与现在、个体与宇宙的纽带。在这些充满历史感的建筑之中，每一砖一瓦、每一曲一线都仿佛诉说着过往的故事，引发人们对生命意义的思考，达到了一种超越日常生活的精神体验。

（二）空灵

意境的空灵美在于其给予人无限的思考与想象空间，它通过虚实相生、动静相宜的艺术手法，营造出一种超越物质界限的精神境界。在孔子研究院的设计中，空灵的体现尤为突出，每一处设计都是对空间和形态深思熟虑的结果，旨在引发人们深层的情感共鸣和思考。辟雍广场的平静水面，如同一面镜子，映照着天空和四周的景物，提供了一种静谧而广阔的视觉和心灵体验，使人们在繁忙的生活中找到一片宁静的港湾。而檐口下的深远柱廊，以其独特的结构和光影效果，创造了一种历史与现实交融的感觉。走在柱廊之间，仿佛穿越时空，体验着从古至今的文化传承与对话。屋檐上飞动的凤凰，作为中华文化中的吉祥象征，它的形象不仅给建筑增添了生机与活力，更是象征着高洁和美好的愿景。这样的空灵之美，在孔子研究院的设计中得到了完美的体现。

（三）曲折

在中国园林的设计哲学中，曲折作为一种物理形态的展现，体现了中国文化中的含蓄与追求意境之美，巧妙地引导着参观者的步伐与视线，通过不断变化的景观和视角，激发出探索未知的好奇心。在孔子研究院的环境规划与设计中，这一理念得到了精心的体现与应用。设计师通过对广场空间的巧妙布局和轴线的灵活转换，既保持了空间的开阔感，又避免了单调乏味，使得每一步行走都充满了惊喜，每一次抬眼都有不同的风景，是对现代空间设计理念的一种创新与突破，体现了设计师们对于传统与现代相结合的深刻理解和独到见解。通过这样的设计手法，孔子研究院的环境不仅成为一个静谧优雅的学术研究场所，更是一个能够让人沉思、启发思考的空间艺术作品。

（四）单纯

单纯的形式更加"真"。以广场牌坊的设计为例，其借鉴了汉式建筑的简洁之美，摒弃了明清时期建筑的繁复装饰，转而采用了更加单纯、纯粹的设计语言。这种设计体现在牌坊的总体轮廓上，更贯穿每一个细节，如棂星门的简化处理和方圆结合的装饰母题，这些都是对单纯美学的深刻理解和巧妙应用。单纯性在建筑设计中的应用，远不止于形式的简化，在孔子研究院的建筑环境中，这种设计理念得到了充分的体现。设计师通过简洁而不失庄重的建筑形式，营造出一种"圣地感"，让每一位踏入此地的人都能感受到生活的灵气和浓厚的文化气息，展现了中华民族和谐与美的独特魅力。从建筑学的角度来看，单纯性的应用是一种对"建筑意"的深刻表达。

通过对建筑学者们对"建筑意"的研究及孔子研究院的设计实践的分析，本书认为建筑意境的建构关键在于以比兴手法赋予建筑灵魂、灌注情趣。下面是比兴手法的三种原则。

1. 材质的比兴原则

（1）选用天然材质，不雕不饰

天然材质（如木、石、贝壳）它们携带着大自然的印记，其独有的质感

与色彩，无须过多加工便能呈现出令人赞叹的美。这种材质的选择，不仅是对自然之美的尊重，更是建筑与自然和谐共处理念的体现。例如，木材不仅因其天然纹理而被广泛应用于建筑中，其在文学与艺术中的象征意义也赋予了建筑更加丰富的文化内涵。

（2）选用乡土材质，自明本色

乡土材质（如红砖、青砖、青瓦）实际上是在探索与地域文化紧密相连的建筑语言，这些材质的选择反映了对当地环境条件、历史背景和文化传统的深刻理解，为建筑提供了一种独特的视觉与触觉体验，更是一种文化的延续和表达。例如，使用红砖可以让人联想到欧洲古老的城镇，而青砖青瓦则能唤起对东方古典建筑的记忆。

（3）选用现代材质，强化美学意趣

现代材质的使用，如混凝土、玻璃、钢材，为建筑设计提供了更多的可能性。材质的特性，如混凝土的塑形能力、玻璃的透光性及钢材的强度与轻盈，都极大地扩展了建筑的形式与功能的界限。现代建筑大师们通过对这些材料的创新应用，不仅展现了建筑技术的发展，更通过材质与光影的交互，创造出充满现代美学意趣的空间。例如，安藤忠雄通过使用磨砂玻璃与混凝土，创造出了既现代又充满禅意的空间，既展现了材质本身的美感，也赋予了建筑深邃的文化意义。

2. 光影的比兴原则

光作为建筑中最生动的元素之一，其变化无穷的特性使得它成为连接生命与时间的桥梁。在光的捕捉与演绎上，安藤忠雄的"光之教堂"提供了一个绝佳的例证。在这里，光不仅是自然界的一种现象，更是一种精神的象征。通过混凝土壁体顶部的圆环带状缝隙，光线被巧妙地引入室内，形成了一种几乎是神圣的氛围。这种设计不仅是对光的物理捕捉，更是对光作为时间流逝载体的哲思。随着时间的推移，光线在空间中的角度和强度会发生变化，带给人们关于时间流逝的直观感受，同时激发了对于生命本质的深层次思考。

3．空间的比兴原则

空间的比兴原则通过对原型空间的深入体验和理解，将这种体验转化为具体的建筑形态，强调空间与人的互动性，认为建筑空间应该是能够引发观者情感共鸣和思考的场所。好的建筑空间，能够激发人们内心深处的记忆，唤起情感上的共鸣，从而产生一种超越日常经验的体验。从这个角度来看，建筑艺术的创作是精神与情感层面的探索，通过对光影与空间的巧妙运用，建筑师可以创造出充满情感与思考的艺术作品。在这个过程中，建筑师如同诗人一般，用光影和空间作为语言，编织出一首首关于时间、记忆和生命的诗篇。

综上所述，通过深入探索古典文论、文学、绘画、书法、音乐、园林和建筑中的意境概念，可以理解这些艺术形式如何巧妙地运用意象和情感的交织，创造出独一无二的审美境界。这种跨领域、多维度观察方法，意在通过不同艺术领域的相互借鉴与融合，丰富现代室内设计的艺术表达和文化底蕴，更为设计师提供了源源不断的创作灵感和坚实的理论支持。因此，在现代室内设计实践中，设计师应秉持探索与创新的精神，借鉴不同艺术领域中的意境营造手法，与现代设计理念和技术相结合，创造出既具独特艺术魅力又充满意境的室内空间环境，为人们带来更为丰富多元的审美体验。

第三节　现代室内空间意境营造的原则与方法

一、现代室内空间意境营造的原则

（一）和谐统一原则

在现代室内设计中，和谐统一原则是营造空间意境的基础，要求设计师在空间布局、色彩搭配、材料选择、光影运用等方面追求一种内在的一致性和协调性。

从宏观的角度来看，空间布局是实现和谐统一首要考虑的因素。一个

成功的空间布局应当考虑到功能的合理分配和空间流动的自然性。例如，在一个居家环境中，生活区、休息区和工作区的合理划分，满足了居住者的功能需求，通过过渡区域的巧妙设计，如走廊或开放式布局，将这些功能区自然而然地联系起来，形成了一个既分隔又统一的整体，提高了空间的使用效率，营造了一种和谐统一的生活氛围，使居住者在其中感到自在和舒适。

在微观的层面，色彩搭配是实现和谐统一的重要手段之一。色彩对人的情感和心理有着直接的影响，合理的色彩搭配能够营造出和谐舒适的空间氛围。通过对色彩的精心选择和搭配，如采用同色系的渐变、对比色的巧妙运用或中性色与亮色的搭配，可以使空间既富有层次感又不失和谐。以温馨的居家环境为例，使用温暖的木质色彩搭配柔和的灰白色调，再点缀以绿植或艺术装饰品，增加了空间的温暖和活力在色彩上形成了一种和谐统一的感觉，让人在其中感受到家的温暖和舒适。

材料选择和光影运用也是实现和谐统一不可或缺的方面。不同的材料有着不同的质感和色彩，恰当的材料搭配可以增强空间的质感，营造出丰富而和谐的视觉效果。同时，光影的运用更是为空间增添了动态的美感。设计师通过自然光的引入和人造光的布局，创造出既有层次又有节奏感的光影效果，让空间在不同时间段展现出不同的氛围。

（二）对比与平衡原则

对比是一种通过强调差异来吸引注意力的设计手段。在室内设计中，对比可以是色彩的对比，例如，使用冷暖色彩来创造视觉焦点；也可以是形状的对比，例如，将流线型的家具与几何形态的装饰品相搭配；还可以是质感的对比，例如，将粗糙的天然材料与光滑的现代材料并置，丰富了空间的视觉层次，加强了空间的表现力，使得空间不再单调，而是变得生动和有趣。例如，在一个以白色为主调的客厅中，一面深色的墙面或一件鲜艳的艺术品就能成为视觉上的亮点，打破空间的单一感，为空间增添活力。日本建筑师安藤忠雄设计的"水之教堂"，利用其独特的空间布局和材料对比，创造出了一个充满神圣和宁静氛围的室内空间。教堂主体采用了大量的透明玻璃，

与周围绿意盎然的自然环境形成鲜明对比，内部使用了光滑的水面反射天光，与外部粗糙的自然石材墙面形成对比，材料和纹理的对比增强了空间的视觉层次，更在视觉和情感上营造了一种介于自然与人造之间的和谐。同时，教堂内部的光线通过精心设计的开口进入，与内部水面上的光影相互作用，形成动态变化的光影效果，光与影的对比使得整个空间充满了生命力和动态美，同时营造出一种宁静祥和的氛围，让人在其中能够感受到时间的流逝和生命的静谧。此外，教堂的内部空间采用了开放式设计，与传统教堂相比，这种设计在视觉上更为宽敞明亮。空间中的座位和祭坛的布置简洁而有序，与周围复杂的自然景观形成对比，强调了人与自然的和谐共处，在精神层面上提醒人们对自然之美的敬畏。

平衡则是对比的调和，是在空间设计中通过巧妙地布局和安排，达到视觉和情感上的稳定状态。平衡可以是对称的，也可以是不对称的。对称平衡通过在空间的两侧布置相同或相似的元素来实现，给人以稳重和正式的感觉；而不对称平衡则通过不同元素的有意安排，创造出更为自由和动态的空间感受。不对称平衡虽然在形式上不均等，但通过颜色、质感、大小等方面的巧妙搭配，仍然能够达到一种视觉上的均衡感，提高了空间的美学价值，更重要的是赋予了空间更多的个性和表现力。一个成功的设计应该是能够在视觉上吸引人，同时能在情感上触动人，让人在其中感到舒适和愉悦。这要求设计师在创造对比的同时，要精心考虑如何通过平衡来调和对比，使得空间既有趣味性又不失和谐感。例如，在使用鲜艳色彩或大胆图案时，可以通过在空间中增加一些中性色彩或简单的线条元素来平衡，确保空间整体上既有活力又不过于杂乱。

（三）节奏与律动原则

节奏作为一种重复或变化的序列，是音乐、诗歌和视觉艺术中常见的元素，其在室内设计中的应用，能够通过形态、色彩、光影等元素的有序排列和变化，引导视线和动线，营造出一种视觉上的流动性。设计师通过控制这些元素的间距、大小、方向和频率，创造出不同的节奏感，如规则节奏、渐进节奏、交替节奏，每一种节奏都能激发出不同的空间感受和情绪反应。

律动则是节奏在时间和空间中的延展，它不仅体现在视觉元素的重复与变化上，更体现在空间整体的流动性和动态平衡上。律动在室内设计中的体现可以是空间布局的动态对称，也可以是光线和影子随时间变化的舞动，或是材质和色彩在空间中的渐变流转。这种动态的律动效果，能够使空间的使用者在移动或停留时感受到一种隐约的时间流逝感，增强空间的情感深度和体验丰富性。在一个居住空间中，设计师可能会利用自然光的变化，在白天到夜晚之间创造出不同的光影律动，或者通过开放式布局和灵活的家具摆放，使得居住者在使用空间时有更多的可能性和自由度，体验空间的动态变化。将节奏与律动原则应用于室内设计中，要求设计师具有敏锐的观察力和创造力，能够洞察空间的潜在动力，通过细节的处理和整体的布局，营造出既有序又富有变化的空间体验，涉及对形态、色彩、材质等元素的精心安排，对光线、视线和动线的深思熟虑，以确保空间既能满足实用功能，又能激发使用者的情感共鸣和创造力。

（四）寓意与象征原则

寓意在室内设计中的应用，通常是指通过空间的设计元素和布局，隐喻或直接表达某种特定的意义或概念，要求设计师深入理解空间的使用目的和用户的需求，从而在设计中巧妙地融入寓意元素，使空间满足日常的功能需求，在精神层面与使用者产生共鸣。例如，在设计一个图书馆的室内空间时，可能会选择螺旋上升的楼梯和开放式的书架布局，寓意着知识无穷无尽且层层递进的特性，提升空间的视觉效果和使用功能，激励使用者在知识的海洋中不断探索和上升。某些材料和色彩因其文化背景和心理效应，常常被赋予特定的寓意。例如，木材因其温暖和自然的特性，常用来营造舒适和安心的氛围；而蓝色因其能够让人感到平静和集中注意力，经常被应用在办公室和学习空间的设计中。通过这些带有寓意的材料和色彩的选择，设计师能够在无形中影响使用者的情感和行为，使空间的设计更加丰富和多层次。

象征则是通过具体的设计元素，如图案、装饰品、艺术品，代表或暗示某种抽象的概念、情感或价值观。与寓意相比，象征往往更加直观和明确，

它能够直接引发观者的联想和情感反应。在室内设计中运用象征，可以使空间的每一个细节都充满意义，让使用者在日常的使用过程中，不断发现和体验设计背后的深层含义。例如，在设计一个纪念馆或博物馆的室内空间时，通过特定的象征性元素，如历史人物的雕像、特定事件的图像或符号，来表达对历史的尊重和纪念，能够让参观者在视觉和情感上与历史事件产生联系，激发对历史的思考和共鸣。同时，象征的运用也是一种情感和文化的表达。在不同的文化背景中，同一种设计元素可能会有着不同的象征意义。设计师通过对象征意义的深入理解和敏感把握，可以创造出既符合当地文化特色，又能触动人心的空间设计。

二、现代室内空间意境营造的方法

（一）室内空间形态与空间意境的营造

室内空间形态与空间意境的营造是现代室内设计中一项极富挑战性和创造性的任务。设计师通过对空间尺度与形态的精心规划，能够引导人们的情感方向，营造出具有深刻印象的空间体验。室内空间的意境感受，是在尺度与比例、开阔与封闭、丰富与单一、人工与自然、有序与错乱、动态与静态等元素的综合作用下形成的。这些元素不单独存在，而是相互交织，共同塑造空间的气质和情绪。

1. 尺度与比例

尺度与比例是空间设计的基石，直接影响人在空间中的感知和体验。一个高挑宽敞的大厅能够给人带来庄严肃穆的感觉，而一个低矮紧凑的房间则能够营造出亲密安全的氛围。以中国历史博物馆的设计为例，博物馆的外观设计采用了宏大的尺度和严谨的比例，使得整个建筑群体显得庄严而威严，如同静静讲述着历史的沧桑与文化的深度。博物馆内部空间的设计，则通过细长而狭窄的空间布局，引导参观者沿着既定的路径前进，空间的延伸感和方向感，让人们在参观过程中，仿佛在时空隧道中穿梭，经历一次次历史的回溯和文化的探寻。设计师通过对空间尺度的把握，可以控制人们在空间中的心理感受，例如，通过提高天花板的高度和使用大面积的窗

户来增加空间的开阔感，或者通过降低空间的比例和采用柔和的照明来营造出温馨舒适的环境。

2. 开阔与封闭

开阔的空间设计通常采用少量隔断和界线，利用大面积的玻璃窗墙或开放式布局来扩展视觉感知的边界，使室内空间与外部景观、自然光线无缝连接。例如，朝向美丽庭院的开放式客厅，为居住者提供了一个观赏自然美景的平台，是一个与家人朋友交流聚会的理想空间，强化了空间的社交属性，营造了一种轻松愉悦的氛围。与之相对，封闭的空间设计通过使用墙面、隔断或低矮的家具来界定空间的边界，创造出一个相对独立和私密的环境，如书房、卧室或冥想室，适合需要集中注意力或寻求心灵宁静的使用者。在这些空间中，封闭的设计不仅保障了使用者的隐私，还通过营造出一种安全和宁静的氛围，帮助人们摆脱外界的干扰，更好地沉浸在个人活动或休息中。通过精心设计的光源和材质选择，封闭空间同样可以成为一种情感的港湾，让人在其中找到平静与安宁。

3. 丰富与单一

在采用丰富的空间形态设计中，往往运用多样的几何形状、层次分明的空间布局及多变的材料和纹理，创造出充满活力和动态感的室内环境。在视觉上提供了丰富的刺激，引发人们的好奇心和探索欲，鼓励人们在空间中进行互动和体验。例如，一个包含阶梯式座位区、各种高度悬挂的灯具及不同纹理墙面的公共休息空间，能够吸引人们停留和交流，营造出一种社交和共享的空间氛围。相对而言，单一的空间形态设计则倾向于使用简洁的线条、统一的材料和色彩及最小化的装饰，营造出一种宁静和纯粹的空间氛围。这种设计手法通过减少视觉上的干扰，帮助人们聚焦内在体验和个人情感的沉淀。在一个以单一色彩调和简约家具为主的居住空间中，人们能够更容易地放松心情，沉浸于个人的思考和休息之中。

4. 人工与自然

通过引入自然元素，如室内植物、水体、使用自然光等，空间变得生动起来，和谐地连接了室内外的环境，创造出一种既宁静又充满活力的氛围。

室内植物的运用是连接人工与自然最直观的方式。不同的植物可以带来不同的空间感受，例如，竹子和盆栽的绿植不仅能够为室内带来一抹生机，也具有净化空气的功能。植物的摆放位置和方式也极富匠心，既可以作为空间的焦点，也可以巧妙地作为自然的隔断，增加空间的层次感和视觉趣味。水体的引入，无论是小型的室内喷泉还是水墙，都能够为室内空间增添一份清新和宁静。水流的声音和视觉效果为室内营造出一种平和的氛围，仿佛让人置身于自然之中，远离都市的喧嚣。水体在视觉上还能反射光线，为室内带来更多光影变化，增强空间的动态感。自然光的运用则是人工与自然元素结合的另一层面。设计师通过巧妙的窗户设计和布局，最大限度地引入自然光线，使室内空间明亮且温暖，提升空间的舒适度。在不同时间段，随着光线的变化，空间的氛围也会随之变化，让人感受到时间的流逝，增强了空间的生动感和时间感。

5. 有序与错乱

有序的空间布局通常给人带来一种清晰和安定的感觉，通过合理的空间规划、对称的布局及简洁的线条，营造出一种和谐统一的氛围，有序的空间能够让人感到舒适和安心，是放松和沉思的理想场所。例如，书房或者图书馆中，书架的规整排列、阅读区的安静氛围，都是有序设计带给人的直观体验，不仅有利于提高效率，更有助于人们在精神上达到一种平和的状态。相对于有序，适度的错乱则能够激发人的好奇心和探索欲。在某些空间中，设计师故意打破常规，采用不规则的布局、混搭的家具风格或是不同材质的碰撞，以此来创造一种新奇和惊喜的感觉，激发人们的好奇心，促使人们去探索空间的每一个角落，发现其中隐藏的细节和美。错乱中的有序、无序中的规律，使得空间呈现出一种独特的美学价值，同时反映了设计师对生活多样性的理解和尊重。

6. 动态与静态

动态与静态的设计元素则进一步丰富了空间的表现力。动态的设计，如可移动的家具、智能化的灯光系统以及随风摆动的装饰品，为室内空间带来了变化和生命力，增加了空间的互动性和趣味性，让空间成为一个充

满活力的生活场景，每一次的使用和体验都充满了新鲜感和不确定性。而静态的设计元素，如固定的装饰画、简约的家具及恒定的光源，则为室内空间营造出一种宁静和稳定的氛围，成为人们在忙碌生活中寻找安宁的避风港。

（二）室内陈设与空间意境的营造

室内陈设的设计和布置在营造空间氛围和意境上发挥着至关重要的作用，通过精心地设计和布置陈设物，能够凸显室内设计的整体风格，强化空间意境的表达，为居住者提供了一个既实用又美观，能够激发情感共鸣的生活环境。在室内空间环境的构造中，陈设物的选择和布局反映了设计师对空间的深刻理解和对生活美学的追求。无论是墙面上的一幅画、摆放在角落的一盆植物，还是中央的一件雕塑，每一件陈设品都承载着特定的意义，与空间的整体风格、色彩、材质和尺度相协调，共同营造出一个和谐统一的室内环境。通过对围、透、离、合、露、藏、启、封等元素的巧妙运用，可以优化空间的功能布局，增加空间的趣味性和层次感，让居住者在使用空间的过程中体验到最大程度的自在和解放。成功的室内空间意境营造，在很大程度上取决于陈设品能否与空间的整体风格和氛围融为一体。在选择陈设品时，要考虑其美观性，以及与空间环境的整体协调性，将陈设品自然地融入空间之中，使其既突出了空间的个性，又不失整体的和谐感。例如，在一个简约风格的室内空间中，选择简洁线条的家具和装饰，配以淡雅的色调和质地，可以营造出一种清新脱俗的空间氛围；而在一个充满古典气息的室内空间中，通过摆放一些古董家具和艺术品，可以增强空间的文化底蕴和历史感。

随着时间的推移，室内布置在不断地吸收和融合环境因素与陈列要素的过程中，逐步展现出独特的个性和特征，这一过程是随着时代进步而不断提升的设计格调。室内布置的演变体现了设计师对于空间的深刻理解和创新能力，他们不断探索和挑战，使得室内设计的内涵远远超越了传统美学的范畴，成为承载着丰富象征意义的理念。在这个过程中，通过精心营造的室内陈设布置，巧妙地将室内环境转变为视觉的焦点，吸引着观者的目光，引发人们

对空间的深入思考和情感共鸣，强调室内陈设在布置中的核心作用。在当今强调设计布局、人性化设计理念及艺术灵感的时代背景下，室内陈设的地位日益显著，不再是简单的装饰物品，而是成为连接空间与使用者的桥梁。通过陈设物的精心安排和艺术表达，室内设计不仅为人们提供了一个舒适美观的生活或工作环境，更是让空间成为一种能够激发灵感、传递信息、表达情感的载体。每一件陈设物都可能成为触动人心的艺术品，让人在日常的生活场景中感受到设计的魅力和艺术的力量。

（三）室内环境色彩与空间意境的营造

人类对色彩的感知与理解，从艾萨克·牛顿时代的科学实验到现代色彩理论的深入发展，一直是艺术和设计领域探索的重要内容。牛顿通过实验发现，白光经过棱镜折射后可以分解为七种颜色的光谱，揭示了色彩的物理本质，也为后来的色彩理论奠定了基础。约翰内斯·伊顿进一步发展了色彩理论，创造了色谱环这一模型，通过科学的方法解释了色彩的和谐与对比，为室内设计中色彩搭配提供了理论支持。伊顿强调色彩的视觉效果与心理影响应当被同时体会和理解，这一观点揭示了室内设计中色彩运用的深层次意义。

室内环境色彩作为意境营造的灵魂，通过其独特的语言与力量，影响着人们的情感与心理状态，成为连接物理空间与人内心世界的桥梁。合理的色彩搭配不仅能够激发人们的感官体验，更能引发深层次的情感共鸣，使室内空间充满无限的遐想与感受。由此可知，色彩对于构造空间意境有着很好的效果。

1. 美学功能

色彩的美学功能在于其无穷的变化和组合能够为室内空间带来丰富多彩的视觉体验。通过色彩的对比，如冷暖色彩的碰撞、明暗色彩的搭配，空间能够呈现出鲜明的视觉冲击力，吸引人们的注意力，增强空间的表现力。和谐的色彩搭配则能够营造出平静舒适的氛围，使人感到放松和愉悦。色彩的渐变处理，如由浅入深或由暖转冷的渐变效果，能够为空间增添丰富的层次感和动态美，使空间更加生动有趣。位于挪威奥斯陆的 Fuglen 咖啡馆，以

20 世纪中叶风格装饰的空间，通过对色彩的精心运用，营造出了一种复古而温馨的氛围。咖啡馆内部以木质材料为主，搭配绿色植物和柔和的灯光，营造出了一种自然舒适的感觉。墙面上挂着的复古艺术作品及精选的古董家具，都以温暖的色彩为主，与空间的整体风格和谐统一。这种色彩的运用不仅强调了空间的复古美学，更在情感上与顾客产生了共鸣，使人们在这里能够感受到一种时光倒流的怀旧情怀。Fuglen 咖啡馆的成功展示了色彩在营造空间意境中的重要作用，通过色彩搭配传达出了空间的主题和情感，为顾客提供了一种独特的体验和感受。

2. 展现功能

在展现空间功能方面，色彩的应用更是直接而有效。通过对色彩的精心选择和应用，能够明确区分和强化空间的不同功能区域为使用者提供了情感上的指引和心理上的舒适感。例如，在需要集中精神和平静思考的书房或工作区，设计师往往会选择冷色调，如宁静的蓝色或自然的绿色，这些色彩能够营造出一种安静和专注的氛围，帮助使用者摆脱外界的干扰，更好地进入工作或学习状态。相反，对于需要激发活力和创造力的空间，如工作室或儿童房，则更适合运用温暖而明亮的色彩，如活泼的黄色或充满活力的橙色，这些颜色能提升空间的活力，激发使用者的创造力和想象力。谷歌的伦敦办公室巧妙地应用色彩，成功地营造了既有利于工作效率提升又充满活力的办公环境。在这个空间中，会议区和休息区使用了明亮的色彩和富有创意的装饰，使空间看起来生动有趣，为员工提供了一个充满活力和创意的工作氛围。同时，为了满足员工需要静心思考和专注工作的需求，部分工作区域则采用了更为沉稳的蓝色和绿色，提升了空间的功能性，满足了员工在情感上对于平静和集中注意力的需求。

3. 调节功能

不同的色彩能够引发人们不同的情绪反应，设计师通过对色彩心理学的理解，可以利用色彩对空间进行情绪上的调控。温暖色系的红色和橙色能够激发人的活力和热情，使空间充满了生机和温馨，非常适合餐厅和客厅等社交活动空间。相反，冷色调的蓝色和绿色，带给人宁静和放松的感受，适合

应用于书房、卧室等需要静心的空间，让人在繁忙的生活节奏中找到一丝宁静和安宁。

4. 精神功能

色彩在室内设计中的精神功能是其最为深邃且富有魅力的一面。正如伊顿所言，色彩的真正价值在于其能够引领人们的内心世界达到一种全新的精神境界，将潜藏在心底的梦想和愿景转化为感受得到的现实。通过对色彩深层次意义的挖掘和巧妙应用，设计师能够赋予室内空间以独特的个性和故事，能够让空间成为激发人们精神活动和创造力的源泉。以荷兰艺术家蒙德里安的工作室为例，工作室空间的设计充分体现了色彩的精神功能。蒙德里安以其简约而富有力量的几何抽象作品而闻名，其工作室的设计也遵循了相同的原则，采用了明亮的纯色块进行装饰，例如，红、蓝、黄等基本色彩与黑白相间的线条构成了一种强烈的视觉对比。色彩应用不仅反映了蒙德里安的艺术风格，更在精神层面上与他对抽象美学的追求相呼应，激发了他的创造力和艺术灵感。在这样的环境中，色彩成为连接艺术家内心世界与外部现实的桥梁，促进了艺术创作灵感的迸发。

（四）室内光线与空间意境的营造

室内的光线状况对于空间意境营造存在着一定的影响。安藤忠雄设计的"光之教堂"是现代建筑与光线艺术融合的杰出典范，体现了光线在空间意境营造中的深刻影响。这座位于日本大阪的教堂，以其独特的建筑构造和光线运用，展现了一种超越传统的精神空间。教堂的建筑形态简洁而纯净，外部以简约的线条和平面构成，内部空间则通过光线的巧妙引导，创造出令人肃穆而深远的精神体验。其中最引人注目的是教堂后方墙面上巧妙设计的十字架缝隙，通过自然光的投射，形成一道鲜明的光十字，在纯白的墙面上显得格外神圣和庄严。这种光与影的对话，不仅强化了空间的宗教象征意义，更在视觉和情感上引发了强烈的共鸣，使得参观者能够在静谧的光影中体验到一种超越现实的精神洗礼。由此可知，光线对室内空间意境的创造有着巨大的促进作用，主要表现在以下几个方面。

室内光线环境的优化是对空间美学的追求，对居住者视觉体验和情感状

态的深度关怀。首先，通过巧妙的光线设计，可以显著提升室内空间的排列次序，加强空间的指引性，突出室内环境的视觉效应。在规划室内光线时，应充分考虑光线对人类视觉的引导作用，综合运用各种照明形式、光线的明暗程度，以及光线影响下室内色彩的渐变效果，来强调和丰富室内空间的层次感，引导人们的视线流动，营造出既实用又美观的空间环境。其次，室内光线环境的精心设计也是完善室内环境整体风格的关键所在。通过对灯具造型和灯光色彩的恰当选择和应用，衬托出室内环境的氛围，展现出与空间使用场合一致的空间格调和意境，设计师要有审美的眼光，有将艺术理念融入空间设计的能力，通过光线的艺术化处理，使空间的风格和氛围得到统一和提升，从而创造出有着明确主题和深厚文化底蕴的室内环境。最后，室内光线环境的设计还能丰富空间的格调，为室内空间增添艺术感，促进意境的升华。掌握光线的虚实、明暗和隐现效果，精确控制光线的投射方向和范围，以衬托室内环境的变化和空间的平衡感。合理的灯光应用不仅能够美化空间，还能为室内环境增添意想不到的艺术魅力。尤其是当灯光的造型和风格与室内整体设计风格相呼应时，更能凸显出室内设计的精致和考究，为室内空间意境的营造增添无限可能。综合上述分析，在进行室内光线照明的设计时，设计师应以空间的使用功能、视觉效果和艺术构想为出发点，综合考虑室内光线的整体造型、布局样式、光源方向、灯光造型等因素。通过这些因素的相互结合和合理安排，并运用艺术化的设计手法与技术化的处理方法，可以使室内空间的视觉需求和审美感受达到最佳状态，提升空间的美学价值，营造出具有深层次意境和文化内涵的高品质空间环境，使人们在其中感受到美的享受和情感的共鸣。

（五）材质肌理与空间意境的营造

材质的搭配在室内空间设计中是空间美学的体现，是意境创造的有效表达。通过对材料的精心选择和巧妙运用，营造出丰富的视觉和触觉体验，引导人们进入一个充满情感和故事的精神境界。在材质搭配的过程中，合理的比例分配不仅能够影响空间的视觉效果，还能够强化空间的功能性和意境。例如，具有方向指引性的纹理质感，如木材的纹理或大理石的纹路，能

够有效地体现空间的延伸感，增强空间的动态美。而细腻柔软的材质，如绒面布或羊毛地毯，则能够赋予空间以温馨亲和的氛围，使人在其中感受到舒适和放松。通过将具有强烈视觉对比的材质进行组合，可以创造出意想不到的空间效果。明亮的光滑材料与灰色的粗糙材料的搭配，精巧的装饰细节与粗犷的建筑结构的对比，元素的碰撞能够激发人们的视觉感官，在空间中营造出独特的氛围和深刻的意境。在设计选材的过程中，设计师需要充分考虑材料之间的差异性，精心挑选最佳的组合。不同材料的质感、色泽、肌理等属性，都需要被细致考量，以确保它们能够相互补充，共同营造出和谐而富有内涵的空间。例如，使用天然木材与石材可以营造出质朴自然的氛围，而金属与玻璃的结合则能够打造出现代感十足的空间。

在室内设计中，不同的材质肌理所营造的空间意境各有特色。表 4-1 详细罗列了十种材质的特点及相应空间意境的展现。

表 4-1　不同材质肌理所营造的空间意境

材质种类	特点	空间意境展现
木材	温暖、自然	营造出一种亲近自然、宁静舒适的氛围，适合家居、书房等寻求温馨的空间
石材	稳重、沉静	适用于古典或现代简约风格，常见于公共建筑、博物馆等，展现出永恒之美
金属	冷硬、现代	强调现代感或工业风格，适用于办公室、工作室等，展现科技与现代的力量
玻璃	透明、明亮	增强空间通透性和亮度，适合现代居住空间或商业展示空间，营造开放氛围
水	流动、平静	营造生动动态美，常用于庭院或室内装饰，带来平静与变幻的感受
砖	古朴、坚固	营造复古文艺氛围，适合咖啡馆、书店等，展现出独特的格调与温馨
混凝土	粗犷、工业	体现工业风格或现代极简设计，营造质朴无华的美感，适合现代空间
织物	舒适、温馨	通过窗帘、地毯等增加空间温馨度，适合居家环境，营造细腻舒适的感受
皮革	奢华、高贵	营造高端居住或商务空间，增添空间的质感和档次，展现经典之美
镜面	反射、扩展	扩大空间感，增加光线反射，适合卫生间、更衣室等，营造光亮清晰的效果
天然纤维	生态、环保	营造出轻松自然和环保的空间感受，适合追求绿色生活的空间
陶瓷	光滑、耐用	呈现出清洁和雅致的氛围，常用于卫生间和厨房
彩色玻璃	彩色、艺术	增加艺术氛围和色彩变化，适用于特色装饰和艺术空间
竹材	轻盈、环保	传递出东方美学和自然简约的设计理念，适合茶室和禅意空间
砂岩	质朴、自然	呈现出自然的纹理和质感，适合营造自然和宁静的室内外环境

第四节　典型室内空间的意境营造实践

一、客厅

（一）艺术型客厅

在现代居住空间的设计理念中，艺术型客厅的设计出发点在于将艺术美高于自然美的观念融入空间创造之中，使得空间本身成为一件艺术作品，展现出居住者的心灵世界和对美的独特理解。艺术型客厅的设计与营造，是一场充满探索和创意的艺术旅程。设计师在开始设计前，需要与居住者进行充分的沟通，通过交谈设计师可以深入了解居住者的生活习惯、兴趣爱好、艺术偏好等，这些信息将成为设计的重要依据。在充分理解居住者的需求和偏好之后，设计师将开始对空间进行初步的规划和设计。艺术型客厅空间的基本格调通常是明快、活泼、柔和，以营造一个充满艺术氛围而又不失生活气息的居住环境。色彩的运用往往大胆而富有层次，既要展现出艺术的独特魅力，又要保证空间的和谐统一。在家具的选择上，追求形式美与实用性的结合，既满足日常生活的舒适体验，又体现出艺术的审美价值。艺术型客厅的摆设和装饰是其最具特色的部分，这些物件、用品和艺术品往往以精巧、玲珑、新颖、高雅为特点，每一件都蕴含着匠心独运的设计理念，能够引起人们的情感共鸣和思想共振。设计师在这一环节中往往会运用各种艺术形式和手法，如绘画、雕塑、陶瓷艺术、手工艺品等，这些艺术品既是空间装饰的元素，更是传达居住者艺术情怀和生活态度的载体。例如，玻璃屋，又称维德罗之家，是位于巴西圣保罗的现代主义建筑地标。它是由巴西建筑师丽娜·波·巴尔迪设计的，这座房子被认为是巴西现代建筑的标志，是建筑师 Lina Bo Bardi 的第一个建成项目。房子的名字来源于其引人注目的玻璃立面，其极简主义的柱结构给人一种漂浮的错觉。维德罗之家以其创新的设计一直是丽娜·波·巴尔迪前卫建筑风格的象征，被认为是巴西现代建筑最重要的作品之一。维德罗之家中的客厅空间大量使用了玻

璃墙，使得室内外景观无缝连接，自然光线充分照进室内，为室内带来了充足的光亮和宽阔的视野，模糊了室内外的界限，更让整个空间充满了轻盈和透明的感觉，营造出一种与自然和谐共生的氛围。在家具和装饰的选择上，丽娜·博·巴尔迪精心挑选了一系列具有现代设计感的家具和艺术品来装点空间。简洁而有力的线条、色彩鲜明的装饰画及独特的雕塑作品，彰显了主人的艺术品味，也让整个客厅空间呈现出一种独到的艺术美感。此外，丽娜·博·巴尔迪在客厅中巧妙地运用了植物和水元素，将室内装饰与自然景观相结合，进一步增强了空间的生命力和艺术氛围。茂密的绿植和流动的水体，为这个现代艺术空间增添了一抹生动的自然色彩，同时反映了设计师对于自然美的深刻理解和热爱。

（二）文化型客厅

文化型客厅作为一种体现居住者文化素养和艺术品位的空间，其设计追求的是视觉上的美感、精神上的满足和文化上的表达。在设计时注重营造一种古朴、典雅的氛围，使空间不仅是日常生活的场所，更是一处沉浸在书香之中、充满艺术气息的精神家园。在色调的选择上，文化型客厅倾向于使用清淡、柔和、明亮的色系，如米白、淡黄、浅灰等自然色调，营造出宁静、舒适的环境，使人心情平和，更加有利于阅读和思考。在家具、装饰品的搭配上，旨在通过色彩的和谐统一，为居住者创造一个优雅而温馨的文化氛围。家具的选择和布置是文化型客厅设计中的重点。一般而言，文化型客厅中的家具设计轻巧而雅致、线条简洁流畅，既体现了古典美学的韵味，又不失现代生活的便捷。书桌、写字台、画案、书橱等具有浓厚文化气息的家具成为客厅中最引人注目的焦点。家具的陈列上设计师会巧妙安排，既满足功能性需求，又不失美学效果。例如，书桌和书橱的摆放位置通常选择在向阳或较为安静的一侧，保证阅读和创作时的光线充足，让整个空间看起来更加开阔明亮。除了家具的精心选择，文化型客厅中的摆设也是其特色之一。"文房四宝"（笔、墨、纸、砚）、书画作品等充满文化气息的物品经常被用作装饰，能够体现主人的文化品位和艺术修养，传递文化氛围。在植物的选择和摆放上，文化型客厅倾向于选择一些大中

小型的盆栽植物，这些植物既不会显得过于拥挤，又能够为室内增添一抹生机。

位于长沙建发玖洲观澜的一户人家，在客厅空间设计中采用了文化型客厅，整个客厅空间以中性色调为主，营造了一种安宁、温馨而不失现代感的氛围，每一处细节，每一件家具，都透露着设计师对精致生活的追求与思考。客厅的核心无疑是那件巧夺天工的圆形锦鲤戏水装饰品，像是一个静态的舞蹈，把自然界的灵动和水的流动性凝固在一个精美的艺术品中。锦鲤在中国文化中象征着吉祥和富贵，其灵动的姿态与光影的交错，仿佛在讲述着一段关于时光流转和生命活力的故事，为客厅增添了艺术的气息，更为整个空间增添了一种生命的韵律和动态的美感。空间中的每一件家具、每一种材质，都经过精心的选择和搭配。简洁线条的家具透露着现代设计的影子，而淡雅的色彩、自然的木质纹理则展示出东方的典雅和温润。沙发的布料细腻柔软，坐垫上淡淡的花纹又不失精致，与背后墙面上的锦鲤戏水装饰相互呼应，共同营造出一种和谐而有层次的视觉效果。宽大的窗户引入了大量的自然光线，使得整个空间明亮而通透，与外面的自然景观相融合，打破了室内外的界限。在色彩的运用上，客厅以中性色调为基调，营造出一种平和、稳定的氛围。地毯上淡淡的蓝色花纹宛如水面上的倒影，为空间增加了几分静谧的氛围，更是对墙面上锦鲤装饰的巧妙呼应。客厅内装饰品和花卉的选择也体现了东方美学中的含蓄和克制，不会过多地堆砌，而是恰到好处地点缀，既展示了主人的品位，又不失空间的整洁和宁静。此外，客厅的灯光设计同样经过精心考虑，既保证了空间的明亮，又增强了氛围的层次感。暖色调的灯光与自然光线相结合，为空间营造出温暖和舒适的感觉，使得居住者在这里可以放松身心，静享安宁的时光。

（三）现代简约型客厅

现代简约型客厅是当代居室设计中流行的一种风格，以简洁的线条、功能性的布局及新颖的设计思路为特点，适合追求高效与美感并存的现代生活。在现代简约型客厅中，家具的选择和摆放通常以实用性和美观性为基础，设计风格倾向于直线条、平面构成，省略了过多的装饰性元素，强调空间的

流畅性和开放性。家具的线条简练而干净，材质选择上多以金属、玻璃或光洁的木质为主，这些材料在视觉上具有延伸空间的效果，也易于清洁和维护，符合现代人快节奏的生活需求。色彩运用上现代简约型客厅倾向于采用淡雅和柔和的色调，如米色、灰色、淡蓝、淡绿，能够营造出一种清新、宁静的氛围，有助于缓解居住者的生活压力，让人在繁忙的工作之余得到充分的放松。在墙面的处理上，设计师可能会选择简洁的涂料或者现代感的壁纸，其图案和纹理均不会过于复杂，以避免分散居住者的注意力，保持空间的整体协调和舒适感。艺术装饰品的选择则更加体现了主人的个性和爱好。不论是国画、油画还是现代抽象艺术，墙面装饰都能够为客厅空间增添艺术气息，同时反映居住者的艺术品味。装饰品通常不会选择价格昂贵的收藏级艺术品，而是注重作品本身的艺术表达和观赏价值，使得客厅在视觉上既不失高雅，又不过于繁复，保持了简约风格的一贯特点。在现代简约型客厅中，功能和形式的统一是设计的核心。家具和装饰品的选择旨在满足居住者的实用需求，同时要符合审美趋势，反映出时代感。

由木梵空间设计打造的上海·百汇园客厅空间，巧妙地运用了纯净的白色，白色墙面与浅色地板之间的过渡自然而流畅，无形中增强了空间感，使得客厅在视觉上更具开放性。木色的运用使空间散发出一种自然、温暖的气息，木质元素的纹理增添了细腻的触感和视觉效果，让现代的空间也流露出一丝温馨的家的感觉。设计中的黑色元素以其独特的质感成为空间的视觉焦点，无论是电视背景墙的黑色石材，还是家具中的黑色细节，都以现代感的几何线条和材质的对比，为客厅增添了一份沉稳与精致，色彩上的对比不仅丰富了空间层次，也突出了简约设计中对细节的重视。面对阳台的矮梁，设计师采用了镜面材质进行包裹，巧妙地弱化了梁体的存在感，通过反射和折射效果拓展了空间视觉，让人的视线能够在空间中自由流动，增强了空间的连续性和延伸感，利用材质特性来解决空间局限性的做法，体现了现代简约型客厅设计中的智慧与创意。此外，黑色超薄钢板的使用和木饰面的搭配，呈现了一种纵横交错的视觉效果。黑色钢板的横向延伸与木饰面的纵向延伸相结合，打破了单一方向的视觉引导，平衡了墙面的比例，使得空间既有秩

序感又不失变化与趣味。在整个客厅的意境营造中，设计师通过对色彩、材质、光线的精心搭配和运用，以及对空间比例和布局的细致考量，成功地营造出了一个现代而又不失温馨的居住环境。

二、餐厅

在室内设计的广阔舞台上，餐厅不再只是一个简单用餐的地点，它的设计和布局已经升华为一种文化和艺术的展现。餐厅主题的营造成为设计师展示创意、实现空间和居住者之间精神沟通的桥梁。

设计师在构思餐厅时，会将深层的文化内涵、设计理念与空间的功能性巧妙结合，使之不仅满足日常生活的需求，更能激发人们的情感体验和思考。这里的每一处设计都不是孤立的，它们相互联系、相互作用，共同构建出一种和谐统一的空间氛围。餐厅中的每一张桌子、每一把椅子、每一个灯具，甚至是餐具的选择，都与主题相呼应，共同讲述着一个连贯的故事。在现代室内设计中，运用哲理式的设计元素传递设计理念成为一种趋势。设计师可能会运用象征、隐喻或者抽象的形式，将深奥的哲学思想融入日常生活的场景中。例如，一个以"自然"为主题的餐厅，可能会通过使用天然的木材、石头等材质，搭配植物装饰和自然光线，来营造一种回归自然的感觉。而一个以"海洋"为主题的餐厅，则可能会选择蓝色调的装饰，搭配海洋生物的艺术装饰品，通过视觉和听觉的设计，让人仿佛置身于广阔的海洋之中。

圆作为中国文化中的一个重要元素，象征着完整与和谐，它在空间设计中的运用，不仅是为了追求视觉上的美感，更是在传递一种深层的文化信息和情感寄托。某餐厅的设计，简洁而不失温馨，以柔和的色调和自然的材质，显露出一种朴素的美。墙上的圆形镜子，不仅在功能上扩展了空间的视觉效果，更是在精神上强化了空间的中心性。这面镜子如同一潭清澈的水，反射着居室的光景，也映照出居住者对生活的静谧态度和内心的平和。它不仅是一种装饰，更像是一扇通往内心世界的窗户，让人在繁忙的现代生活中，找到一片能够沉思和凝望的宁静角落。圆桌作为家庭团聚的地方，承载了家的温暖和凝聚力。在中国文化中，圆桌象征着家庭成员间的平等和团结，大家

围坐其间，共享天伦之乐，更加强了家的凝聚力。在设计中运用圆桌，不仅能够促进家庭成员间的交流和互动，也能够潜移默化地传递出一种对和谐生活的向往。餐厅的布局和设计，凸显了中式风格的内敛与含蓄。不仅在物质层面上追求简洁与实用，更在精神层面上追求平衡与安宁。设计师在这里不仅是创造了一个用餐的地点，更是营造了一个可以促进家庭成员情感交流的空间。

三、卧室

卧室作为日常生活中最为私密和宁静的空间，其意境的营造关乎居住者的情感体验和生活品质。在设计卧室时，每一个细节都承载着创造一个和谐、安逸生活环境的使命，从而帮助人们在忙碌一天后得到充分的放松和休息。在卧室的色彩选择上，窗帘和床上用品应遵循整体与局部的和谐统一。色彩的选择要尊重空间的整体感受，同时在细节上追求微妙的变化。以大协调小对比为原则，意味着在保持整体色调一致性的基础上，通过细节的差异化设计，如图案和纹理的变化，赋予空间独特的个性和生动的气息。照明设计在卧室意境营造中同样占据着重要位置。一般而言，顶灯与床头灯或壁灯的组合使用，能够满足不同场景的照明需求。顶灯提供基础照明，而床头灯或壁灯则用于营造氛围，同时满足阅读等活动的局部照明需求。调光装置的设置更是必不可少，它不仅方便调节光线强度，适应不同的活动和心情，也是对卧室灵活性的一种增强。设计师在灯具选择上应注重其与卧室风格的和谐共融，造型上追求简洁而不失格调，颜色以温暖的黄色为主，以创造出亲切、温馨的睡眠环境。在卧室中的壁画或艺术品的挑选上，应当秉持"少而精"的原则，品质和艺术价值应当高于数量。这些艺术品不需要繁多，但必须能够点睛，成为卧室中的视觉焦点，反映居住者的品位，同时为卧室的空间风格和情调的形成增添最后一笔。为了营造雅洁、宁静且舒适的气氛，卧室中的绿色植物选择应以小盆栽或吊盆植物为主，增加室内的绿意和活力，更可以释放自然香气，有助于缓解压力，创造一个有利于睡眠和休息的环境。选择能够净化空气的植物，如薰衣草或绿萝，不仅美观，还能提升室内空气质量，对健康睡眠有所裨益。

四、书房

（一）展示型书房

展示型书房是一种现代家居空间的创新表达，超越了传统书房收纳书籍和办公的功能，成为主人个性和品位的舞台。这样的书房更像是一个私人的艺术画廊，每一件家具和装饰品都是经过精心挑选，具有强烈的视觉冲击力和艺术价值。在这种类型的书房中，家具的选择往往偏向于现代艺术设计，注重形态的创新和材质的现代感。座椅不再是传统书房中的标配，而是变成了一件件造型独特，甚至夸张的艺术品。例如，铝制的曲面书桌不仅具有强烈的未来感和雕塑美，还能反映出主人对科技和现代工艺的尊重与追求。

色彩的运用在展示型书房中也显得非常大胆和自由。强烈的色彩对比和丰富的色彩运用可以给空间带来活力，同时能突出主人的个性和艺术态度。挂画作为书房的重要组成部分，不再仅是装饰墙面的元素，它们具有很强的表现力，能够与整个空间的设计语言形成呼应，展示主人的艺术品位和文化层次。照明设计在展示型书房中也扮演着至关重要的角色。高角度的投射灯可以营造出戏剧性的光影效果，强化空间的立体感和层次感，使得每一件艺术品都能够得到充分展示。展示型书房通常采用"少而精"的设计哲学。不是数量的堆砌，而是质量的精选，每一件家具和艺术品都能引起深思，留下深刻印象。

（二）休闲型书房

休闲型书房是现代居家设计中一种新兴的概念，在满足基本阅读和写作功能的同时，更加注重空间的经济性和休闲氛围的营造。在这样的书房里，存放书籍资料的方式通常较为简单实惠，例如，使用瓦楞纸书夹而非昂贵的书柜，这种材质轻便、成本低，同时充满了现代感，其自然的纹理和颜色能够给人带来朴实无华的美感。同时，瓦楞纸的书夹也很容易定制和回收再利用，符合现代人对环保的关注。对于文具的存放，设计上也采取了别出心裁的手段，例如，将小型文具放置在铁皮罐中，看似随意的存放方式，实际上

却暗合了现代简约生活的设计哲学。铁皮罐的复古风格与书房的现代感相互碰撞，既展示了设计的创意，又增添了空间的趣味性。书房中的书架和工作台面多采用嵌入式设计，这种设计不仅节省了空间，更展现了现代设计的精髓——简洁而实用，以其原始的材质和色泽呈现，既不失宽敞，又体现了一种原汁原味的美学。至于照明设备，一款拉伸可调的工作台灯是这种书房中不可或缺的设施。这种灯具设计灵活，用户可根据需要调节光线的强弱和方向，满足不同时间段和活动内容的照明需求。同时，桌边的机械挂钟则是对时间的一种精确把控，方便了时间管理，给书房增添了一种学术气息。整个休闲型书房的设计和布置，虽然给人一种不正式的感觉，但并不意味着不讲究。相反，每一样用具和家具的选择都经过了精心考量，共同构成了一个轻松、闲适的整体，为生活在快节奏社会中的人们提供了一个舒缓压力、感受归属和亲切的私人空间。

（三）怀旧型书房

怀旧型书房是一种深深植根于传统文化土壤中的空间设计形式，能够满足对藏书空间的需求，适合那些崇尚经典、追求精神层面满足的人群，它能够提供一个安静、稳重的阅读和思考环境。在设计怀旧型书房时，设计师往往会选择温暖的木质作为主要材料，它既能够营造出一种年代感，又能给人带来温馨和亲切的感觉。例如，一块历史感十足的斑驳木地板，就能够立即把人的思绪带回到过去的岁月里，地毯的加入不仅为书房增添了一份精致和舒适，也能够提升整个空间的艺术品位和审美情趣。传统的书桌和皮质椅的搭配，是怀旧型书房的经典元素之一。这样的组合不仅实用，而且能够突出书房的古典气质。在这样的环境中，无论是沉浸在书海中，还是在纸上挥洒思想，都能够得到良好的支持和包容。至于门上的黄铜或瓷制扶手，更是对古典美的一种恰到好处的点缀，它们既有装饰作用，又能够在细节上反映出主人的品位和对传统的尊重。然而，在现代居室中，过分追求老式的设计风格往往会给人一种厚重和复杂的感觉，甚至可能会与现代生活的节奏和风格格格不入。因此，设计师在打造怀旧型书房时，通常会更加注重元素的选择和搭配，尽量避免空间显得过于古老和拥挤。在保留怀旧元素的基础上，适

163

当地融入一些现代设计的思路，既能够保持书房的古典魅力，又能够满足现代生活的需求，这样的新旧结合会使书房看起来既有历史的厚重感，又不失轻松和现代感。总而言之，怀旧型书房的设计通过在材质、色彩、家具及装饰细节上的精心选择和搭配，为居住者创造出一个既能够满足藏书爱好，又充满古典情调和稳重气质的私人空间。

第五章　现代室内设计的多维观察：
传统文化

中国传统文化作为中华民族几千年的历史演变和民族文化融合的结果，为现代室内设计提供了深厚的文化源泉和无尽的灵感。从设计的形式到内在的精神，中国传统文化都给予了现代室内设计重要的启示。传统文化中的符号、元素和理念被广泛应用于现代室内设计中，如中式家具、传统纹饰、色彩哲学等，这些元素不仅增添了设计的文化内涵，也展现了独特的民族特色和风格。在现代室内设计中，通过传承与创新传统文化符号，将其与现代设计理念和手法相结合，创造出具有时代感和创新性的室内空间。这样的设计不仅满足了居住者的审美和功能需求，更在无形中唤醒了他们内心的情感共鸣，营造出一种深邃的精神归属感。这样的室内空间不仅现代感十足，更充满了人文关怀与艺术气息，为现代生活注入了丰富的文化底蕴和独特的艺术魅力。

第一节　中国传统文化的含义与特征

一、中国传统文化的含义

中国传统文化乃中华民族多元而复杂历史背景中孕育而成的文化精髓，代表了在漫长的中国古代社会进程中，中华民族累积下来的一种比较稳定而

成熟的文化状态，承载着中华民族的历史遗产，在现实生活中展现出独特的魅力与价值，体现了中华文明的丰富成果与根本创造力。中国传统文化的内涵极为丰富，它汇聚了道德传承、文化思想、精神观念等多方面的形态，成为中华民族文化传承与发展的基石。在众多传统文化中，儒家文化的影响尤为显著，成为中国传统文化的思想主流。儒家文化以仁爱、礼仪、中庸之道为核心，强调个人的品德修养及社会和谐，对中国社会的道德观念和行为规范产生了深远的影响。同时，佛教文化和道教文化也对中国传统文化的形成和发展作出了不可忽视的贡献。佛教以慈悲为怀，注重内心世界的探索和精神的净化，而道教则强调与自然和谐共生，追求内心的平和与自由。这三大文化流派不仅在哲学思想和道德教育方面为中华民族提供了宝贵的精神财富，还在文学、艺术、建筑、医学等多个领域留下了丰富的实践成果和理论精华。例如，儒家文化的礼仪之邦思想，影响了中国的礼仪制度和社会结构；佛教的禅宗思想，深刻影响了中国的绘画艺术和诗歌创作；道教的阴阳五行理论，则对中国的传统医学和建筑学有着深远的影响。

传统文化的元素贯穿中国人的日常生活，从文字、诗词到艺术、民俗，每一方面都是中华文化独特美学和哲学思想的体现。古文和古诗作为中国文化的重要组成部分，承载着丰富的历史信息和深邃的文化内涵，通过典雅的语言和独特的表现手法，传递了一代代人的思想情感和哲学理念。以《诗经》为例，这是中国最早的一部诗歌总集，亦是中华文化宝库中的瑰宝。《诗经》共收录了305首诗歌，涵盖了从西周初年到春秋中叶约五百年间的诗歌作品。《诗经》中的诗歌以其简洁、质朴的语言，深刻地描绘了古人的日常生活和丰富的情感世界。例如，《关雎》以细腻的笔触描述了少女纯真的爱情憧憬，展现了古代社会对爱情纯洁美好的向往；《蒹葭》寄托了对远方亲人的深切思念，表达了人与人之间深厚的情感纽带。

词语、乐曲、赋等形式多样的文化表达方式，丰富了中国的文艺宝库，特别是在乐曲和赋的创作上，古人将音乐与文学艺术的结合推向了高峰，创造出既有文学价值又有音乐美感的作品，体现了中华文化的综合性和创新性。民族音乐与民族戏剧深受人民喜爱，其生动的表现和深刻的内涵使之成

为传承文化、凝聚民心的重要载体。国画和书法则以其独特的艺术语言和表现手法，展示了中国传统美学的精髓，蕴含着深厚的文化底蕴和哲学思考。其中，书法以线条的流动、结构的布局、力度的变化和节奏的韵律，展现了书写者的情感世界和审美追求。被誉为"书圣"的王羲之，其作品《兰亭序》便是中国书法艺术的巅峰之作。《兰亭序》以其流畅优美的线条、和谐统一的结构，生动地展现了春日郊外聚会的欢乐气氛和离别时的哀愁情绪，成为中国书法史上的经典，展现了中国传统美学中追求天人合一、情感自然流露的艺术理念。

对联、灯谜和射覆、酒令、歇后语等形式多样的文化活动和游戏，既是古人智慧的结晶，也是民间文化传承的重要方式。例如，春节对联又称春联，是春节期间家家户户挂在门上的红色纸条，上面书写着对仗工整、意义吉祥的句子。春节对联的内容广泛，涉及自然景观、历史典故、生活哲理等多个方面，既展现了中华文化的博大精深，也体现了人们的智慧和创造力。例如，一副经典的春联"迎春接福，纳福进喜"，简洁明了地表达了人们对新年的美好祝福和对幸福生活的向往。

中国的传统节日多种多样，如春节、元宵节、清明节、端午节、七夕节、中秋节、腊八节、除夕。其中，春节作为中国最重要的传统节日，标志着农历新年的开始。这一天，无论身处何地的华人都会尽力回家与家人团聚，共同辞旧迎新。家家户户进行大扫除，象征着扫除霉运，迎接新春的到来。贴春联、挂灯笼、放鞭炮、拜年、吃年夜饭等习俗，不仅增强了节日的氛围，也表达了对未来一年好运和幸福的祈愿。春节期间，人们还会穿新衣、发红包，欣赏舞狮、舞龙等传统表演。紧随春节之后的元宵节，以吃元宵、赏花灯、猜灯谜等活动为主，这一天人们庆祝团圆，享受家庭和睦的幸福。清明节是春季的重要节气，这一天人们会扫墓、祭祖，以此来表达对先人的缅怀和敬仰。清明时节，自然界万物复苏，人们还会借此机会踏青、放风筝，享受大自然的美丽景色，寄托对生命的尊重和对自然的敬畏。端午节则是为了纪念伟大的爱国诗人屈原，人们在这一天吃粽子、赛龙舟，通过这些活动传承忠诚、爱国的精神。七夕节又称中国的情人节，源自牛郎织女的美丽传说，

这一天年轻的男女会表达爱意，祈求美好的爱情。七夕节的庆祝活动充满了浪漫和甜蜜，展现了中国人对爱情的美好祝愿和追求。中秋节则是团圆的象征，家家户户赏月、吃月饼，共庆丰收，表达了人们对家人的思念和对团圆的珍视。中秋节不仅强化了家庭成员间的情感联系，也是对传统农耕文化的一种纪念和致敬。腊八节和除夕，分别是农历腊月初八和农历年末的最后一天，腊八节有喝腊八粥的习俗，而除夕则是家人再次团聚，守岁迎接新年的到来。这两个节日加强了家庭成员之间的情感交流，也让人们在忙碌一年后有机会反思过去、展望未来。

综上，中国传统文化是一个复杂而全面的体系，通过各种形式和表达方式，展现了中华民族的历史、哲学、艺术和科学成就，不仅为中国社会的发展提供了丰富的资源和灵感，也为世界文化的多样性和人类文明的进步作出了不可估量的贡献。

二、中国传统文化的特征

（一）强大的生命力和凝聚力

首先，中国传统文化之所以能够展现出强大的生命力，关键在于其深厚的历史根基和广泛的文化内涵。自黄帝、尧舜到孔孟，再到后世的文化演进，无数的思想家、文化人物在不同的历史时期贡献了他们的智慧和力量，共同织就了一幅丰富多彩的文化画卷。其次，中国传统文化的凝聚力来自其深刻的社会实践和生活哲学。无论是儒家教育的普及，还是道家哲学的内省，抑或是佛教思想的渗透，都强调了个体与社会、人与自然的和谐共处。在历史的长河中，无论遭遇何种风浪，中华民族都能够依托这种强大的文化凝聚力，凝聚起共克时艰的强大力量。再次，中国传统文化的生命力还体现在其不断的自我更新和创新能力上。面对内外部环境的变化，中国传统文化能够吸纳各种有益的元素，与时俱进地进行自我调整和创新。从汉唐的开放包容到宋明的文化创新，再到近现代的文化变革，中华文化始终能够在保持自身核心价值的同时，不断吸收新的文化营养，展现出强大的生命力。最后，中国传统文化的凝聚力与生命力还得益于其深入人心的文化符号和仪式感。传统节

日、风俗习惯、文学艺术等文化符号和仪式感，如同细水长流，滋养着中华民族的心灵，使得中国传统文化在现代社会依然能够发挥其独特的魅力和影响力。

（二）重实际求稳定的农业文化心态

在农业社会中，人们的生活与自然环境紧密相连，农事活动遵循自然界的规律进行。因此，古人在长期的农业生产中，深刻体会到顺应自然、与自然和谐相处的重要性。这种以农业生产为基础的生活方式，使得社会整体倾向于追求一个平衡稳定的发展状态，反对任何可能破坏这种稳定的行为。例如，季节的变换决定了农作物的种植和收获，人们必须根据自然规律安排生产活动，对自然规律的尊重和遵循，逐渐转化为对社会规范和道德伦理的重视。重实际求稳定的农业文化心态也体现在社会治理和人际关系上。在政治领域，重实际求稳定的农业文化心态倡导温和的统治方式和稳健的政策，避免极端和激进的行为，以保持社会的稳定和谐。在人际交往中，这种文化心态强调诚信、宽容、互助等价值观，促进了社会成员之间的和睦相处，维护了社会秩序的稳定。农业文化心态对稳定的追求，还体现在对传统的尊重和维护上。在中国传统文化中，对传统的继承和发扬被视为维护社会稳定的重要方式。人们通过节日、仪式、教育等形式，传承和弘扬先辈的智慧和经验，有助于保持文化的连续性，也为社会提供了稳定发展的精神支柱。

（三）以家族为本位的宗法集体主义文化

在中国传统文化中，家族被视为社会结构的基本单元，以家族为本位的文化特征对中华民族的社会组织、伦理道德乃至政治制度都产生了深远的影响。宗法集体主义文化强调家族的利益高于个人，倡导家族成员之间的相互支持和责任共担，塑造了中国人深厚的家庭观念和集体意识。家族制度在中国历史上有着悠久的传统，家族内部形成了一套完整的规范和秩序，包括尊老爱幼、男尊女卑、分工合作等原则。家族长辈具有较高的权威，家庭成员需要遵循长辈的指导和安排，体现了对长辈的尊敬和对家族传统的维护。家族还是文化传承的重要载体，祖训家规成为家族成员行为的准则，通过家庭

教育和仪式活动，如祭祖、宗族聚会，加强了家族成员对家族历史的认知和对家族荣誉的维护。在宗法集体主义的影响下，家族是经济和社会活动的合作伙伴，家族企业、家族耕作等模式在中国历史上非常普遍，这种经济合作形式加强了家族成员之间的依赖关系，也提升了家族在社会中的竞争力和凝聚力。

（四）尊君重民相辅相成的政治文化

在古代中国，长期以农业为基础的自然经济形态塑造了独特的社会结构和政治文化。由于农业生产的特点是劳动分散、商品交换有限，社会形态倾向于地域性分散与自给自足，形成了一个极度分散的社会结构。在这样的社会环境中，为了实现资源的有效配置和社会秩序的维护，需要一个强有力的中央集权体系来进行统一管理和调控，因此，"尊君"成为这一体系的核心。"尊君"体现出古代中国君主的至高无上地位，君主是国家的统治者，承担着维护国家秩序与社会和谐的重责大任。君主通过法律、礼仪和道德规范来引导民众，确保国家机构的有效运转和社会生活的有序进行。

与"尊君"相辅相成的是"重民"思想。在农业宗法社会中，农民不仅是生产的主体，也是社会稳定的基石。因此，维护农民的利益，保障他们安居乐业，成为国家政策制定的重要考量。从"民为邦本"的思想出发，古代中国的统治者在制定政策时会考虑民众的利益和需求，通过减税、免役、救灾等措施来缓解民众的负担，保障社会的稳定和发展。

（五）重人伦轻自然的学术倾向

中国传统文化在其深厚的历史沉淀中，始终贯穿着一条明显的线索——将"人"置于万事万物的中心，以人为本的思想体现在文化的各个方面，从哲学思考到日常生活，从文学创作到科学探索，无不强调人的价值、人的道德和人的理想。

在哲学领域，儒家思想尤为突出地体现了重人伦的特点。儒家以"仁爱"为核心，提倡"己所不欲，勿施于人"，强调人与人之间的和谐相处、尊老爱幼、礼仪之邦的社会秩序。这种以人为中心的思想，影响着中国的社会伦理，成为个体行为的准则。通过对人伦关系的规范和维护，儒家哲学促进了

社会的稳定和谐，展现了中国传统文化中人与社会的密切关系。

在史学方面，中国传统史学同样重视人的活动和人性的光辉。史书不仅记录了历史事件，更通过对历史人物的深入描绘，展现了人物的性格、品德及其对社会的影响，强调了个人行为对历史进程的重要性，使中国的历史记载不仅是时间的简单罗列，更是一部充满人文关怀和道德思考的史书。

在教育领域，中国传统文化也强调以人为本，旨在培养德才兼备的人才。教育不仅是知识的传授，更是道德修养和人格完善的过程。通过诗、书、礼、乐的学习培养学生的文化素养和道德情操，强调个体的社会责任和人文关怀，从而促进个人的全面发展。

在文学和艺术领域，重人文的特征尤为突出。诗歌、小说、绘画等艺术形式，深刻反映了人的情感、人的理想和人与自然的关系。文学作品中的英雄人物、美好情感和理想追求，展现了对人性光辉和人生价值的肯定，而山水画等艺术作品中的人与自然和谐共处，也体现了人文精神与自然美的结合。

在科学方面，虽然在古代中国，自然科学的发展相较于文学、哲学等领域显得较为缓慢，但在农业、医学、天文等方面的成就，体现了对人的生活质量的关注和改善，追求人与自然和谐共生的理念。

第二节 中国传统文化的类型与功能

一、中国传统文化的主要类型

（一）依据地理环境

中国这片古老而辽阔的土地，地理环境的多样性孕育了丰富多彩的文化类型。依据地理环境的不同，中国传统文化可大致划分为河谷型、草原型、山岳型、海洋型四大类，每一类型都有其独特的文化特征和社会形态。

1. 河谷型

河谷型文化以黄河、长江为代表，是中华文明的发源地。河谷文化的典

型特征是农耕文化的兴盛，人与自然和谐相处，形成了以稻作和麦作为主的农业生产方式。在这样的生产活动中，人们崇尚土地、重视粮食，形成了以家族为中心的社会结构和以孝道为核心的伦理道德体系。例如，黄河流域的中原地区，被誉为"华夏文明的摇篮"，其农耕文化深厚，孕育了儒家思想，强调礼仪制度和社会秩序，对中国传统文化产生了深远的影响。

2. 草原型

草原型文化以内蒙古草原和西北地区为代表，这些地区的居民以游牧为生。草原文化特色鲜明，强调自由、坦荡和勇敢。游牧民族崇尚自然，生活方式与马匹密切相关，形成了独特的马背文化，如歌舞、敖包拜祭。草原上的人们以天为盖、地为席，形成了豪放不羁的性格；同时，游牧生活也促进了民族之间的交流和融合，对中国北方地区的历史发展产生了重要影响。

3. 山岳型

山岳型文化以秦岭－淮河以南的山区为主，地形复杂，山高谷深，交通不便，形成了相对封闭的生活环境。山岳文化中人们崇尚自然，生活节奏相对缓慢，形成了深厚的宗教信仰和丰富的民间传说。山区的居民往往以种植、采集为生，独立而坚韧的生活方式培养了他们顽强的性格和丰富的想象力。山岳型文化中还蕴含着深邃的道教文化色彩，强调与自然和谐共生，追求身心的自然状态。

4. 海洋型

海洋型文化以福建、广东沿海地区和海南岛为代表，当地的居民以渔业和海上贸易为生。海洋型文化开放包容，强调与外界的交流与合作，海上丝绸之路的开辟便是最好的证明。海洋文化中蕴含着冒险和探索的精神，海洋型文化的居民勇于开拓，乐于接纳新鲜事物，形成了独特的海洋民俗和风俗习惯，如龙舟赛、妈祖信仰等。

（二）依据生产方式

生产方式的不同导致了文化形态和社会结构的多样性，其中农业文化、工商文化和游牧文化是其主要的文化类型。

1．农业文化

农业文化是中国传统文化的基础，其特点深植于中国广袤的农村土地之中。长期以来，农业生产方式塑造了中国人顺应自然、重视团结和谐的生活态度。在农业文化中，节令和农事活动成为人们生活的重要组成部分，如春耕、夏耘、秋收、冬藏，这些农事活动不仅规定了农民的生产节奏，也成为节日文化的根基，如春节、清明、端午、中秋等传统节日，都与农业活动紧密相关，体现了人们对自然的敬畏和感激。

2．工商文化

工商文化则体现了中国古代社会经济发展和技术进步的成就。随着手工业和商业的兴起，工匠精神和商业伦理逐渐成为中国传统文化的重要组成部分。在手工艺方面，丝绸、瓷器、茶叶等的生产和贸易推动了中国古代经济的繁荣，促进了文化的交流和传播，中国的丝绸之路就是最佳证明。这些商品成为中国与世界交流的纽带，使得中国的工艺美术和商业文化影响到了远方的国家和地区。在商业伦理方面，诚信、守约等商业道德成为商人群体的重要行为准则，促进了商业活动的健康发展，影响了中国社会的道德观念。

3．游牧文化

游牧文化则是在中国北方及草原地区形成的一种独特文化形态。相对于农业文化的稳定和安逸，游牧文化更加强调自由与流动，体现了游牧民族对自然环境的适应和对生活方式的选择。游牧民族崇尚勇敢和自由，他们的生活方式、社会结构和文化表现形式与农业社会有着显著的不同。在艺术表现上，游牧文化倾向于歌颂英雄、战马和广阔的草原，其音乐、舞蹈和口头文学充满了豪迈和激情。

（三）依据哲学思想

中国传统文化中，哲学思想的流派繁多，其中儒家文化、道家文化和法家文化最为显著，各自展现了中国哲学深邃的思想内涵和独到的世界观。

1．儒家文化

儒家文化以孔子为代表，强调"仁爱"和"礼制"的社会伦理。儒家思想认为，社会秩序和谐与个人德行的完善是社会稳定与发展的基础。儒家文

化提倡"己所不欲，勿施于人"的黄金准则，强调在家庭、社会乃至国家之间建立起一种和谐而有序的关系。通过教育和修养，个人可以达到"君子"的理想境界，从而推动社会的和谐与进步。儒家文化与现代室内设计之间，可以找到一个很好的结合点。以"仁、义、礼、智、信"为核心的儒家思想，为现代室内设计提供了人文与美学的指导。例如，在一个现代中式风格的客厅设计中，客厅的布局以中轴线为中心，体现儒家文化中的对称与和谐之美，沙发和茶几摆放在中轴线上，两侧配以相同的座椅和灯饰，营造稳重而平衡的空间感。在色彩选择上，可以采用深色调为主，如深棕色、灰褐色，符合儒家文化中内敛、含蓄的审美观念。同时，为了增加空间的活力，在细节上运用一些明亮的色彩，如红色的抱枕、黄色的花瓶等，为整个空间增添了一抹亮丽的色彩。在装饰方面，选用具有儒家文化特色的元素，如字画、摆件，客厅的墙壁上可以挂一幅书法作品，书写儒家的经典语句，如"君子有诸己而后求诸人"等，为整个空间增添了文化气息。此外，客厅的茶几上还可以摆放一些具有中国传统特色的摆件，如紫砂壶、青花瓷等与整个空间的设计风格相得益彰，共同营造出充满儒家文化氛围的居住环境。

2. 道家文化

道家文化以老子和庄子为代表，主张顺应自然、无为而治。道家哲学认为宇宙万物都遵循着自然的法则，人类也应该顺应这个法则，通过减少人为的干预和欲望，达到与自然和谐共处的境界。道家文化中的"无为"并非无所作为，而是指在行动中顺应自然规律，不做无谓的争斗和抗争。道家思想对中国古代的政治理论、医学、兵法甚至艺术创作都有着深刻的影响，提倡的自然和谐观念和对个人内心世界的探索，为中国文化增添了独特的哲学色彩。在现代室内设计领域，道家理念已经深深融入其中，道家所倡导的与自然和谐共存，为现代室内设计提供了独特的灵感来源。具体而言，道教对于自然的尊重和与自然和谐共处的理念，在现代家居布置中展现得淋漓尽致。选择木材、大理石、石板等天然材质来装点室内，不仅是因为它们的美学价值，还因为它们能够与户外的自然风景形成微妙的呼应，为居住者带来回归自然、宁静心灵的体验。此外，道家所强调的人与自然之间的紧密联系，也

在现代室内设计中有所体现。设计师在规划房屋布局时，会细致考虑如何最大化地利用自然光线、如何确保室内空气流通，以及如何调节室内温度，从而让居住者能够在日常生活中感受到自然的恩赐。例如，将绿植和花卉摆放在那些充满阳光的房间里，为室内增添生机、净化空气，使人们心情愉悦。又或者，在墙壁上悬挂精美的山水画，仿佛将大自然的壮阔景色引入室内，使人们即便身处都市之中，也能感受到大自然的宁静与美好。

3. 法家文化

法家文化以韩非子为代表，其核心思想是"法、术、势"。法家认为，人性本恶，只有通过严格的法律制度和有效的政治手段来规范人的行为，才能保证社会秩序的稳定。法家强调法治而非人治，主张以法为教育和治理的基本手段。法家思想在秦朝得到了充分的应用，对中国古代的法治建设和政治制度有着重要影响。尽管法家思想在后世受到了一定程度的批评，但其对规范社会行为、维护社会秩序的重要性不容忽视。例如，在大型企业的办公室设计中，办公室的布局可以设计成开放式或模块化的形式，设置独立的工作区、会议区、休息区等，每个区域都配备必要的设施，以满足员工的不同需求。在色彩选择上，可以采用冷静、沉稳的色调，如灰色、蓝色或黑色，以营造一种专业、严谨的氛围。材质方面，可以选用质感坚实、耐用的材料，如金属、玻璃，以体现法家文化中的稳重和实用性。家具的选择应简洁大方、线条流畅，避免过多的装饰和繁复的设计。同时，可以在墙面上悬挂一些体现法家思想的书法作品或名言警句，以激发员工的工作热情和责任感。照明设计应充分考虑实用性和节能性，采用柔和而充足的照明，确保员工在任何时候都能舒适地工作。同时，可以利用智能照明系统，根据时间和天气自动调节光线，提高办公效率。

二、中国传统文化的基本功能

（一）民族凝聚

中国文化之所以具有深远的民族凝聚力，源自其基本精神的强大思想导向性，跨越了地理、社会阶层、种族及时代的界限，通过中华民族的优秀传

统文化对每位中华儿女进行滋养，促使他们团结一心，共同为民族的整体与长远利益奋斗不息。在中国历史的长河中，无论是外敌入侵还是内部纷争，中华民族总能展现出惊人的团结力量，这种力量源自"中华一体"的强烈民族认同感，使得人们能够抛弃前嫌、团结一致，将分裂转化为整合，将混乱化为秩序，这与中华民族文化中倡导的"刚健自强""贵和尚中"的基本精神密不可分。中华民族长期以来崇尚的和谐与统一，还滋养出了中华民族的博大胸怀。在中华文明的历史长河中，"和而不同"的哲学思想始终贯穿其间，体现了一种独特的矛盾统一观，即便在多元化的背景下，社会成员也应保持和谐共存，而不是单纯追求同质化或陷入无休止的争斗之中。"和而不同"思想还倡导对于国家的统一和对抗分裂的立场，将家庭与邻里间的和谐及国家的统一视为理所当然的追求，这种深植于中华民族心中的文化传统，在促进民族文化心理的一体化，以及国家与社会的长期稳定发展方面，发挥了极为重要的作用。自西周时期起，大一统的观念便作为一种理性的自觉深深扎根于中国人民的心中，这种"深层社会统一"的理念成为公众皆知的共识。在中国传统精英文化中，尽管诸子百家各执一词，观点迥异，有时甚至截然相反，但在追求国家统一、民族融合及实现"定于一"的目标上达成了一个广泛的共识，体现了一种相反相成的辩证法。这种政治上的大一统观念，实际上是"天人合一""贵和尚中"的民族文化基本精神熏陶的结果，是它的折射。不仅如此，天下一家的理念，深植于中华民族的精神世界中，将民众的命运紧密相连，视全体人民为一体，从而构建了一个和谐共生的社会大家庭。在这一观念的指导下，国家的统一成为共同追求的幸福，而任何分裂的局面则被视为全民共同的忧患，体现了中华民族对于和平与稳定的高度重视，也彰显了其对国家完整和民族团结的坚定承诺。此外，大一统的理想并非空中楼阁，而是在儒家与法家的思想碰撞与融合中，得到了理论上的深入阐述和实践上的坚实支撑。特别是在秦汉时期，通过封建制度的大一统国家模式的建立，促进了不同民族的融合，为共同的社会经济发展提供了有力的保障。这一时期的历史实践，使得大一统观念深植人心，成为中华民族文化中不可或缺的组成部分，进而塑造了民族的集体认同感与文化自觉。

中国传统文化深厚的底蕴与独特的精神，构成了民族凝聚力的思想基石，成为其核心所在，令民族得以自我认同，增强了成员的归属感，促使个体超越自我，实现集体的统一与和谐。在历史的长河中，正是这种深植于心的文化信仰，引领着民族向着共同的目标前进，展现了无形中的吸引与凝聚力量。若缺少了这样的文化精神作为支撑，民族的内聚力将难以形成，更难以在挑战面前展现出强大的团结力。

中国传统文化的核心精神，旨在增强民族的凝聚力，使之成为一种不断更新的精神动力。作为一种观念形态，民族凝聚力展现出了一定的稳定性。然而，作为民族文化传统的一部分，它却是在历史的长河中不断发展演变的。随着时代的变迁，民族凝聚力的具体内容也随之变化，可能增强、可能减弱，抑或是更新其表现形式。在这个过程中，必须借助不断刷新和充实的民族文化精神来充实和重塑民族凝聚力，以丰富其内涵、增强其力量，并推动其不断更新，从而满足新时代的需求。

（二）精神激励

中国传统文化深植于中华民族的心灵深处，对于每位国人而言，是一种深刻的精神激励，广泛影响着社会各界，推动着社会的持续发展与进步，代表的是民族的精神象征，反映了中华民族文化优秀传统的精髓。传统不仅在历史的长河中起到了指导和鼓舞作用，而且在当下的文化建设活动中，仍然扮演着至关重要的角色。通过激发国人的民族自尊心、自信心及自豪感，传统文化增强了社会的向心力和凝聚力，提升了民族的整体实力。中国传统文化的核心精神成为连接每个人内心深处共同情感与价值追求的精神桥梁，鼓励人们为了民族的统一、社会的进步投身于无私奉献的事业，展现了中华民族不屈不挠、勇往直前的精神风貌。

在中国传统文化深厚的底蕴中，"刚健自强"的基本精神作为一种深远的力量，历经两千余年的时代演变，始终激励着中华儿女奋勇前行，面对内外困境与挑战，展现出不屈不挠的斗志，在近代历史的洪流中表现得尤为突出，特别是自鸦片战争以降，中华民族为摆脱国家危机和实现民族复兴，展开了一系列艰苦卓绝的斗争。在这场斗争的序幕中，冯桂芬作为林则徐的学

生，首次提出"若要雪耻，莫如自强"的口号，反映了中国人民自救和救国的决心与自强不息的国家意志。其后，洋务运动的兴起标志着中国近代化进程的一大步，以"自强"为核心理念，倡导学习西方先进技术，力图通过自我改革和创新来振兴中华。严复在这一时期强调，要实现真正的自强，就必须全面提升民众的力量、智慧和道德，凸显了自强不仅是物质力量的增强，更是民族精神和文化素质的全面提升。康有为则在《公车上书》中借鉴《易经》中的刚健有为和尚动通变原则，提出了变法图强的宏伟蓝图，其思想深深植根于中国传统文化的精髓之中，展现了对古典智慧的现代诠释。孙中山领导的资产阶级民主革命和邹容所著《革命军》中的观点，将革命视为推动社会进步和实现公平正义的必由之路，体现了对中国传统"刚健自强"精神的继承，也为之注入了新的时代内涵。在这一历史进程中，革命是对旧有制度和不公正的挑战，更是一种对理想社会追求的表达。五四运动后，中国共产党人以"愚公移山"精神为指引，领导了反对帝国主义、封建主义和官僚资本主义的新民主主义革命，成功推翻了"三座大山"，为中国人民争取到了前所未有的自由和权利。新中国成立之后，再次以坚定不移的毅力，开启了探索社会主义革命和建设具有中国特色的社会主义道路的新篇章，无疑是对中国传统文化中"刚健自强"精神的深刻继承与发扬。

在中国传统文化的深厚沃土中，以人为本的精神理念历经千年流传，激发了对人的价值与尊严的深切尊重，引领人们在纷繁复杂的现实生活里探寻与实践人性的光辉。此种追求对道德价值的实现尤为关键，儒家思想以其独特的视角，认为人性内蕴的仁义礼智等美德尽管先天存在，却需要通过不懈的道德修养和意志力的锻炼才能充分展现与发挥。儒家哲学尤为强调个体的自我完善和道德实践，倡导通过道德教育培养高尚情操、塑造完美人格。尽管儒家提倡的先义后利、重义轻利等价值观可能会被批评为忽略物质利益和现实功利，但其在提升人的精神境界、培育具有道德追求的个体方面所发挥的作用是不容忽视的。中国传统哲学各派虽观点各异，却共同强调道德修养的重要性，致力于以人为本，为中华文化的人文主义精神传统的培育与发展贡献力量。历代的中国，涌现了无数注重修养、气节和独立人格的志士仁人，

他们的出现与成长，离不开传统文化中人本精神的滋养与激励。

在中国传统文化的深厚底蕴中，"天人合一"和"贵和"的理念承载着深远的哲学思考与精神追求，不断激发着人们主动担负起维护整体利益的责任，坚守着集体主义的价值取向。"天人合一"和"贵和"的理念将宇宙间的天、地与人类视为不可分割的统一整体，着力强调并致力于促进三者之间的和谐共生，将维护这一和谐作为己任。"天人合一"和"贵和"的理念还将个人、家庭与国家的福祉融为一体，视为分不开的整体，这种共有的文化心理构建了中华民族共同的精神面貌，对于民族的发展与强大起到了积极且关键的作用。儒家思想中的"修齐治平"是一种治国理念和深远的社会实践，倡导从个人修身、家庭齐治到国家治理的递进关系，强调个人与集体的和谐统一。道家的"道法自然"则从宇宙自然法则出发，提倡顺应自然，强调人的行为应与自然法则和谐共存，从而达到人与自然的统一。墨家所倡导的"尚同"理念体现了超越个体利益，追求整体和谐与共同利益的政治愿景。这种以整体为上的价值导向，不断地在中华民族的历史长河中展现其深远的影响力。促进了社会的和谐稳定，深刻影响了中华民族对于个人与集体关系的理解和实践。通过强调个体与集体利益的不可分割性，这一价值观念助推了社会整体利益的最大化，展现了中华民族深厚的集体主义精神和对和谐社会的不懈追求。

（三）整合创新

中国传统文化的基本精神体现了一个深远的历史过程，融合了多元的价值观，在"中华一体"的文化大格局中，将这些价值观熔铸成为一个有机统一的整体，为文化的创新和发展提供了动力，凸显了中华文化在广阔的版图上形成的民族精神的核心，展示了中华民族从孕育到形成，再到发展的漫长历程。在这个过程中，中国传统文化逐渐成熟和定型是一个复杂且持续的发展过程。中国古代文化的形成和演变，充分体现了在不同的历史时期和地域环境下，文化主体内容的多样性和独特性，对于地域文化和不同社会阶层文化的整合与创新起到了关键作用。古代中国文化的发展遵循多元与一体并存的格局，齐鲁、燕赵、巴蜀、荆楚、吴越、秦陇、岭南等地域文化，都是

中国古代人民在特定的自然环境和社会条件下，通过不懈努力和卓越智慧创造出来的，反映了各自地域的自然特色和社会文明的发展水平，同时体现了不同的价值观和人文精神，是在中华文化的大背景下，通过相互影响、融合，共同构成了一个丰富多彩且有机统一的文化体系。每一种地域文化都承载着该地区人民的智慧和努力，展现了中国古代社会的多样性和丰富性，同时为中华文化的整体发展贡献了独特的力量。在这个文化整合和创新的过程中，中国传统文化展现了其深邃的包容性和创新性，吸纳了各地域文化的精华，更在此基础上，通过不断地创新和发展，形成了独特的文化表达和价值追求。

但是，这些各具特色的地域文化，几乎都蕴涵着自强不息的奋斗精神，都有"中华一体"的文化认同意识。正是在这种共同精神的烛照下，多元发展的地域文化逐渐走向融合，成为中华民族文化大家庭的重要组成部分。在中国历史上，每一次大的统一，都伴随着文化和思想观念上的整合创新。秦朝的统一，不仅是政治和军事领域的胜利，更是文化和思想上整合的典范。通过实施"车同轨，书同文，行同伦"的政策，秦朝不仅统一了度量衡、文字、法律等，还为后世中国传统文化的统一和发展奠定了基础。这种做法体现了中国古代哲学中的整合创新精神，即在保留地域文化特色的基础上，通过整合创新，促进文化的共同发展，从而形成了更加丰富和谐的中华文化。隋唐时期和明清时期，中国文化的盛大恢弘气象更是在整合创新中得以体现。这些时期，不同地域的文化在被纳入中华民族文化的整体构架之后并没有消失，而是得到了进一步的发展和提升，文化的发展和提升既体现了对地域文化特色的尊重和继承，也展现了中华民族在面对多元文化时的开放态度和包容精神。中国古代哲学的理论思维为这种整合创新提供了深厚的思想基础。"贵和"思想是其中的典型代表，它强调通过和谐来达到创新，认为万物的发展和变化是通过对立面的整合而实现的，不仅适用于自然界的万物生长，也适用于社会文化的发展。正如《易传》中所说，不断地创新和发展是社会文化生生不息的根本动力。

中国传统文化的基本精神是整个民族共同精神追求的体现，在其发展和演变的历程中，逐步塑造了一种文化的宏大传统，深深植根于每一个中国人

的心中，成为跨越时间和空间的精神遗产。其中，"天人合一"的思想强调自然与人类的和谐共生，体现了中华文化对生态平衡和人与自然关系的深刻理解。"以人为本"的原则，凸显了人的价值和尊严在社会生活中的核心地位。"贵和尚中"的观念，则彰显了中华文化中深厚的和谐思想，无论是社会关系还是人际交往，都倡导中庸之道，追求平衡与和谐。"刚健有为"则体现了中国传统文化中的进取精神，鼓励人们在坚守原则的同时，积极行动、勇于担当。这些基本精神跨越了地域的界限，被全社会广泛接纳和认同，而且也超越了社会阶层，成为贯穿中国历史的坚固精神支柱。正是这些深刻的文化理念，使得中国的文化大传统在各个时代都能得到继承和发扬，并且在这一过程中，地域文化的多样性和特色得以保留和发展，既展现了中国传统文化的共性，也丰富了其内涵，使得文化传统更加多元化和丰富。值得一提的是，中国古代文化中的大传统与小传统之间的关系非常复杂，它们之间的相互渗透和兼容并蓄，使得文化传统展现出独特的包容性和多样性。

中国传统文化蕴含的基本精神，是一种深植于民族骨髓的趋善求治的价值追求。尤其是"贵和尚中"的理念，它孕育了中国人民追求社会和谐与统一、反对任何形式分裂的整体价值观，进一步营造了一种崇尚中庸之道、追求平和心态的社会氛围。与此同时，"天人合一"的思想激发了深究自然与人类关系的学术传统，形成了贯穿中国历史的各个时期、不同思想流派的共同价值追求和思维方式。这些观念在长期的社会实践中不断被强化和深化，渐渐转化为民族心理的深层结构，乃至演变成为整个民族集体意识的一部分，这种文化的潜移默化力量是其他任何因素难以比拟的。通过这些观念的相互作用和融合，中国传统文化展现出了一种既博大精深又宽厚务实的精神面貌。

第三节　中国传统文化与室内设计

一、中国传统文化与当代室内设计之间的关联性

从华夏民族悠久的历史长河中流淌而出的传统文化，与当代室内设计的

实践与创新，两者之间蕴藏着深厚的内在关联。首先，华夏传统文化作为一个底蕴深厚的宝库，为当代室内设计提供了无尽的素材与灵感，素材包括传统建筑的形式与结构，如斗拱、檐口、藻井，还包括传统装饰艺术中的图案、色彩与材料。设计师通过巧妙地运用这些元素，能够创造出既符合现代审美又充满文化韵味的室内空间，满足用户对于个性化、差异化设计的追求。同时，传统文化中的哲学思想，如"天人合一""道法自然"，也为室内设计的理念提供了深刻的指导，使设计作品能够超越形式，达到更高的精神境界。

当代室内设计作为现代艺术形式，是对空间的布局与美化，对传统文化的传承与弘扬。设计师通过深入挖掘传统文化的精髓，将其融入现代设计的理念与手法中，使得传统文化在室内设计中焕发出新的生机与活力，这种传承并非简单的复制与模仿，而是在理解的基础上进行创新与发展，使传统文化在现代社会中得以延续。同时，室内设计作为一种公共艺术，其受众广泛，通过设计作品，让更多的人了解并感受到传统文化的艺术魅力和美学价值，从而推动传统文化的普及与传播。在学术层面，这种关联性不仅体现在理论探讨上，越来越多的设计师开始尝试将传统文化与现代设计手法相结合，创造出既具有民族特色又符合现代审美需求的室内空间，通过深入分析传统文化与室内设计的关系，探索传统文化在现代设计中的应用价值与意义。从实践层面来看，传统文化与当代室内设计的结合也具有重要的现实意义。随着全球化的推进和现代化的加速，许多传统文化面临着被遗忘和边缘化的风险。而室内设计作为一种具有广泛影响力的艺术形式，通过巧妙运用传统文化元素，可以在一定程度上缓解这一危机，为传统文化的传承与发展提供新的可能性。

二、中国传统文化与室内设计的交融

（一）与竹文化的交融

1. 竹与文化

英国学者李约瑟曾经提出，东亚文明可谓一种"竹子文明"，揭示了竹

在中国乃至东亚文化中的独特地位和深远影响。竹子与中国文化之间的密切联系，早已渗透到人类生活的每一个角落，无论是物质还是精神领域，都显现出竹文化的深厚印记。从日常生活的细节到精神追求的高度，竹子的应用和象征意义贯穿其中，展现了一种与人类活动紧密相连的文化氛围。苏东坡的感慨更是具体展现了竹子在中国传统生活中的全方位影响。竹笋的清香、竹瓦的遮阴、竹制的器物、竹皮的质朴、竹纸的承载、竹鞋的轻便等，每一项都是竹文化在衣食住行娱乐等方面深入人心的体现。这不仅是对物质生活的丰富，更是一种文化精神的传承与展现。竹子在中国文化中的象征意义，尤其是其精神层面的影响，更是深刻。竹子所体现的如虚心、有节、挺拔、不畏严寒等品质，成为追求理想人格的象征，深深影响着中国人的审美观念和伦理道德。这些品质还影响了中国文学、绘画、工艺美术、园林艺术、音乐、宗教及民俗文化的发展，促进了中国文化的丰富多彩。

2. 竹文化与室内设计

为了说明室内空间中的竹文化理念，可以就竹材在室内空间的观赏从三个层面进行深入分析。第一层面，着眼于竹材的形式美，这种美来源于直觉感受，令人赏心悦目，激发出一种对自然纯粹之美的认识。竹材以其独特的线条、质地和色泽，给人一种和谐而优雅的视觉享受，使人在第一时间内就能感受到其带来的美感。第二层面，竹文化的意境美开始显现，这一层次的美超越了简单的形式感受，触动人们的情感世界。通过对竹的观赏和感悟，人们能够联想到更为广泛的自然景象与文化寓意，如竹的坚韧不拔象征着品格的高洁，其空心结构寓意着虚心。这种美是通过情感的共鸣来实现的，它需要观者投入自己的情感，与空间中的竹材或竹陈设品产生互动，进而引发深层的情感共鸣。第三层面，要求观者通过深度解读，洞察竹文化内涵与所蕴含的深刻意义。在这一层面上，竹不仅是一种物质的存在，更是一种文化的象征。设计师通过巧妙的设计，使竹材在室内空间的运用超越了单纯的装饰作用，成为一种传递文化、思想和哲理的媒介。这种设计不仅展现了竹的自然之美，更重要的是，它激发了人们对生活哲学、文化传统的思考和感悟。

观者在解读中发现意义，感受到设计背后的文化深度和精神追求，实现了从感官享受到心灵沟通的跃迁。

竹材室内设计不仅仅满足于形式上的美感，还追求一种视觉与情感的双重享受。所谓悦目指的是设计在视觉上给人带来的愉悦感，这是形式美的体现。赏心则是在美的感受之外，还能触动人的情感，引起人们内心的共鸣，营造出一种超越物质层面的精神境界。竹文化的深厚内涵融入室内设计中丰富了设计的文化底蕴，使得作品具备了独特的意义和价值。竹文化与室内设计之间的这种联系，正体现了文化与设计不可分割的内在联系。从设计与文化的深层关系中可以看到设计本质上是人类文化的一种体现形式。设计通过物质形态反映人的精神追求，并通过具体的生活用品设计来塑造人们的生活方式，而生活方式便是文化的具体表现。从精神到物质，从理念到实践，文化在不同的层面上渗透并影响着人们的生活，最终反映在每个人的生活态度和行为方式中。因此，设计在创造新的物质生活形态的同时，实际上也在创造并推动一种新的文化形态的诞生。当将视角转向竹材室内设计时，同样的道理也适用。竹文化的传承与创新在室内设计中获得了新的生命。通过对竹文化传统的深入挖掘与理解，设计师能够找到创新设计的灵感和根据。因此，深入研究竹文化不是单纯地复制或模仿传统，而是需要以一种发展的眼光来审视和重新解读竹文化，从而在设计实践中体现出竹文化的现代价值。这种基于对历史与文化深刻理解的设计实践，能够为不同背景和需求的人群提供独特的视角和灵感，引导人们对竹文化有更深的认识和感悟。

3. 竹材的绿色设计

绿色设计作为致力于最小化对自然环境影响的设计理念，其核心在于通过有效的资源和能源管理及废物的减少与回收，来实现对环境的保护。发达国家在金属和塑料废物处理方面取得了巨大成就，具体主要是通过分类回收与再利用。在一系列环保材料中，竹材的使用尤为引人注目，其几乎零污染的特性及天然材料的完全有机性，使得其在环保材料中占据了独特的地位。在竹材应用过程中应始终遵循可持续性设计的原则，融合自身经济性、功能性与审美性，确保与现代人对美好生活的向往相契合，为共享资源的后代创

造和谐共存的可能性。竹材通过减轻地球资源的压力，在人类活动与自然环境之间达成一种平衡，体现了全球性的环境责任感。并且竹材的广泛应用为农民提供了新的经济增长点，促进了与之相关的服务体系的发展，为农村地区的经济振兴注入了新的活力。

竹材的绿色设计包括两个方面的内容。一方面，设计思维的绿色化。设计思维的绿色化代表创新与活力的融合，反映出人类在精神与物质生活提升的过程中，对文化素养与审美追求的升华。当代社会对室内设计的要求不再局限于形式美的追求，而是展现了对文化深度与多样性的渴望。设计师在追寻艺术风格、文化特征及美学意境的旅程上，不断探索个性化、多元化的设计路径。特别是在竹装饰、竹家具及竹材陈设的设计领域，体现了对不同文化、艺术背景、个人修养、兴趣爱好及生活环境的深刻理解和尊重。

竹家具和竹艺是承载着丰富文化内涵与民族历史的载体，设计创新在这一领域的推进，依托于对传统文化精髓和历史渊源的深入挖掘，旨在激发设计本身的生命力和创造源泉，这种基于文化支撑的设计思维强调了绿色理念的重要性，致力于通过创新带给人们生活方式的新颖变化。在当下生态意识日益增强，人们呼吁生态环保，追求室内生态设计的时代背景下，绿色设计理念成为人类社会发展与进步的必然选择，促进了人与自然的和谐共存，也反映了现代审美趋向的演变。

另一方面，竹材的绿色化。竹材是珍贵的自然遗产，其生长速度之快、资源之丰富及性质之优越，令其成为绿色材料的典范。其短周期的生长特性意味着竹林能够在较短时间内得到恢复和再生，对于缓解当前资源过度开采的问题具有重要意义。竹材的综合性能还体现在其坚韧耐用、轻质高强及易于加工的特点上，使其在各种应用场景中展现出极高的适应性和实用性。在人造竹材的研发和生产过程中，从原料采集到产品制造，再到使用及废物处理的各个环节，均严格遵循低环境负荷的原则，通过减少有害物质的排放和污染，实现对人类健康的保护与提升，同时其环保特性为保护自然环境提供了实际行动的范例。

近年来，新竹材作为室内装饰的新宠，以其独特的质地特性和环保属性，

为室内设计领域带来了前所未有的创新机遇。新竹材的多样化应用打破了传统设计的束缚，促进了材料使用方式的革新，为设计师提供了一个广阔的创意空间。通过巧妙地将竹材与其他材质结合，可以创造出既具有现代感又不失自然韵味的室内环境，从而满足人们对于美观与功能并重的室内空间的追求。在室内设计中，对材料的选择极其关键，关乎空间的美观度，影响着环境的可持续性与生活品质。竹材以其卓越的环保性能和可再生特性，完美契合了绿色室内设计的理念，能够与室内的其他元素和谐共存，提升空间的整体氛围，赋予设计以生命力。中国拥有悠久的竹材利用历史，在现代设计中通过创新思维的运用，可以将这一传统材料转化为满足现代人审美和实用需求的室内装饰产品，展现了竹材的巨大潜力。竹材所特有的清新感和回归自然的氛围，为人们提供了一种身心俱疗的居住体验。在追求健康生活的当下，竹材的应用开辟了室内设计材料向绿色、健康转型的新路径，预示着室内材料设计将越来越多地倾向于自然、健康和舒适的方向发展。

（二）与徽州建筑文化的交融

1. 徽州建筑文化及其研究价值

（1）徽州建筑文化

徽州建筑作为中国历史文化的璀璨瑰宝，起源于中国安徽省南部，这一地区在历史上曾被称为新安、歙州，其地理位置特殊，这为徽州建筑的发展提供了独特的自然资源和地域特色。徽州建筑是徽州人民智慧的结晶，是集儒、道、佛等多种文化精神于一体的文化象征。徽州建筑的设计和建造，体现了徽州人民深厚的文化底蕴和精湛的工艺技术，成为中国乃至世界建筑史上一道独特的风景线。徽州建筑的精神内涵极为丰富，其中儒家思想的影响尤为显著。建筑布局严谨，注重等级秩序，体现了儒家倡导的社会和谐理念。同时，徽州建筑也融入了道家的自然哲学，其建筑设计巧妙地利用自然地形，追求与自然的和谐共生，体现了道家"道法自然"的理念。此外，徽州建筑在装饰艺术上亦融合了佛教元素，如佛教图案的雕刻，旨在传达一种超脱世俗、向往内心宁静的精神追求。徽州建筑的地域文化地位，与敦煌文化、藏文化并列，成为我国三大地域文化之一。这一地位源于其独特的建筑风格和

深厚的文化内涵，更在于徽州建筑所蕴含的经济、教育、社会、文学、艺术、工艺等多方面的价值。徽州地区自古以来便是经济繁荣、文化发达之地，徽商的兴起促进了徽州经济的发展，同时为徽州文化的繁荣提供了物质基础。徽州的教育传统悠久，科举文化盛行并培育了大量的文人墨客，为徽州文学和艺术的发展注入了新的活力。徽州建筑中的雕刻、彩绘等工艺，展示了徽州人民高超的艺术技巧，体现了徽州文化的多样性和创造力。

（2）徽州建筑文化的研究价值

自改革开放以来，中国文化艺术事业的蓬勃发展为传统建筑研究提供了广阔的平台。其中，对徽州建筑文化的深入挖掘和研究，展现了其独特的民族性和地域特色，为我国的传统建筑研究开辟了新的视角和方法。徽州建筑文化，以其深厚的历史积淀、独特的审美风格及其在村落规划、建筑形态和空间组织上的创新，成为中国传统建筑研究中的重要内容。清华大学建筑学院教授单德启对徽州建筑进行的深入研究，从村落规划、形态构成、空间组织等多个维度展开，为徽州建筑文化的研究树立了标杆，丰富了人们对徽州建筑特色的认识，为后来的研究者提供了宝贵的研究方法和视角。

徽州建筑文化的研究价值一是体现在其深厚的历史价值上。徽州建筑见证了中国古代社会的发展变迁，承载着丰富的历史信息。通过对徽州古建筑的研究，可以深入了解古代徽州社会的经济结构、社会组织、文化传统、居民的生活方式等，对研究中国古代社会历史具有重要意义。二是徽州建筑具有重要的审美价值。徽州建筑以其精湛的木雕、砖雕、石雕和彩绘工艺著称，展现了高超的艺术创造力和审美追求。徽州建筑的设计理念强调与自然环境的和谐共生，体现了中国传统文化中"天人合一"的哲学思想，独特的审美风格和设计理念为当代建筑设计提供了宝贵的灵感来源。三是徽州建筑文化的研究对于传统文化的传承与创新具有深远的意义。在全球化背景下，如何保护和传承传统文化，同时能创新发展，成为一个重要课题。徽州建筑文化的研究不仅有助于人们理解和保存这一独特的文化遗产，启发人们在尊重传统的基础上探索适应当代社会发展的创新之路。

2. 徽州建筑的主要特色

徽州地区山地丘陵较多，山峰山谷交错，水流充沛，因而素来有"八分半山一分水，半分农田和庄园"的评价。青翠的山地围绕着肥沃的平原，山峰上烟雾缭绕，仿佛一幅动人的画卷。众多文人画匠前往徽州游览，由此产生了有关徽州风景的大量诗句和美术作品，使得徽州名满天下。在古越人聚居时期，干栏式的建筑适应山地条件，因而在徽州地区大量出现。后来，发生在晋朝、唐朝和南宋的三次人口大迁徙改变了徽州原有的社会面貌，造成了人多地少的困境，土木结构的楼房逐渐成为徽州建筑的主要形式。从明朝开始，徽商在中国的影响力不断提高，士族观念浓厚的商人把钱投入到住宅、祠堂等建筑的建造之中。尊儒尚教的社会风气和宗族制度的稳固，使得重视教育成为徽州人的传统。徽州建筑在结构、布局、装饰等方面的文化积淀越来越深厚，最终表现出同文人墨客紧密相关的诗画美感。

（1）地理特色

徽州地区地形以山地、丘陵为主，特殊的地理环境决定了徽州建筑必须适应多变的地形条件。徽州古建筑多采用"就势利导"的设计理念，巧妙利用地形地貌进行建筑布局。例如，在斜坡地形上，徽州建筑会采用错层式设计，既适应了地形条件，又增加了建筑的层次感和美观度。地理环境的独特性也使得徽州建筑在材料的选用和建筑技术上展现出地域特色。由于徽州地区山木丰富，木材成为徽州建筑的主要建筑材料，发展出一套完整的木结构建筑体系。徽州建筑大量使用木雕、砖雕、石雕等装饰手法，体现了徽州工匠的高超技艺，使得徽州建筑在视觉上更加精美和独特。此外，徽州地区水资源丰富，徽州建筑也充分考虑到水的利用和景观设计，如通过建造水院、引水入宅等方式，将自然景观融入日常生活，展现了与自然和谐共生的建筑理念。

（2）布局特色

徽州建筑布局上的一大特色是"三进四合院"式布局，第一进通常是门楼，起到隔离内外空间的作用；第二进多为客厅或会客区，展现主人的品位和地位；第三进则是家庭成员的居住空间，私密而温馨。另一个显著特点是

徽州建筑的空间布局极其讲究"借景"，通过巧妙的设计手法将自然景观引入建筑之中，使得建筑与周围的自然环境和谐共生。例如，徽州建筑经常设有天井和内庭院，为室内提供了充足的光照和良好的通风条件，让居住者在家中即可欣赏到四季变换的自然美景，体现了中国古代建筑设计中的"天人合一"理念。徽州建筑还特别注重建筑的对称性和中轴线的布局，在视觉上给人以平衡感和稳定感，还象征着家庭和社会的秩序。在细节处理上，如厨房和卫生间的位置，通常设在便于排水和保持卫生的地方，既体现了对居住者日常生活便利的考虑，又遵循了古代建筑中"隐蔽"的设计原则。

（3）历史特色

徽州建筑历史悠久，其发展经历了宋、元、明、清等多个朝代的演变，每个时期都在徽州建筑中留下了独特的印记。例如，在明清时期，徽州地区经济繁荣，徽商兴起，这一时期的徽州建筑在规模、装饰上都有了更为精细和豪华的表现。徽州建筑的木雕、砖雕、石雕等装饰艺术达到了极高的水平，这些精美的装饰不仅展现了徽州工匠的高超技艺，也反映了徽州人对美好生活的追求和审美情趣。

在室内设计中体现徽派建筑诗情画意的思路有三种。

第一，文化符号再现。符号是一种象征性的标志，能够传递深层文化意义，并非简单的直观图形，而是通过凝练和概括的形象，映射出更为复杂的概念和情感。在室内设计领域，尤其是对于具有浓郁地域文化特色的空间，如徽州建筑，设计师通过提取徽派建筑的语义片段，将充满文化气息的元素移植到室内空间中，创造出一种时间和空间交错的体验，让现代的居住环境与古典美学产生对话。这种设计方法的精髓在于如何恰到好处地平衡传统与现代的元素，使得空间既展现出历史的深度，在室内空间中植入一种古典的意境美感，触动居住者的情感，唤起对传统文化的尊重和怀念。这种思路简单而直接，应用极为普遍，主要有两种表现形式：① 徽州建筑风格精妙地融合了传统雕刻艺术与现代设计理念，展示了中华文化深厚的底蕴与时代感的交融。该风格特别注重利用徽州三雕（木雕、砖雕、石雕）的传统技艺，对室内空间的桌椅、门窗、屋翎、围栏等进行精细雕刻，以古老图案的直接运

用或是在简化后加以创新应用，巧妙地将年代感与艺术美感融为一体。例如，在徽州建筑中，天井是重要的采光、取景和排水结构，其雕饰在许多餐厅的室内设计中被巧妙用于吊顶装饰，通过现代化工艺的融合，创造出既具有徽州建筑传统韵味又满足现代审美需求的诗意空间。② 现代室内空间设计在借鉴徽州建筑特有的局部特点时，展现了对传统文化的深刻理解与创新性转化。徽派建筑经常通过对比手法来凸显门罩、台阶等建筑元素的气势，这种设计思想在当代民居室内设计中得到了新的诠释。设计师通过提升台阶重现了徽州文化的象征，以灵活多变的设计手法，为居住空间注入了浓郁的文化氛围与书卷气息，体现了对传统建筑精神的继承与发扬。

第二，文化符号再生。徽州建筑作为中国传统文化的瑰宝，其设计理念、空间布局、装饰艺术等多方面均体现了深邃的文化底蕴和独到的审美价值。在此基础上，室内空间设计的创新并非简单的模仿或复制，而是在继承中探索、于传统中创新，旨在达到古今交融、文化与时尚并存的效果。现代室内设计在借鉴徽州建筑文化时，必须考虑到建筑功能的多样性和空间尺度的差异性，设计师要深入研究徽州建筑的形式与内容，根据现代生活方式对空间的具体需求进行科学的量化分析，以确定适宜的空间尺度，确保建筑符号的适当调整，保持建筑文化的连续性，满足现代社会对功能性、舒适性及美观性的高标准要求。在处理空间结构和装饰细节时，将徽州建筑的传统元素转化为满足现代审美和使用需求的新形式，需要对传统文化符号进行重新解读和创造性转换。例如，液体壁纸、金属雕花板、无水粉刷石膏等新型材料的应用，使得空间设计保留了徽派建筑的经典美学，确保在视觉和功能上都赋予室内空间全新的生命力和表现力；通过对马头墙、飞檐等传统建筑元素的动态解读和夸张处理，在某种程度上促进观者对于徽派建筑文化内涵的思考与理解，展示徽州建筑文化的时代演进，为现代室内设计提供了丰富的创新灵感和实践路径。

第三，抽象关联。根据提炼与重构的原则，设计师在工作中不应拘泥于形态上的相似，并不是只有白墙青瓦、马头墙等形态特征才能代表徽州建筑的特色。古徽州建筑的文化内涵丰富，很多语义符号有着可供探索的空间。

为了提高室内空间设计的水平，设计师可以努力发掘徽派建筑的精神意蕴，从诗词和雕刻作品入手，对徽派建筑的语义符号进行抽象化，利用联想和隐喻的手法拓宽设计作品的深度，进而更好地满足大众的情感需求。例如，设计师在进行人民大会堂安徽厅的室内空间设计时，在大厅四周设置了具有鲜明装饰风格的抽象化屋檐，表达出四水归明堂的美好祝愿。这个巧妙的设计不仅充分体现了徽州建筑的特色，也为室内空间增添了诗画般的田园风情，因而广受赞誉。

（三）与诗词文化的交融

1. 选择中国诗词元素的原因

在当代社会，随着西方文化在全球范围内的广泛传播及生活节奏的加快，西式设计风格因其简洁、现代的特点而广受欢迎，对各领域的设计理念和审美趋势产生了深远的影响，但其在推动文化多元交流的同时使得传统文化的传承面临挑战。中国传统诗词文化蕴含了丰富的哲学思想、艺术精华和生活智慧，是民族身份和文化自信的重要体现。因此，将中国传统文化元素融入现代室内设计能够创造出具有中国特色的空间，引发人们对美好生活的向往和对传统文化的深层次思考，还能在视觉和情感上给予人们以美的享受和精神的慰藉，具体包括以下三个方面。

（1）体现品位

中国诗词蕴含的文化精神和审美情趣，能够为室内设计增添一种非凡的韵味和格调。诗词中的意象和情感，如山水、花鸟、风月等，不仅是对自然美的赞颂，也寄托了诗人的情感和哲思，这些元素在室内空间的应用，如墙面的书法作品、装饰画，以及与诗意相呼应的家具设计等，能够营造出超脱尘俗的雅致环境，体现了居住者对生活品质的追求，同时展现了居住者的文化素养。

（2）释放情绪

从释放情绪的角度来看，室内设计不仅是为了满足生理需求的空间布局，更是情感表达和心灵对话的场所。中国诗词以其独特的情感表达方式，能够激发人们内心的共鸣，为现代人在快节奏的生活中提供了一种心灵的慰

藉。通过将诗词与室内设计元素相结合，可以创造出一种既有美感又能触动心灵的居住环境，使人们能够在家的每一个角落都感受到诗意的存在，从而在无形中缓解生活和工作的压力，提升生活的幸福感。

（3）提升品质

设计师通过对诗词的深入理解和创意转化，可以将传统文化的元素以现代设计的语言进行重新解读和呈现，增加了设计的深度和内涵，体现了设计师的创造力和艺术修养。例如，利用现代材料和技术手段，将诗词中的意境通过光影、色彩、线条等元素具象化，既保留了传统文化的韵味，又满足了现代审美的需求，从而使得室内空间既有传统的温度，又不失现代的触感。

2. 中国诗词元素的特色

中国先民为弱化劳动过程中的强度和疲劳，创造了愉悦精神的诗词，并在之后的各时代下延续发展。诗词是带有作者主观意愿的艺术作品，受时代影响，其作品反映了当下审美观，同时又影响着环境艺术审美。

（1）时代特色

中国诗词跨越了从先秦到近现代的广阔时间线，每个历史阶段的诗词都深刻反映了那个时代的社会风貌、人文精神和审美趣味。例如，唐诗以其雄浑豪迈、意境开阔而著称，反映了唐朝国力强盛、开放包容的时代特征；宋词则以其细腻柔和、情感丰富而闻名，映照了宋代社会经济的发展、文人士大夫情感世界的内敛与精致。这些时代特色为室内设计提供了丰富的文化背景和情感色彩，使得设计师能够根据不同的设计主题和空间氛围，选择与之相匹配的诗词元素，从而营造出既有时代气息又符合现代审美的居住环境。

（2）形式特色

中国诗词在艺术形式上具有极高的审美价值和独特的表现手法。从诗的格律、韵律到词的曲折含蓄，再到曲的流畅自然，每一种形式都有其独特的韵味和审美追求。例如，唐诗那精练的语言、明快的节奏，能够在室内设计中通过简洁而有力的线条、明亮而鲜明的色彩搭配来体现；宋词那细腻的情感和丰富的意象，则可以通过室内空间的柔和光影、细节装饰等元素来呈现。诗词在形式上的多样性和灵活性，为室内设计提供了无限的创

造空间和表现可能，使得设计作品能够在保持现代感的同时，又不失文化深度和艺术魅力。

（3）表达特色

中国诗词在表达情感和描绘自然景观方面的独到之处，为室内设计带来了灵感和创新的源泉。诗词中那些关于山水、花鸟、云雾等自然景观的描绘，为现代室内空间营造出一种超越现实、接近自然的美学体验。同时，诗词中蕴含的深刻情感和人文关怀，也使得室内设计能够超越物质层面的美观，触及人们内心的情感世界，营造出温馨、和谐、富有人文关怀的居住环境。

3. 中国诗词元素在室内设计中的应用分析

（1）空间

中国诗词之美在于其精湛的艺术形式和深邃的文化内涵，中国诗词在字数、句式、对仗等方面的严格要求，展现了结构美、均衡美与和谐美的独特魅力。正如景物描绘遵循的高低、上下、内外顺序，通过巧妙的布局达到错落有致、层次分明的美学效果，中国诗词的这一特征为室内设计提供了重要的启示。在室内空间设计中，通过递进式铺陈、运用错位、高差、穿插、悬挑、重组等手法，能够创造出富有层次感和动态美的空间布局，从而呈现出兼具审美价值和艺术效果的室内环境。

室内空间的组织方式根据界面的围合程度和对视线与声音的隔离程度，可划分为开敞空间、封闭空间和半封闭空间，在空间上的划分便于室内设计的具体实施，对于营造不同的空间氛围和使用功能具有指导意义。通过墙、窗、柱、楼梯、栏杆、隔扇、屏风等建筑构配件，以及帷幔、挂饰、镜面等装饰物的巧妙运用，设计师可以根据不同的设计需求和审美目标，创造出既实用又美观的室内空间。中国诗词中对空间与周围自然环境的交流尤为重视，尤其是在中国园林设计中，对景、借景的手法被广泛应用，以加强空间的层次感，创造出胜似自然的山水意境，体现了中国传统文化中"天人合一"的哲学思想，为现代室内设计提供了丰富的灵感来源。通过山石、水体、植物等自然景物的巧妙布局，设计师能够在室内空间中营造出一种既有自然美

感又能满足人们审美和情感需求的环境。动态空间与静态空间的划分，基于人的心理感受和空间的使用功能。通过人工流水、匾额、楹联等元素的运用，设计师可以创造出动态的空间感受，使人们在其中能够体验到时间和空间的流动。相反，静态空间则依赖于动态空间的衬托，通过营造一种宁静、深远的氛围，引人深思，这种以动衬静的设计手法，正是中国诗词中常见的艺术表现手法，如王维诗中"空山不见人，但闻人语响"的意境，便是通过动态的元素衬托出静态空间的深邃和宁静。中国诗词讲究虚实留白，倡导以平淡、简雅为美，通过事物的堆积与排列、现代工艺的创新运用，可以在室内空间中营造出具有意境的虚实效果，既展现了物品的形式美，又留有足够的空间给予人们想象和思考的自由。此外，诗词中的"小中见大"手法，在室内设计中的应用，即便是有限的空间，也能通过巧妙的设计展现出无限的情感和意境，以简胜繁、以少胜多，从而达到既节约资源又满足人们审美需求的设计目标。

（2）造型

在现代室内设计领域，中国诗词元素的运用日益成为体现空间文化内涵与审美情趣的重要方式。尤其在立面设计中，诗词元素的引入丰富了空间的文化层次。立面作为室内空间直观感受的主要界面，其设计和装饰的方式直接影响着整个室内环境的氛围和风格。

立面造型的设计，深受中国诗词中内容、意境与象征的启发。通过对诗词中意象的简化、提炼和概括，将其转化为具有象征意义的视觉符号，再结合形式美法则——变化与统一、对称与均衡、比例与尺度、节奏与韵律、对比与调和、空白与疏密，进行巧妙地组合排列和细节处理，最终形成具有明确意义和美感的立面造型。

孔子的"绘事后素"思想，强调了自然之美应当超越人工装饰之美，这一哲学思想对现代室内设计具有深远的启示意义。"绘事后素"思想倡导设计师在创作过程中追求"大美无言、大象无形"的境界，即通过对复杂元素的精简和对简单元素的深化，达到一种极简而不失深意的设计效果。近年来，东方极简主义的兴起正是这一设计理念的体现，追求形式上的简洁和视觉上

的清爽，更注重通过最少的设计元素传达最深的情感和文化内涵，展现了一种超越物质层面、触及心灵深处的设计美学。

（3）材料

在当代室内空间设计实践中，西方设计理念及其现代工艺材料的广泛应用，虽然在一定程度上推动了设计领域的发展，但导致了设计风格的趋同化，逐渐淡化了地域文化的独特性。对于这一现状，中国诗词元素的引入赋予了室内设计以鲜明的风格特征，通过选择与诗词精神相契合的材料——木材、竹藤、纱制品、丝绸制品、砖石、金属等，传递出格局高雅、简约自然的设计理念，从而有效抵抗了设计同质化的趋势，增强了空间的认同感，并促进了历史文脉的传承。

木材作为一种历史悠久的建筑与装饰材料，在中国传统室内设计中占据了举足轻重的地位。因其天然、温暖的质感被广泛应用于建筑结构、家具制作和装饰饰品，能够承载丰富的文化象征意义，因此被赋予特殊的情感价值。苏轼的名句"可使食无肉，不可居无竹"便是对竹子这一材料文化属性的高度概括，体现了超然不俗的人生态度和对简约生活的追求。在这一观念指导下，竹材的选用不仅是为了追求视觉上的美感，更是为了在室内空间中营造出一种清新脱俗、回归自然的氛围。随着工业技术的发展，传统材料的表现形式得到了丰富和更新。现代工艺技术使得木材、竹藤等材料能够以更加多样化的形式出现在室内设计中，无论是空间造型、家具制作还是装饰细节，都可以见到传统文化元素与现代设计理念的完美结合。这种结合不仅让室内空间的设计更加符合当代审美和使用需求，也保留了材料与自然的连接，使得室内空间能够在视觉和情感上与诗词中描述的思想意境产生共鸣。

（4）色彩

色彩在视觉艺术中扮演着至关重要的角色，能够直接影响观者的情绪和感受，在无声之中传达深刻的意义和情感。在中国古典诗词中色彩的运用尤其讲究，诗人们通过对色彩的巧妙描绘，将丰富的情感和深邃的意境融入文字之中，使得简练的诗句之间蕴含着无限的画面感和联想空间。在室内设计中，色彩的运用同样是构建空间氛围和传递设计理念的关键因素。通过对古

典诗词中色彩描写的研究和解读，可以从中汲取灵感，运用相应的色彩搭配来营造特定的空间氛围。例如，白居易诗中的"日出江花红胜火，春来江水绿如蓝"，通过红与绿的补色搭配，在视觉上形成强烈的对比和冲击，深刻传达了诗人对江南春色的无限赞叹和向往。此外，室内设计中对诗词色彩描写的引用，广泛地应用于表达特定季节、节日等主题。例如，在营造秋季氛围的商业空间中，设计师可能会选择苏轼诗中的"最是橙黄橘绿时"的色彩搭配，利用橙黄色、橘色与绿色的和谐组合，营造出一种温暖而又生机勃勃的秋日氛围；在元宵佳节时，则可能通过大型植物与红白灯光的搭配，再辅以诗词佳句的点缀，营造出喜庆而又充满文化韵味的空间氛围。这种设计手法，不仅能够提升空间的视觉美感，更能够在无形中增强人们对传统文化的认同感和归属感，达到陶冶情操、启迪智慧的效果。

第四节　中国传统文化在现代室内设计中的应用

一、中国传统文化在现代室内设计中的应用价值

（一）提升空间的文化品位

　　文化品位可以展现设计作品的深度和内涵，还可以反映居住者的审美情趣和文化素养。中国传统文化以其丰富的历史背景和深厚的文化底蕴，使空间设计具备现代功能性和舒适性，并展现出独特的文化品位。中国传统文化中的经典装饰元素在现代室内设计中起到点睛之笔的作用，传统的木质家具以其独特的纹理和质感，赋予空间一种自然、质朴的氛围。例如，古典红木家具的使用提升了空间的文化品位，为居住者提供回归自然、追求简朴生活方式的空间。同样，陶瓷艺术作为中国传统文化的重要组成部分，其独特的光泽和质感为空间增添了高雅、宁静的气息。青花瓷以简洁的线条和雅致的色彩，既符合现代简约的设计风格，又展现了深厚的文化内涵。中国传统文化中的色彩搭配理念对提升空间的文化品位也起到了重要作用，中国传统文化中讲究"阴阳五行"的色彩搭配理论，不同色彩的合理搭配能够创造出和

谐、舒适的空间氛围。红色在中国传统文化中象征喜庆和吉祥，常用于节庆装饰和喜事场合，在现代室内设计中，红色的适当运用可以为空间增添一份热情和活力。蓝色和绿色在中国传统文化中象征着自然和生命，通过这些色彩的运用，能够为空间带来清新、宁静的感觉，打造出舒适、放松的居住环境。图案和纹样也是提升空间文化品位的重要手段。中国传统图案和纹样丰富多样，具有深刻的文化内涵和美学价值，其中，龙凤图案象征着尊贵和吉祥，莲花图案象征着纯洁和高雅，梅花图案则象征着坚韧和不屈。在现代室内设计中，设计师通过对传统图案和纹样的创新运用，如将龙凤图案应用于家具、墙纸或织物上，可以为空间增添一份庄重和典雅的气息。中国传统文化中的建筑元素在现代室内设计中也有广泛的应用。传统的中式屏风以其独特的造型和精美的雕刻，为空间提供了一种灵活多变的分隔方式。屏风不仅具有实用功能，还具有很高的艺术价值，能够提升空间的文化品位。传统的中式窗棂也是一种重要的设计元素，通过对窗棂的现代诠释，设计师可以创造出既具有传统美感，又符合现代使用需求的窗户设计，赋予了空间独特的文化氛围。在提升空间文化品位的过程中，中国传统文化中的自然哲学理念也起到了重要作用。传统的中式庭院设计，通过对植物、石材、水景等自然元素的巧妙运用，营造自然与人文和谐共生的环境。在现代室内设计中，设计师通过引入植物、自然光、天然材质等元素，创造出既具有现代美感，又能够提供宁静、舒适环境的居住空间，不仅提升了空间的文化品位，还为居住者提供了一种回归自然、追求内心平静的生活方式。

（二）深化室内环境的精神寓意

中国传统文化中的哲学思想和精神内涵在现代室内设计中也有重要的体现。通过将这些思想融入设计能够创造出美观、实用的空间，还能够传递深刻的精神内涵和文化价值。例如，儒家思想中强调的和谐、礼仪等理念可以通过空间的布局、装饰等方式体现出来，使得空间具备美学价值，传递和谐、温馨的氛围。道家思想中的"天人合一"理念同样对现代室内设计具有重要的启示意义。通过引入自然元素，如水景、植物等，设计师可以在室内空间中创造出一种人与自然和谐共生的氛围。自然元素的引入不仅可以美化

室内环境，还能够调节室内空气质量，帮助居住者在繁忙的现代生活中找到一片心灵的净土，从而达到身心的平衡与放松。佛教文化中的禅意也在现代室内设计中得到了广泛的应用。禅意追求简约、宁静、自然的美学理念，通过极简主义的设计手法，设计师可以在室内空间中营造出一种清净、安详的氛围。极简主义强调去繁从简，舍弃多余的装饰和复杂的元素，使空间显得更加宽敞、明亮，让居住者在这样的环境中感受到内心的宁静和安宁，摆脱外界的喧嚣和浮躁，获得心灵的平静与和谐。

（三）促进文化多样性与创新

在全球化背景下，不同文化之间的交流和融合越来越频繁，中国传统文化作为世界文化的重要组成部分，其独特的艺术形式和审美理念为现代室内设计注入了新的活力和灵感。在现代室内设计中，设计师们越来越多地将中国传统文化与现代设计理念相结合，通过创新的设计手法创造出既具有传统文化底蕴，又符合现代审美需求的作品。例如，中国传统的图案、纹样、色彩等元素被巧妙地融入现代家具、饰品和装饰中，形成一种既现代又古典的独特风格。中国传统文化中的包容性和多样性理念在现代室内设计中也得到了充分体现，设计师们通过对中国传统文化与其他国家和地区文化的结合，创造出具有国际化视野的设计作品，不仅丰富了现代室内设计的内涵，还促进了不同文化之间的交流和融合。例如，将中国传统的园林设计理念与西方的现代建筑设计相结合，可以创造出既具有东方神韵又具备现代功能的庭院空间；将中国传统的刺绣工艺与欧洲的布艺设计相结合，可以创造出具有独特艺术魅力的室内装饰品。

二、中国传统文化在现代室内设计中的应用基础

（一）中国传统文化元素在现代室内设计中的应用方式

1. 直接使用中国传统元素

我国传统文化类型繁多，各类传统文化元素在现代室内设计领域扮演了各异的角色。对于这些元素的应用，直接采用一种广泛而简便的方法。例如，在客厅设计中，古代山水画可作为墙面的装饰元素，为单调的墙面增添活力，

极大地提升了客厅的艺术氛围；在书房设计中，书法作品挂饰墙上，书桌陈列笔墨纸砚，窗边摆设文竹及小型假山，可充分展现书房的清雅和书香，也增强了文化氛围。此外，我国传统元素中的图案设计极为丰富，如回纹、方胜纹等，可以直接应用于地毯和木柜边缘，通过细节处的装饰彰显传统文化之美。

2. 间接使用中国传统元素

在当代室内设计领域，与传统的复杂华美设计理念相悖，现代居民倾向于采纳简洁且现代的设计风格。在此背景下，对家具及装饰风格的选择呈现出从繁到简的趋势。因此，现代室内设计应当对中国传统元素进行有选择性和创造性的融入，既保留传统文化的韵味与内涵，又满足现代审美需求。具体而言，首先应对中国传统图案做出创新性改良，例如，将复杂图案简化，省略非核心细节，突出其独有特征，并通过放大其独特之处，以夸张手法增强图案的视觉冲击力，或是采用几何图形，以简约笔触凸显图案特色，将传统图案转化为现代时尚元素。其次，可以借鉴传统文化中色彩的象征意义，通过精心的色彩搭配和应用，为室内空间营造一种统一的基调，表达不同的情感氛围。最后，现代室内设计还应利用新型材料对中国传统元素进行重新解读，通过展现不同的材质和色彩，使传统元素与现代设计风格相协调，更显现代化气息。

（二）中国传统文化元素在现代室内设计中的创新实践

1. 空间布局与结构

（1）庭院式布局

在当代室内空间的构造与布局中，庭院式设计不仅向现代生活空间引入了古典韵味，而且实现了功能与审美的协调融合。庭院式布局的核心理念涵盖"借景"与"造景"，巧妙地将自然元素融入室内，消弭了室内外界限，使居住者即使身处室内也能感知四季交替与日夜更替的美感。庭院式设计在当代室内装饰艺术中的应用通过多种方式实现。例如，通过采用玻璃幕墙或宽敞的落地窗，将庭院内的绿植、水景或石景引入视野内，构成一幅栩栩如生的自然画卷。同时，室内空间设计可采用天窗、中庭等开放式结构，复刻

传统庭院的空间感受，使光线与空气在空间中自由流动，形成透明且舒适的环境氛围。此外，庭院式设计还突出空间的层次与序列感，在现代室内设计中，通过设定不同高度的平台、有序错落的家具布置及利用屏风、隔断等传统元素进行空间划分，营造出变幻莫测、内涵丰富的空间效果，这不仅丰富了空间的视觉体验，也提升了居住的趣味性与私密性。

（2）分区设计

分区设计作为深受传统文化影响的现代室内设计手法，主要在空间布局与结构优化中发挥作用。其基本理念源于古代的建筑布局与生活哲学，强调基于功能需求对室内空间进行逻辑性分割，同时确保空间各部分之间的整体协调。在当前的室内设计实践中，分区设计的实施主要体现在三个方面。① 根据居住者的日常生活习惯与需求，将室内空间细分为多个功能区，如公共活动区、休息区、工作区、厨卫区，不仅响应了居住者对生活功能的多样化需求，还提升了空间的使用效率与合理性。② 随着现代社会中个人隐私意识的加强，分区设计在合理配置室内空间方面扮演了关键角色，通过精巧的空间规划，使得各功能区既保持相互独立又保持必要的联系，既维护居住者的隐私权益，又保持空间的开放性和便捷交流的可能性。③ 在现代分区设计中，传统园林设计的借景和造景手法被广泛利用，通过精心设计的门窗、屏风等元素，引入自然光线和外部景观，从而实现室内外环境的和谐共生，营造一种内外互融的空间体验。

2. 色彩搭配

（1）传统色彩

传统色彩的应用首先体现于自然色彩的模拟。在中国传统文化中，对自然界的深入观察及其洞察是艺术创作的不可或缺的灵感源泉。因此，在当代室内设计实践中，设计师们常常从自然界汲取色彩灵感，例如，绿色象征着生命的活力，蓝色传达了一种宁静的氛围，而黄色则通常与财富和尊贵相关联。通过这些自然色彩的巧妙应用，能够为室内空间营造一种和谐而自然的氛围。此外，传统色彩的运用还体现在对历史色彩搭配的继承与创新上。在中国文化传统中，红色通常与吉祥和繁荣联系在一起，黄色则代表着尊贵与

庄严。在现代室内设计中，设计师们经常将这些传统色彩融合，设计出既有古典美感又兼具现代气息的空间，通过与其他色彩的协调与融合，赋予整个空间更加分明的层次感和立体感。传统色彩的应用不仅是对古代色彩的简单模仿。在当代室内设计中，设计师们也在不断探索和创新，将传统色彩与现代材料和技术结合，开创出更具创新性和独特性的色彩效果。例如，通过现代科技实现的光影效果与色彩的结合，可以在光线变化下为室内空间呈现出更加丰富和动态的视觉体验。

（2）色彩对比

在传统艺术领域中，色彩对比的应用是表达浓烈情绪与构建独特氛围的核心策略之一。该技巧在现代室内设计实践中得到了深化与革新。设计师通过精心的色彩对比运用，能够营造出视觉层次丰富、冲击力显著的空间效果。色彩对比的实施手法包括：利用冷暖色调之间的对比来营造温馨或清新的环境氛围；通过明暗色调的对比来增加空间深度或凸显特定焦点；运用互补色对比，以增强视觉的冲击力或形成鲜明的视觉对比效果。

色彩对比的策略也与其他传统文化元素融合，促成更具创意与深意的设计理念。例如，将传统图案与色彩对比结合，可令室内空间更富文化氛围；结合传统材料与色彩对比，则可创造出独有的质感和视觉效果。在应用色彩对比时，设计师还需要考虑到居住者的情感需求与室内功能的落实。不同的色彩对比搭配会引发居住者不同的心理反应，因此，在选择色彩对比方案时，设计师应依据居住者的个性化需求及室内环境特征作出恰当的选择。

3. 家具与装饰

（1）传统家具

在室内设计领域中，传统家具的应用主要表现为对经典款式的继承与创新。明式家具因其简约的线条、精细的制作工艺及卓越的功能性，深受当代设计师的推崇。在现代室内设计实践中，设计师往往将明式家具的传统元素与现代审美观念融合，打造出既有古典风格又符合现代审美的家具作品。传统家具的运用亦显著体现在材质选择上，主要以木材为核心，如红木、紫檀等，硬度高、色泽温和，拥有自然的纹理和独有的触感。在现代室内设计中，

传统材料经常与现代材料结合使用，以增强家具的质感和视觉冲击力。在运用传统家具时，设计师特别注重其与现代室内环境的和谐与整合，通过精心的配合与布局，使得传统家具在现代空间中展现出新的活力，并为室内环境增添了丰富的文化内涵与艺术氛围。

（2）文化装饰品

文化装饰物的应用策略极为多样化，传统手工艺品如陶瓷、刺绣、剪纸，常被运用于室内设计中，起到美化空间的作用。这些手工艺品不仅展示了精湛的技艺与独有的艺术表现形式，更是历史与文化的载体。设计师通过巧妙地利用这些文化装饰物，能够营造出具有地域特色和深厚文化底蕴的室内环境。

书法与绘画艺术作品同样是文化装饰的重要组成部分。书法通过其独特的笔墨表达，传递文字的深层含义；而绘画则通过具象的视觉呈现，展现视觉的丰富层次。在室内空间中恰当地展示书法与绘画作品，不仅能提升空间的艺术格调，还能为居住者提供文化熏陶及精神上的滋养。此外，文化装饰物的运用还涉及将传统元素与现代设计理念结合，例如，将传统图案与现代材料融合，打造出既有古典美感又符合现代审美的装饰物；或是将传统元素与现代艺术风格结合，形成独到的设计表达。文化装饰物的选择和布置需要考虑室内环境的整体风格与居住者的审美偏好，不同的文化装饰物会带来不同的视觉体验和心理影响，设计师需要依据室内空间的具体特征及居住者的个性化需求，精心选择适宜的文化装饰物，以实现最优的装饰效果。

4. 光影设计

（1）灯光设计

在灯光设计领域，利用光与影的巧妙操控，可塑造多样化的空间氛围与情感表达。传统中国哲学中，光影的交融常含有深邃的意蕴，体现了"阴阳相生、互为补充"的哲学原则。此原则在当代室内设计实践中得以应用，通过明暗对比的手法，创造出层次分明且意境深远的视觉效果。例如，在居家客厅中通过柔和的背景照明，可以营建一个温馨而舒适的生活环境；而在餐厅使用聚光灯照明，则能突出食物的诱人外观，从而激发食欲。同时，灯光

设计也与传统文化元素（如图案或书法）进行融合，通过灯光的投射与变化，创造动态的视觉体验，将传统艺术与现代科技结合，赋予室内空间独特的艺术魅力。在选择照明设备时，应优先采用高效节能的 LED 照明技术，以减少能源消耗及碳排放。同时，合理安排照明的使用时间、调节亮度和色温，不仅满足照明基本需求，还有助于能源节约目标的实现。

（2）光影投射

光影投射通过多种方式实现，其中最常用的是利用各种照明设备和灯光效果，例如，在客厅中，利用隐藏式灯带、壁灯、吊灯等照明设备，创造出温馨、舒适的氛围。调节灯光的亮度、色温和投射方向，可以突出室内空间的某一重点区域或装饰元素，增强层次感和立体感，人体最适宜的灯光亮度、色温、投射方向如表 5-1 所示。

表 5-1　人体最适宜的灯光亮度、色温、投射方向

亮度/lm	色温/K	投射方向
200～500	3 000～3 500	垂直于人眼水平视线
500～1 000	3 500～4 000	略高于人眼水平视线
1 000～2 000	4 000～4 500	平行于人眼水平视线
2 000～3 000	4 500～5 000	略低于人眼水平视线
3 000～4 000	5 000～5 500	垂直于人眼水平视线
4 000～5 000	5 500～6 000	略高于人眼水平视线

光影在室内设计中不仅依赖照明设备，还依赖通过镜面的反射、光的折射等光学效应。例如，在餐厅环境中，通过餐桌面的反射特性，可以营造出如梦似幻的视觉体验，进而为用餐氛围赋予浪漫与优雅的特质。将光影艺术与传统文化元素融合，已成为现代室内设计领域中的创新策略。例如，在书房里，通过将光影投射于传统书画或瓷器上，保留了传统艺术的精华，同时也与现代设计理念相结合，为室内空间注入了新颖的文化元素。在考虑光影设计时，还需要充分考虑人的心理和情感反应。不同的光影效果能引发人的不同情绪反应，如温馨、舒适或兴奋。因此，设计师应依据空间的具体功能及居住者的个性化需求，精心选择光影效果，以优化居住者的情感体验。

三、中国传统文化在现代室内设计的应用实践

宁波博物馆以其精妙的传统文化设计理念，成为现代建筑领域中的一颗璀璨明珠，本节以宁波博物馆为例，详细探讨其在室内设计中所体现的中国传统文化。

宁波博物馆是一座集人文、历史和艺术展示于一体的综合性博物馆，位于浙江省宁波市鄞州区。宁波博物馆是首位中国籍"普利兹克建筑奖"得主王澍"新乡土主义"风格的代表作，将宁波地域文化特征、传统建筑元素与现代建筑形式和工艺融为一体。博物馆外观被塑造成一座山的片断，外立面采用浙东地区瓦爿墙和竹纹理混凝土，主体二层以下集中布局，二层以上建筑开裂、微微倾斜，演变成抽象的山体。以下是对其室内设计中体现中国传统文化的详细介绍。

（一）空间布局与传统哲学的融合

在宁波博物馆的室内设计中，布局与空间规划无疑是展现中国传统文化精髓的重要方面。其空间布局遵循了我国传统的院落式结构，巧妙地借由多个相互连接的庭院和天井（如图 5-1 所示），营造出层层递进、曲折幽深的空间体验。这一设计不仅是向中国古代建筑智慧的致敬，更是对与自然和谐共生及人文精神深度追求的一种现代解读。首先，传统庭院与天井的融入。庭院与天井作为中国传统建筑中至关重要的组成部分，承载着调节气候、美化环境、提供休憩空间等诸多功能。宁波博物馆在室内设计中巧妙地引入了庭院与天井元素，借助精心谋划的空间布局，将自然光线与绿色植被引入室内，营造出一种"虽由人作，宛自天开"的意境。这种设计不但使得博物馆内部环境更为通透、明亮，而且让人在参观过程中能够体会到一份源自自然的宁静与和谐，仿若置身于一幅灵动的山水画卷中。同时，这种别具一格的布局方式，充分彰显了中国传统文化中"天人合一"与"和谐共生"的核心思想。其次，书院的布局理念。书院作为中国古代传播知识、培养人才的重要场所，其布局常常严谨有序、规整不紊，同时又不失文人雅士的闲情逸致。宁波博物馆在室内设计中借鉴了书院的布局理念，通过合理的功能分区和流线设

计，使得各个展厅之间既相互独立、自成一体，又相互联系、彼此呼应，形成了一个既便于管理、井井有条，又富有探索性、引人入胜的参观空间。这种布局不仅体现了中国传统文化中对知识的尊重与追求、尊崇与向往，也为游客提供了一个沉浸式的学习体验环境。再次，庭院与书院的结合。宁波博物馆在布局上最为独到之处，在于将传统庭院与书院的理念巧妙融合。庭院给书院创造了安静的学习与思考场所，而书院则赋予了庭院更加浓厚的文化底蕴。在博物馆中，这种结合不仅在物理空间的布局上有所体现，在文化氛围的塑造上更是展露无遗。依靠精心挑选的展品、富有文化特质的装饰及恰到好处的灯光设计，博物馆成功地塑造出了一种宁静而富有文化底蕴的空间氛围，使游客在参观过程中能够深切感受到中国传统文化的魅力与韵味。最后，通高空间的组织。宁波博物馆的内部空间布局以核心通高空间为轴线（如图 5-2 所示），将各个展厅和辅助空间有序组织起来。这一设计理念来源于中国传统建筑中的轴线布局，着重突出空间的层次感和秩序感。通过核心通高空间，参观者能够从一个展厅流畅流动到另一个展厅，形成了一种连贯且连续的参观体验。同时，这种设计还促使各个展厅之间相互呼应，共同组成了一个有机的整体。

图 5-1　天井

图 5-2　大厅（通高空间）

（二）文化主题展示

宁波博物馆的展览内容以宁波的地域文化为核心，精心策划常设主题展览和临时展览，通过实物、场景复原等方式，全面展示宁波地区的历史发展和文化特色，生动地呈现了宁波地区的历史变迁和民俗风情。《东方神舟——宁波史迹陈列》是宁波博物馆常设展览之一，此展览通过丰富的文物资料和多样的展示手段，详细呈现了从 7 000 年前的河姆渡文化到 1912 年前夕的宁波地区历史发展概况，重现了新石器时代的生活场景，还通过考古发掘出土的各类生活用具和艺术品，让观众能够直观地感受到远古时期的生活状态和社会结构（如图 5-3 所示）。而《"阿拉"老宁波——宁波民俗风物展》则重点展示了宁波传统民俗文化和生活风貌。该展览通过重现宁波旧式商业街的布局（如图 5-4 所示），展示经典的商标和产品，通过多媒体和互动设备让游客体验传统手工艺制作过程，如造纸、织布等。宁波的婚嫁风俗通过实物展览和场景再现，展示了传统婚礼的服饰、礼仪和习俗，让游客深入理解宁波文化在家庭和社会生活中的体现。

图 5-3　展厅局部（一）

图 5-4　展厅局部（二）

　　此外，宁波博物馆的内部空间布局体现了极高的合理性和科学性，其参观流线设计清晰，有效地引导游客有序参观，避免拥挤和混乱。从入口到各个展区，博物馆都精心设置了指示标识和解说牌，确保游客能够轻松找到自己感兴趣的展区。不同展区之间的过渡空间设计巧妙，既保持了各展区内容的独立性，又保证了展览的连贯性，使得整个参观过程既富有教育意义又具有观赏性。例如，从东方神舟展区过渡到"阿拉"老宁波展区，设计师巧妙地利用过渡走廊的布置引入了宁波的城市发展背景，通过历史照片和解说，让游客在参观新的展区前，能够桥接上一个时代的背景，增强了展览的沉浸感和教育意义（如图 5-5 所示）。

图 5-5　走廊

（三）材料与色彩的文化象征

宁波博物馆在内部装饰上的显著特点是大量使用了传统建筑材料，如竹、木、石、瓦。竹子作为生长迅速且易于获取的自然资源，在中国传统建筑中有着悠久的使用历史。在宁波博物馆中，竹材被用作装饰元素，还在一些结构性组件中发挥作用，竹材的灵活性和耐久性使其成为承重和装饰双重功能的理想材料，并且竹子的自然纹理和色泽也为博物馆内部空间增添了一份质朴和生态的美感。例如，在展厅的大面积墙面创新地使用了一种竹编的材料，它是利用宁波传统的竹编工艺，先将编制好的竹编固定在墙面上，再在此基础上刷灰色的油漆，呈现出一种灰色的肌理质感的材料。木材作为传统的建筑和装饰材料，能够营造出一种温馨和雅致的氛围，在宁波博物馆的内部装饰中木制品都经过了精心雕刻和设计，展示了精湛的工艺技术。石材作为一种重要的建筑材料，其坚硬、耐磨的特性为博物馆增添了稳固与厚重感。石材的纹理与色泽，在光线的照射下更显古朴与典雅，仿佛每一块石头都在诉说着过往的故事，让人不由自主地沉浸在历史的长河之中。瓦片作为中国传统建筑的重要元素之一，其独特的质感和色彩能够很好地营造出一种古朴、宁静的氛围。在博物馆内部的某些区域，如走廊、休息区或特定展览区，使用具有瓦片纹理或形状的装饰品作为点缀，瓦以艺术品、挂饰或墙面装饰的形式出现。此外，在公共空间中，有大面积的墙面运用了一种极具创新的材料，格外引人注目。其沿用了博物馆外墙所用的竹条模板的清水混凝土（如图 5-6 所示），这种材料采用毛竹来制作特殊模板清水混凝土墙。此工艺使得原本给人感觉生硬、冰冷的混凝土发生了令人惊叹的艺术质变。这种材料的运用不仅营造出了粗犷老旧的视觉感受，还隐喻了宁波乃至江南地区传统建筑中的质朴与坚韧。与此同时，竹材的使用也与宁波丰富的竹文化相呼应，展现了自然与人文的和谐共生。

在色彩运用方面，宁波博物馆的室内设计充分借鉴了中国传统建筑的经典色彩，巧妙地将黑色、白色、灰色、红色等色彩融合其中，呈现出别具一格的魅力与韵味。这些色彩在中国传统文化中各自蕴含象征意味，它们的组合与运用，既凸显了中国传统美学的智慧，也赋予了博物馆空间独特的文化

图 5-6　竹条模板的清水混凝土

氛围。黑色在中国传统文化中通常象征着深邃、稳重及权威。在宁波博物馆的室内设计中，黑色被应用于展厅的地面、顶面及一些重点展示区域的背景色，为整个空间营造出一种庄重而肃穆的氛围。同时，黑色的运用不仅使得展品更加突出，也让参观者在不经意间体会到历史文化的厚重。白色在中国传统观念中，象征着纯洁和高雅，给人以宁静、祥和的感受。在宁波博物馆的设计中，白色主要用于公共空间的墙面，起到中和其他色彩的作用，使整个色彩搭配更加和谐。灰色在中国传统色彩中往往代表着中庸和含蓄，它是一种过渡色，能够出色地协调黑与白之间的对比。在宁波博物馆的室内设计中，灰色被用于展厅的墙面及过渡区域，既不会过于抢眼，也能够衬托出展品和空间的层次感。红色在中国文化中象征着喜庆、热情和吉祥，是最具中国特色的色彩之一。在宁波博物馆的室内设计中，红色作为点缀色出现在重要的装饰部位或关键的视觉焦点，吸引参观者的注意力。这些色彩的运用，不单在视觉上起到了装饰性的效果，让博物馆的室内空间富有层次并产生变化，更重要的是，它们蕴含着丰富的文化内涵，悄无声息地传递着中国传统文化的价值观和审美观念。每一种色彩都承载着历史的记忆和文化的传承，使人们在参观博物馆的过程中，能够更为深切地领略到中国传统文化的魅力。

（四）光影运用与自然和谐

宁波博物馆的室内设计在光影设计中巧妙融合了自然光与人工照明，不但缔造了视觉上的盛宴，还深切传达了中国古典美学的意境追求。其设计精髓在于对光影艺术的精妙把控，既彰显了节能环保的现代理念，又蕴含了与自然和谐共生的哲学思想。首先，自然光的引入是设计的灵魂之所在。天窗与窗户如同画框（如图 5-7 所示），将室外的阳光与天空景色轻柔地引入室内，伴随时间流转而变幻莫测，给空间披上一层动态的纱衣。这种设计不仅赋予了室内空间以生命的律动，更让参观者感受到与自然的亲密对话，体验到一种超越物质层面的精神愉悦。其次，人工照明的巧妙配置进一步增强了空间的氛围与表现力。设计师通过用心挑选灯具、调整色温与亮度，以及控制灯光的角度与分布，模拟并强化了自然光的效果，为展品提供了恰如其分的照明，同时营造出舒适而富有层次感的视觉体验。这种照明设计不仅突出了展品的艺术魅力，更在无形中引导着参观者的视线与情感流动。例如，在展示文物和艺术品时，采用柔和的灯光进行照明，使展品更加突出、生动；在营造特定历史场景时，则采用更加逼真的灯光效果来还原历史场景的氛围。此外，宁波博物馆的光影设计还充分考虑了光影与空间的互动关系。通过光影的投射和反射，博物馆能够创造出更加立体、丰富的空间效果。例如，在廊道空间的设计中，利用磨砂玻璃等材料将自然光线引入室内，与人工照明相结合，形成柔和宁静的展示空间气氛（如图 5-8 所示）。同时，光影的变化还能够引导游客的视线流动，使游客在参观过程中不断有新的发现和体验。这种光影设计已然成为了宁波博物馆室内设计的神来之笔。光与影的交织、明与暗的对照，在空间中编织出一幅幅流动的画卷，使参观者在光影的变幻理体悟到一种含蓄而深邃的意境美。这种意境美不只是对中国传统文化的致敬与传承，更是对现代人心灵深处那份对自然、对和谐、对美好追求的回应与共鸣。

（五）装饰艺术与传统文化符号的运用

在装饰艺术方面，宁波博物馆的室内设计展现出了极为浓郁的中国传统风格，众多的中国传统装饰元素被巧妙地融入其中，造就了独特且又迷人的艺术景观。木雕、砖雕、石雕、壁画等传统装饰形式在馆内比比皆是，它们

图 5-7　天窗

图 5-8　廊道空间

相互辉映，共同营造出了极为浓厚的文化氛围。木雕工艺在宁波博物馆的室内设计中展现得淋漓尽致。精美的木雕作品频繁出现在门窗、梁柱等部位，其线条顺滑、造型生动，要么刻画着人物故事，要么描绘着自然景观，栩栩如生，令人称赞不止。砖雕则凭借其细腻的纹理和精湛的技艺，为建筑增添了古朴而典雅的气质。不管是在墙壁之上还是在门头之处，砖雕作品均展现出了独特的艺术魅力，仿若在诉说着岁月的沧桑。石雕作品在宁波博物馆里同样占据着关键的地位。坚硬的石材在工匠们的巧手中变得灵动且富有生命力，要么是威武的神兽，要么是精致的花卉，无不彰显出高超的雕刻技艺。这些石雕作品不但具备观赏价值，还承载着宁波地区丰厚的文化内涵。壁画作为一种传统的艺术形式，于馆内的墙壁上大放光彩。这些壁画色彩明艳、内容丰富，涵盖了历史典故、神话传说等众多主题。更为关键的是，这些装饰元素并非只是为了装饰而存在，它们背后蕴藏着丰富的文化内涵。这些文化内涵借助装饰元素的形式得以传承和展现，使人们在欣赏美的之际，也可深入认识中国传统文化的博大精深。

　　博物馆作为一个地区文化的集中展示之窗，其室内设计常常肩负着传承和弘扬地方历史文化的重要使命。在宁波博物馆的室内设计中，设计师巧妙

地将宁波的地方特色文化符号糅合其中，不仅展现了宁波地区深厚的历史底蕴，也传递了独特的民俗风情。首先，宁波作为一个历史悠久的沿海城市，海洋文化是其不可或缺的文化特质。在宁波博物馆的室内设计中，海洋文化的符号被广泛运用。例如，在墙面上运用了波浪形的线条和曲线来塑造空间形态，宛如海浪的起伏，鲜活地展现了海洋的韵律美。其次，宁波港是中国古代"海上丝绸之路"的重要起点之一，港口文化在此有着深厚的历史积淀。在博物馆的设计中，港口文化的符号同样被巧妙地融入其中。例如，展厅中的船舵、罗盘、船锚等元素的装饰和展示，不仅令人联想到古代航海的宏伟场景，也彰显了宁波作为港口城市的独特地位。再次，宁波博物馆的室内设计并非仅是对外在形式的模仿，更是对历史文化内涵的传承。借由文化符号的运用，博物馆讲述了宁波自往昔至今朝的发展历程，呈现了不同历史时期的文化特质。例如，通过古建筑的复原、历史文物的展示等方式，使参观者能够深入了解宁波的历史脉络。最后，宁波的民俗风情同样在博物馆的室内设计里有所体现。设计师运用地方传统工艺，如宁波刺绣、泥塑、竹编，装饰墙面和展柜，让参观者在欣赏展品的同时，也能感受到宁波民间艺术的迷人魅力。这些文化符号在博物馆的融入，不但营造了一个富有地域特色的空间环境，更是对宁波地区历史文化和民俗风情的一次深刻展现，让每一位踏入博物馆的参观者都能够在浓厚的文化氛围里感受到这座城市的独特魅力。

（六）记忆与传承

宁波博物馆的室内设计深度挖掘了宁波地区的历史文化，借由砖瓦、水和庭院的布局，营造了一系列能够唤起宁波参观者传统记忆的元素。这种设计不仅展现了地域文化特色，还赋予了空间独特的质感。砖瓦的应用不只是对传统建筑材料的传承，还体现了宁波地区独有的建筑风格。砖瓦在室内装饰中的应用，既彰显了地域文化特色，又赋予了空间独特的质感。这种设计手法，致使得参观者在欣赏展品的同时，也能感受到传统建筑的美学魅力。此外，在宁波博物馆的室内设计中，水与庭院的布局彰显了中国传统园林建筑的精髓。水景的设计不但美化了环境，还为参观者提供了一个观察自然、

学习生态知识的契机。庭院的布局让参观者在参观过程中，能够体悟到传统园林建筑的韵味，感受到一种宁静与和谐的氛围。这种设计理念，展现了对历史文化的尊重和传承，令参观者在感受现代设计之时，也能够深入了解和体验宁波地区的历史文化。

综上所述，宁波博物馆不单是一座展示历史与艺术的殿堂，更是一座鲜活展现中国传统文化生命力的舞台。在宁波博物馆室内设计中，传统文化的精髓被巧妙地融入室内设计的每一个细节之中，从光影的巧妙运用到空间的布局规划，再到材质的精心挑选与装饰元素的巧妙点缀，无一不透露着中国传统文化的独特韵味与深邃意境。这种设计手法不但让博物馆空间充盈着文化气息，更使参观者在漫步其间时，能够深切感受到中国传统文化的博大精深与独特魅力。宁波博物馆的室内设计实践，不只是对中国传统文化的一种致敬与传承，更是对现代设计语言的一种创新与发展。它凭借独特的视角和精湛的技艺，将传统与现代完美交融，缔造出了一种既契合现代审美需求又不失文化底蕴的设计风格。这种风格不但提升了博物馆的整体品质，还为人们提供了一个重新审视和认识中国传统文化的全新视角。

第六章 现代室内设计的多维观察：生态理论

在现代室内设计中，生态理论的深度融入已然形成全球风尚，彰显出设计界对健康可持续生活环境的坚定追求。生态室内设计秉承与自然和谐共生的理念，致力于在设计中优先选用可再生材料和节能技术，从而显著降低对环境的潜在影响。生态室内设计理论极度关注物理环境的持续性，力求在保障美观与功能性的同时，确保生态平衡和资源高效利用。这种设计理念不仅关注室内空间的舒适度和美观度，更重视室内环境对居住者健康的影响，以及对外部环境的贡献。随着社会环境保护意识的持续增强，生态室内设计正成为推动现代设计实践创新的重要引擎，为未来的室内设计探索提供了崭新的视角和前瞻性的思路。

第一节 生态室内设计概述

一、生态室内设计的起源

生态室内设计的起源可以追溯到人类对自然资源不合理开发利用所引发的环境问题。随着工业化和城市化进程的加快，人类对自然资源的过度开发和环境污染日益严重，导致了生态系统的破坏和生物多样性的丧失。这种状况引发了人们对环境保护和可持续发展的关注，也催生了生态设计的概念

与实践。1999 年 6 月，国际建筑师协会召开的建筑大会上通过了《北京宪章》，这被视为建筑领域的一个里程碑式事件。《北京宪章》明确指出，人类的生存之道在于人与自然的和谐共处，提倡建筑与自然环境的融合与共生，这一理念对于生态设计的兴起具有深远的影响。生态设计的关注点在于通过合理规划和设计，减少对自然资源的损耗，降低对环境的影响，提升人类居住和工作的舒适度与健康性。强调建筑与自然的互动与融合，追求人与自然的和谐共生，以满足人类的生活需求，同时确保环境的可持续性发展。生态设计注重从生态学的角度出发，考虑生物多样性、生态系统功能、能源利用效率等因素，通过科学的手段和技术手段来实现人类与自然的共生关系。在当今社会，生态室内设计已经成为建筑设计领域中备受关注的热点。设计师们开始更加关注建筑的环境友好性和可持续性，注重利用自然光、自然通风等设计手段来提升室内环境质量，减少能源消耗和废物产生。生态室内设计不仅关注空间美学和功能性，更强调对自然资源的保护和环境的改善，体现了人类对可持续发展的追求和责任担当。因此，生态设计的兴起与发展是对传统建筑设计模式的一种革新与改进，是人类对环境问题的深刻反思与回应。生态室内设计的实践不仅能够提升建筑的品质和价值，更能够促进人类与自然的和谐共生，推动社会朝着可持续发展的方向迈进。

二、生态室内设计的发展

随着环保意识的日益增强，生态室内设计作为绿色、可持续的设计形式，正逐渐受到人们的青睐，生态室内设计强调与自然环境的和谐共生，旨在创造对环境影响最小，同时能为人们提供舒适、健康的室内环境的空间。生态室内设计的发展可以追溯到西方设计界兴起的"绿色设计"潮流，以生态意识和环境为本为核心理念，强调节约原材料、使用可回收材料、避免产生污染环境的废弃物，并保护水资源和自然生物，为生态室内设计提供了坚实的理论基础和设计指导。

随着理念的深化和实践的积累，生态室内设计不断推陈出新。设计师们

纷纷采用可持续材料、节能技术，以及绿色空间的营造手段，来提升室内环境的生态性能。室内垂直花园、天然绿植等元素的融入美化了室内空间，带来了清新的空气和宁静的氛围。同时，柔性设计和高科技的融入也为生态室内设计注入了新的活力。柔性设计注重空间的灵活性和多功能性，可以根据居住者的需求进行灵活调整。而高科技的应用，如智能家居系统、声控技术等，则让室内环境更加智能化和便捷化，提升了居住体验。在实践中，生态室内设计充分考虑建筑物的使用目的、地理位置和周围环境条件。设计师们通过巧妙的构思和创新的设计手段，将生态理念融入每一个细节之中。例如，在低洼地带的建筑设计中，设计师们通过修建池塘等方式，将水保留在场地内，既解决了积水问题，又增强了住宅的自然氛围。展望未来，生态室内设计将继续发挥重要作用。随着人们对环保和可持续发展的认识不断提高，生态室内设计将成为未来室内设计的主流趋势，将引领人们走向更加绿色、健康的居住方式，为构建美好人居环境贡献力量。

三、生态室内设计的内容

（一）室内空间的设计

室内空间设计是生态室内设计的基础，关注的是如何合理规划和使用空间，以达到人与环境和谐共存的目的。

1. 优化空间布局

生态室内设计中空间布局的优化是为了提升空间使用的效率，通过合理的布局来最大限度地引入自然光和促进自然通风，减少对人造光和空调的依赖，从而降低能源消耗。设计师会细致考虑建筑的朝向、窗户的大小和位置，以及室内各个区域之间的相对布局，确保光线能够均匀分布于室内，同时促进空气流通，保持室内空气的新鲜和清洁。

2. 灵活多功能的空间使用

生态室内设计倡导灵活多功能的空间使用。在有限的空间内创造出多种使用功能，提高空间利用率，减少对新建筑的需求，降低对自然资源的消耗。通过移动隔断、可折叠家具等设计元素，根据需要快速改变空间布

局和功能，既满足居住者的不同需求，又能适应不同场合的使用，实现空间的最大化利用。

3. 强调室内外环境的融合

在生态室内设计中，强调室内外环境的融合是其核心理念之一。通过大面积的玻璃窗、开放式阳台、庭院等设计元素，将室外的自然风光引入室内，模糊室内外的界限，让居住者即使在室内也能感受到自然的美丽和宁静。此外，通过在室内设计中加入水元素、植物墙等自然元素，美化空间环境的同时，提升居住者的身心健康。

4. 采用环保材料和技术

生态室内设计在空间设计中还特别注重环保材料和技术的应用。选择可持续获取、可回收利用的自然材料，如天然木材、竹材、石材，减少对环境的负担。同时，利用先进的建筑技术和智能家居系统，如太阳能光伏板、雨水回收系统、自动调节的照明和温控系统等，提高能源使用的效率，减少碳排放，实现真正意义上的绿色生活。

（二）室内装修设计

在生态室内设计的范畴内，室内装修设计着重于选择对环境友好、对人体无害的材料，注重材料的色彩、质感与空间的和谐统一，旨在创造出既美观又健康的居住环境。首先，生态室内装修设计强调在材料选择上的环保性。在对墙面、地板、天花等空间围护体的处理中，避免使用易燃、易挥发和有毒的材料。例如，传统的油漆和壁纸可能含有对人体有害的挥发性有机化合物，长期接触会对居住者的健康造成影响。因此，生态设计倡导使用水性漆、天然石膏、竹材、再生木材等自然或回收材料，这些材料环保且有助于减少室内空气污染，保障居住者的健康。其次，生态室内装修设计在色彩和质感的搭配上很考究。色彩对人的情绪和心理有着直接的影响，合理的色彩搭配可以营造出舒适、平和的居住环境。生态设计倾向于使用自然色彩，如土色、石灰白、森林绿，这些色彩能够模拟自然环境，给人以归属感和安宁感。在材料的质感选择上，生态设计同样注重自然和可持续性原则，优先选择天然纹理和手感的材料，如天然木质、石材，提升空间的温馨感和舒适度。再次，

生态室内装修设计还强调对材料可持续性的考量，包括对材料的生产、运输、安装及未来的拆卸和回收过程的全生命周期评估。通过优选低碳足迹的材料，可以有效减少装修过程中对环境的负面影响。最后，设计时还考虑材料的再利用和回收，如使用模块化设计的家具和装饰品，不仅便于未来的更换和维护，也有利于资源的循环利用。在实践中，生态室内装修设计追求的是一种平衡，即在满足空间功能和美学需求的同时，最大限度地减少对环境的影响，保护居住者的健康，要求设计师在设计初期就深入考虑材料的来源、加工过程及最终的处置方式，确保每一步选择都符合可持续发展的原则。

（三）室内的物理环境设计

室内物理环境设计是生态室内设计中的一个核心环节，旨在通过对室内气候、采暖、通风、照明等关键指标的科学评价和综合调控，创建一个既能满足人类生理与心理需求又能维护局部生态平衡的室内环境。

1. 室内气候与采暖

室内气候的设计关注点包括温度、湿度、空气质量等因素，这些都直接影响到人的舒适度和健康。通过智能温控系统，可以根据室内外温差自动调节室内温度，既保证了居住舒适，又实现了能源的高效利用。采暖系统的设计则更多考虑到节能和环保，例如，地热采暖系统和太阳能采暖系统被广泛应用，它们能够利用可再生能源，减少化石能源的消耗，降低温室气体排放。

2. 通风设计

通风系统的设计旨在保证室内空气流通，改善空气质量。自然通风是最为环保和节能的通风方式，设计师通过科学布局窗户和通风口，利用风力和气压差实现室内外空气的自然流通。当自然通风无法满足需求时，可以采用机械通风系统，如带有高效能量回收功能的新风系统，能有效地减少能耗，同时保证室内空气的新鲜和清洁。

3. 照明设计

室内照明设计是满足室内光照需求，自然光的最大化利用是生态室内设计的重要原则之一，通过合理的窗户设计和布局，可以充分利用日光照明，减少人造光的使用，从而节约能源，同时自然光还能提升人们的心情和工作

效率。照明方面则广泛采用 LED 等节能灯具，并通过智能照明系统调节光线的强度和色温，以满足不同时间和场合的需求，同时减少能耗。

4. 综合应用

在室内物理环境设计中，还需要考虑到声环境的控制，通过使用隔音和吸音材料，减少噪声污染，创建一个安静的居住和工作环境。同时，环境心理学的应用能帮助设计师更好地理解人的行为和需求，设计创造出既舒适又能激发积极情感的空间。

（四）室内的陈设设计

在生态设计理念下，家具、装饰物、照明灯具等元素的选择和布局，都旨在促进室内环境的健康、舒适与环保。具体而言，这一设计方向强调的是陈设元素的灵活性、可拆卸性与多功能性，以及在设计过程中对弹性设计原则的融入。

1. 灵活性与可拆卸性

生态室内设计中的陈设项目强调灵活性与可拆卸性，以适应不同用户的需求变化及空间功能的多样性。生态设计理念鼓励使用模块化家具，家具可以根据需要轻松拆装和重组，为用户提供了高度的个性化空间配置方案，在减少资源浪费方面发挥了积极作用。例如，一个模块化的书架可以根据收藏的增减灵活调整层数和宽度，或者将一个大型的模块化沙发拆分为几个单独的座椅，根据室内活动的需要进行重新组合。

2. 组合方便与弹性设计

生态室内设计还追求陈设的组合方便性和弹性设计，在设计之初就考虑到家具和装饰品的多功能性，使其能够适应不同场景和用途的转换。弹性设计提升了空间的使用效率，延长了陈设物品的使用寿命，进而减轻了对环境的负担。例如，可作为餐桌也可作为办公桌的多用途家具，或者设计有隐藏功能的储物空间，这些都是弹性设计观念的体现。

3. 环保材料的选择

在生态室内设计的陈设中，材料的选择尤为关键。设计师倾向于选择可回收、可再生、低污染的自然材料，如竹、藤、天然木材、有机棉，这些材

料的生产和加工过程对环境的影响相对较小。此外，使用环保性材料的家具和装饰品外观自然、质感良好，有助于室内空气质量的改善，为居住者创造一个更加健康的生活环境。

4. 照明设计的考量

生态室内设计倡导使用节能灯具，如 LED 灯，相比传统照明灯具具有更长的使用寿命和更低的能耗。此外，合理的照明布局可以提升室内光环境的舒适度，通过自然光与人工光的有效结合，营造出既节能又舒适的光照环境。

四、生态室内设计的特点

（一）整体性

生态室内设计的整体性注重整个空间与周围环境的和谐共生，包括自然生态特征、建筑环境，以及室内设计元素之间的相互作用和统一。

1. 室内与建筑的和谐统一

生态室内设计强调室内环境设计是整体建筑环境的一部分，室内设计不能孤立存在，而应与建筑的外观设计、结构特点及功能布局紧密相连。在进行室内设计时，需要考虑建筑的总体风格、使用功能及与自然环境的关系，确保室内外空间的无缝衔接和统一协调。例如，在设计时会考虑建筑的方向、窗户的位置和大小，以最大限度地利用自然光，同时考虑建筑的形态和材料，以确保室内设计与建筑整体的视觉和功能协调一致。

2. 与自然环境的有机整合

生态室内设计还强调室内环境与自然环境之间的有机整合，设计过程中，深入分析项目所处的自然环境特征，如地理位置、气候条件、自然光照、风向，以此为基础进行设计，确保室内设计方案能够充分响应自然环境的变化，利用自然资源，减少对环境的负担，提高空间的使用舒适度和节能效率，增强人们对自然的感知和尊重。

3. 设计元素的整体协调

在生态室内设计中，各个设计元素之间的整体一致性也是不可忽视的，包括空间的尺寸比例、色彩搭配、材料质感及风格的一致性。设计师在选材

时，会偏向于使用自然、环保的材料，如天然木材、石材、竹材等材料本身就带有强烈的自然特征，能够增强室内空间的生态氛围。在色彩的选择上，会优先考虑自然色系，以营造出平和、舒适的环境感受。此外，设计元素在视觉和功能上的统一，也是实现整体性设计的关键，通过精心的设计，每一个元素都与整体空间的风格和功能需求相协调，共同构成一个和谐统一的整体。

（二）生态性

生态性是生态室内设计最为核心的特点，要求设计过程遵循生态学原则，将建筑与室内环境视为一个整体的有机生命体，其中建筑的外壳类似于生命体的皮肤，保护内部免受外界不利影响；建筑的结构则相当于支撑生命体的骨骼，确保整体的稳定性与耐久性；而室内环境及其元素则是生命体的内脏，直接影响着居住者的生活质量和健康状态。因此，设计过程中必须深入理解和应用生态学原则，将建筑和室内设计视为一个整体的有机生命体。通过一体化设计、室内外环境因素的综合考量、室内环境要素之间的协调，以及对自然环境影响的最小化，生态室内设计不仅能创造出健康、舒适的居住空间，还能促进人与自然的和谐共生，实现可持续发展的目标。

（三）人为性

在生态室内环境设计的实践中，人的因素占据了核心地位，体现了设计哲学中"以人为本"的深刻内涵。生态设计理念突出了对居住者关怀的重视，将人的需求和福祉置于设计的优先考虑之中。因而，生态室内设计满足于实现空间的功能性和美观性，更致力于营造一个健康、舒适、与自然和谐共生的生活环境。在这一过程中，要深入考虑如何通过设计满足人的基本生理和心理需求，如何在居住空间中创造出一种利于身心健康的氛围。此外，生态室内设计中的循环系统融入了人的活动与互动，居住者不再是被动的空间使用者，人的行为、习惯及其改变，都成为影响室内生态系统平衡的关键，从而实现了对室内环境质量的精准控制和优化。

（四）动态性

生态室内设计的本质是随着时间的推移而不断进化的，核心在于其能够

响应时代的变迁和人们需求的演变，体现了一种持续运动和变化的状态。在当前社会，随着人们生活水平的提升和对健康舒适生活环境需求的增加，生态室内设计的理念和实践也在不断地调整和优化，以适应这些变化。生态室内设计的动态性主要体现在设计元素和设计需求两个方面。设计元素的动态性指的是在设计过程中，对材料、色彩、光线等元素的灵活运用和创新，根据居住者的实际需求和环境的变化进行调整和变化，从而创造出既符合生态原则又满足居住者需求的空间环境。同时，设计需求的动态性强调随着社会发展和人们生活方式的变化，生态室内设计必须不断地对其设计理念、方法和技术进行革新，确保设计的持续性和前瞻性。因此，生态室内设计必须处于一个不断运动和演化的状态，要求设计师具有高度的创新意识和灵活的应变能力，深刻理解时代背景下人们对居住环境的新期待和新需求。

（五）开放性

生态室内设计旨在创造一个既有利于人类福祉，又有利于与自然环境和谐共生的居住与工作空间。在这一设计领域内，人类的智慧与创造力得以凝聚，从而确保了生态室内设计的广阔开放性，促进了其快速进步。此类设计更深层次地回应了人文关怀的诉求，与自然界的亲密联系更为紧密。

第二节　生态室内设计的原则与方法

一、生态室内设计的原则

（一）居住健康原则

生态室内设计中的居住健康原则是设计师在规划和布置室内空间时必须高度重视的一个方面。具体来说，居住健康原则主要包括以下几个方面。首先，选择环保材料。在生态室内设计中，选择无污染、无毒、无放射性的建筑材料是至关重要的。这些材料不含有对人体有害的化学物质，如甲醛、苯、氨等，能够保障室内空气的质量，减少室内空气污染对居住者健康的影响。环保材料还具有良好的耐久性和稳定性，能够有效延长建筑物的使用寿

命，减少维修和更换的频率，有利于居住者的生活质量和身心健康。其次，优化室内环境。为了提高居住者的生活质量和健康水平，生态室内设计要注重优化室内环境，包括室内通风、采光、温湿度控制等方面。良好的通风系统可以有效排除室内有害气体和异味，保持空气清新；充足的自然采光能够改善居住者的心情和精神状态，促进身心健康；合适的温湿度控制能够营造舒适的居住环境，防止室内潮湿和霉菌滋生，有利于居住者的身心健康。再次，设计室内布局。在生态室内设计中，合理的室内布局对于居住者的健康和舒适至关重要。设计师需要根据居住者的生活习惯和需求，合理规划室内空间，确保每个功能区域的布局合理、通风良好、采光充足。避免使用过多的装饰品和家具，尽量保持室内空间的整洁和通畅，减少尘埃和细菌的滋生，有利于居住者的健康和清洁。最后，提供良好的氛围。生态室内设计不仅要注重室内环境的物质条件，还需要关注室内氛围的营造。通过合适的色彩搭配、光线设置、装饰品摆放等方式，营造一个温馨、舒适、安静的居住氛围，有利于居住者的放松和休息，提高身心健康水平。注重自然元素的引入，如绿色植物、水景，能够增加室内空间的生机和活力，为居住者带来更多的快乐和愉悦。

（二）环境协调原则

在生态室内设计中，空间的创造与自然环境之间的平衡是至关重要的。一方面，设计师需要通过空间的布局和规划，尽量减少对自然环境的侵占和破坏，保护原有的自然资源和生态系统。另一方面，设计师还需要考虑如何在设计中合理利用和回收材料，减少废物和垃圾的产生，降低对自然环境的负面影响。在设计过程中，设计师必须认识到材料的使用不仅是为了满足功能需求，还应考虑其环境表现能力和可持续性。选择环保、可再生、可循环利用的材料是生态室内设计的重要方针之一，可以减少对自然资源的消耗，还可以降低对环境的污染，促进生态系统的平衡与健康。

设计师需要重视材料的原生态特点，即尽可能保持材料的原始状态和特性，避免过度加工和处理，以减少对环境的影响。例如，在选择木材时，可以优先考虑采用来自可持续林业的木材，减少森林资源的砍伐和破坏；在选

择建筑材料时，可以选择符合环保标准和认证的材料，如低挥发性有机化合物涂料和无甲醛的装饰板材，以减少对室内空气质量的污染。

此外，设计师还应该充分考虑材料的可再生性和可循环利用性，在设计中尽量选择可以回收再利用的材料，减少对环境的负荷。例如，可以选择可降解的材料，以减少对土壤和水源的污染；可以选择可回收的金属材料和玻璃材料，以减少对自然资源的消耗。生态室内设计的居住空间创造必然会涉及对自然环境的侵占和破坏，但设计师可以通过选择环保材料、优化设计方案、回收利用资源等方式，最大限度地减少对环境的影响，实现设计与自然环境的和谐共生。

（三）与自然相融合的审美原则

在当前室内设计领域的发展趋势中，生态室内环境设计凸显出其独特的魅力和重要性。该设计方向强调人与自然之间和谐共生的理念，倡导在室内空间创造出一种自然与人文和谐相融的美学境界。在具体实践中，生态设计理念的实现依赖于先进的科学技术、创新材料、清洁能源和先进制造工艺的综合应用，同时需要设计师将自然元素和风格巧妙地融入设计之中，从而达到人与自然完美统一的效果。随着人们生活水平的提高，对室内设计的要求已经远远超越了基本的居住和舒适度需求，更多地体现在个人审美追求和精神层面的表达上。室内空间是个人文化品位和审美情趣的体现，生态室内设计以其能够深刻表达个人对自然和谐之美的向往和追求，满足了人们在精神文化层面的需求。在工业文明的背景下，人类曾一度追求奢华和气派的设计风格，但随着生态文化的深入人心，人们开始重新审视与自然的关系，渴望恢复与自然的联系，寻求一种更加健康、可持续的生活方式。

在生态室内设计中，自然与人融合的审美表现得淋漓尽致。这种设计理念贯穿每一个细节，从采光、色彩到装饰元素，都充分体现了与自然环境的和谐统一。在采光方面，设计师们倾心于选择光线充足、光影变换丰富的设计方案。通过巧妙的布局和设计，使室内空间感得以延伸，同时与外界自然环境形成有机融合。在色彩运用上，生态室内设计更倾向于采用自然色调，如清新淡雅的绿色、温暖舒适的黄色等，以营造出温馨自然的氛围。

在装饰选择上，设计师们注重采用充满自然元素的材料。例如，选用绿植、生态景观及流水、巨石、假山等自然景观，让人们仿佛置身于大自然之中。此外，还运用花鸟鱼虫等元素，为室内空间注入生机与活力。这些自然元素不仅在视觉上给人以美的享受，更在触觉、嗅觉等方面提供了与大自然亲密接触的机会。

值得一提的是，随着材料科学研究的不断深入，生态室内设计在材料选择上有了更高的要求。设计师们不仅关注材料的低污染、可再利用、可循环等特性，还期望材料能够主动净化室内环境。这要求设计师具备综合分析能力，充分考虑周围自然环境条件及人类活动对室内环境的影响。同时，要深入挖掘材料本身的潜力，将其转化为有利于人与自然和谐共处的因素。

（四）可持续发展原则

在当今社会，生态室内设计的可持续发展性被赋予了更为重要的地位，代表了一种设计思维，更是对人类与自然和谐共生愿景的深刻诠释。与传统设计相比，生态室内设计的可持续发展性在本质上有着显著的区别，更加强调对环境的尊重和资源的有效利用，在满足人类需求的同时，降低对环境的负面影响，从而实现真正的绿色生活。可持续发展理念的提出，最早可追溯到1980年，由世界自然保护联盟（IUCN）、联合国环境规划署（UNEP）和世界自然基金会（WWF）共同发布的《世界自然资源保护大纲》。这一理念的产生，是基于对人口急剧增长和环境资源日益减少的深刻认识。在人类生存环境面临严重威胁的当下，为人类指明了方向，成为人类继续发展的必要指导思想。

为了实现生态室内设计的可持续发展，必须从节约资源、节约能源、简约实用、科学等角度出发。这涉及对现有室内设计的深刻反思，拒绝奢华浪费的观点，以及合理利用有效空间的必要性。在科学的设计原则下，人们需要不断优化设计方案，减少不必要的装饰材料使用，合理控制装饰成本，同时节约稀有的不可再生的自然资源。此外，室内的通风和采光也是可持续发展的重要方面。充分利用自然条件，如采用自然通风和采光的方式，不仅可以减少对人工能源的依赖，降低能耗，同时有助于提高室内环境的舒适度。这种与自然相结合的设计理念，体现了人类与自然和谐共生的美好愿景。

节约资源和能源是保持室内设计可持续发展的直接途径，特别是在不可再生珍贵资源的利用上。我国积极推广绿色、环保的生活方式，在室内设计领域，生态室内设计已逐渐成为新的发展趋势。下面对生态室内设计的关键环节进行详细解读。

首先，在土地使用和设计空间方面，应力求合理布局，摒弃奢侈豪华的设计风格。采用多层复合结构的空间设计，能在有限的空间内满足人们多样化的使用需求，提高空间利用率。

其次，通过科学、优化的设计，减少室内装饰的过多、冗余、繁复现象。在满足基本设计要求的前提下，最大限度地减少用料和材料使用，降低装修成本。设计过程中，充分考虑材料的可重复利用性和家具使用寿命。选用环保、绿色、安全、健康的绿色材料，如石材、木材、丝绵、藤类等天然装饰材料。这些材料相较于化学合成材料，具有无毒、环保、利于室内环境调节的优点。

最后，在采光、通风、噪声处理、能源使用方面，充分利用自然资源。例如，利用自然采光营造空间拓宽效果，考虑周围环境因素，提高室内空气质量，利用太阳能设计洗浴、水加热等设施，降低能源消耗。

相较于传统室内设计，生态室内设计更加绿色、环保，且艺术性更为突出。它强调设计过程中的参与性及大自然的存在感。通过生态室内设计，人们可在满足生活需求的同时，保护环境，实现人与自然的和谐共生。

二、生态室内设计的方法

（一）对传统因素的借鉴

"天人合一"的环境观深深烙印于中国古典建筑之中，且对今日之室内外建筑也产生着积极的影响。此观念倡导人与自然应和谐共生，体现了对自然的敬畏与尊重。在现代语境下，"天人合一"的内涵得以拓展，应借助人类对自然界的深刻认知与掌握的科学技术，构建适宜人类生活的环境，旨在实现人与自然的和谐共存。作为室内设计师应既要继承我国优秀的传统文化，又要敏锐地把握时代脉搏，确保当代室内环境设计能够沿着生态化的方

向稳步前行，为构建人与自然和谐共生的室内空间贡献力量。

古代建筑内部空间的构造，蕴含着诸多值得今人借鉴之处。从室内诸多元素中，可窥见古人之匠心独运。例如，框架式木构架建筑，其墙壁或为实体填充，或为虚无之隔，灵活多变。室内空间之划分，常借助于隔扇、罩、屏风等物，使得空间既可分又可合，灵活多变。天花、藻井的精心装饰，与屋架构件的巧妙配合，以及室内陈设与绿化的衬托，共同营造出如自然般的灵动与活跃氛围。此外，室内空间也通过门窗与室外相沟通，将天地之大美悄然引入。而亭子与特殊的厅堂，如"四面厅"等，则直接敞开于室外，使室内小空间与大自然融为一体，彰显出古人对和谐共生的深刻理解与追求。

室内环境作为建筑环境的有机组成部分，应与环境紧密相连，共同构建和谐统一的整体。在建筑领域，赖特大师以其卓越的设计理念和作品，成为当代人学习和借鉴的典范。他深受老子思想的影响，主张建筑应顺应自然，与自然融为一体。流水别墅的创造，便是这一理念的生动体现。同样，贝聿铭先生也强调建筑与自然的和谐共生，其作品中内庭的运用，巧妙地将内外空间相互串联，香山饭店的常春厅便是其中的佳作。此外，波特曼的共享空间设计，以其高大宏敞的特质，将室内空间化为一个小小天地，自然与空间在此交织融合，使得室内空间呈现出千变万化的美感。

（二）自然环境要素的引进

随着城市化进程的加速，现代都市的喧嚣使得人们越发渴望回归自然，寻求内心的宁静。在室内设计领域，如何将自然元素巧妙地融入钢筋森林般的现代都市空间中，以营造自然韵味，满足人们对自然的向往，已成为一个亟待解决的问题。要实现这一目标的关键在于精心选择并引入植物、山石、水体等自然要素，以及巧妙地利用光、风、雨、雪等自然现象来营造自然氛围，为室内空间增添生机与活力，塑造出丰富多彩的景观效果。例如，在室内空间中，植物可以通过减少外部热反射和旋光进入室内来降低温度，通过蒸发作用来营造清凉的室内环境，并且还能够吸收室内产生的二氧化碳，释放氧气，有效改善室内空气质量，为人们营造更加健康的生活环境。与此同

时，通过引入自然光、精心布置绿化和水体等方式来营造自然韵味，结合自由灵活的办公家具和便捷的交通流线，可以营造出充满人文关怀、高效而温馨的人工环境。

人类是自然生态系统中的有机构成体，与自然的各个要素之间存在着一种内在的和谐共融关系。除了进行社会交往活动所展现的社会属性外，人类更拥有亲近阳光、呼吸空气、接触水源、享受绿化的自然属性。这种人与自然的紧密关系，深刻塑造并决定了人类生存的自然环境。自然环境作为人类生存环境的基石，其重要性不言而喻。生态设计正是基于这一理念，致力于在建筑内部强化自然观念，倡导人类亲近自然，并充分利用自然因素，实现人与自然的和谐共生。

在自然因素中，自然光的运用在室内生态空间设计中占据着举足轻重的地位。自古以来，自然光在建筑中的应用便屡见不鲜，它以独特的方式为室内空间赋予了生命与活力。在设计大师勒·柯布西耶的作品中，自然始终是一个不可忽视的要素，他深谙自然之道，将自然视作一个复杂的系统，而人类则是这个系统中的一部分。自然光的引入满足了室内空间的照明需求，其柔和而温暖的光线，既能减少人工照明的使用，达到节能环保的效果，又能让人们沐浴在阳光之下，感受到室内空间与自然的交融与和谐。随着设计理念的不断发展，室内空间正逐步向室外延伸，与室外空间相互贯通、融为一体。然而，在这一过程中，人们往往过于关注室内环境与基地环境的视觉协调，却忽视了室内环境与自然之间的广义协调。在表面上的和谐之下，往往隐藏着与大自然的不和谐之处，如污水的排放、厨房油烟的污染，这些都与生态设计的原则背道而驰。因此，在生态室内环境设计中，不仅要追求室内环境与周边自然景观的协调，更要强调与整个自然环境的生态协调。

（三）材料的重复、功能和循环性使用法

在室内设计领域，设计方法、材料选择及施工技术均将遵循高效率、节能与循环使用的原则，旨在营造生态绿色的室内环境。循环性作为生态学的重要组成，应用于室内设计，要求设计师在设计过程中充分贯彻循环原则，合理高效地利用自然资源。这一转变将不可避免地引导室内设计师面对新材

料带来的设计手法革新。重复性原则强调对可利用材料的最大化利用，通过重复利用一切可循环材料，有效降低能耗，减少废弃物产生。凡是可重复利用的家具、设备零件等，均可作为设计元素，且往往能创造出意想不到的艺术效果。同时，功能性也不可忽视，室内各项功能设施均应体现绿色环保、生态平衡的原则，例如，易清洁的墙体材料在厨房设计中的应用，便是功能性与环保性相结合的典范。

室内环境设计应致力于实现"节能减排、绿色环保"的核心理念，积极推广智能化、可持续且低能耗的设计思路。从室内空间的造型、布局到材料选择，均应深入研究如何减少对石油、煤炭、天然气等非可再生资源的依赖，转而更多地利用风能、太阳能、水力等可再生资源。在设计中，既要继承并优化传统的被动式环境控制方法，也应积极探索并融合其他领域的先进科技成果，使室内环境得以与自然生态更加和谐地共生。

第三节　生态室内设计的材料与技术

一、绿色装修材料

在生态室内设计领域，选用环境友好型装修材料成为一项基本原则。近年来，随着人们环保意识的增强，市场上环保型装饰材料的需求逐步上升。环保型材料在制造及应用过程中，对人体健康无害，且作为装修后的废料，对环境的污染极小。环保型装修材料的选用充分考量了居住者健康要求，体现了对环境保护的责任感，通过减少有害物质的释放，改善了室内空气质量，从而为居住者创造了一个更加安全、舒适的居住环境。在这些材料的应用中，无毒涂料因其不含有害溶剂，有效地减少了室内空气污染，成为生态室内设计中的首选材料。同样，可回收的壁纸以其可循环再利用的特性，减少了对自然资源的消耗和废弃物的产生，进一步强化了生态设计的理念。

位于北京的某生态办公空间设计项目，设计团队全面采用了环保型材料

进行室内装修。其中，墙面涂装选用了无毒涂料，提供了良好的视觉效果，还有效改善了室内空气质量。办公区的隔断墙使用了再生玻璃，既保证了空间的采光需求，又体现了资源再利用的生态理念。地面覆盖则选择了可回收的竹地板，相比传统木地板，竹地板具有更好的可持续性和环境友好性。此外，该项目还特别注意了室内绿化的布局，通过种植天然植物来净化空气，增加室内氧气含量，从而创造了一个既美观又健康的工作环境。这些植物的选择和布局充分考虑了生态平衡和室内美学，旨在通过自然的力量提升空间的生态价值和居住者的幸福感。通过这个案例可以看出，生态室内设计通过细致入微的材料选择和空间布局，能够在提升居住和工作环境的同时，促进人与自然的和谐共生，实现可持续发展的目标。

二、绿色高科技

在当代生态室内设计的领域内，积极融合绿色科技的应用成为提升空间环境质量的关键手段之一。特别是通过利用植物对空气中甲醛、二氧化碳等有害气体的吸收能力，可以有效净化室内空气，促进室内空气循环系统的建立与完善。植物在美化空间的同时，还能为室内带来自然的气息和生命力。由此延伸出的室内绿化设施及将庭院元素引入室内的设计概念，进一步强化了生态室内设计的自然与科技的结合。除此之外，无土栽培等绿色科技的运用，开拓了生态室内设计的新方向，为室内设计提供新的可能性，使得生态室内设计既环保又富有创新性。这些技术措施的有效结合和应用，显著提升了生态室内设计的功能性和美观性，使其成为现代室内设计中不可或缺的一部分。以植物墙为例，该设计不仅美化了室内环境，还通过植物的自然特性改善了室内空气质量。在某办公空间的设计中，设计师在接待区和休息区引入了大面积的植物墙。这些植物墙不仅为办公室增添了生机和活力，还通过植物的光合作用，有效吸收空气中的二氧化碳，并释放出氧气，同时也吸附和分解室内的有害物质，如甲醛，从而显著改善了室内空气质量。此外，植物墙的引入还有利于缓解员工的视觉疲劳，提升工作效率和幸福感。

三、节能技术

在当代生态室内设计领域，能源的高效利用和保护自然环境免遭人类活动破坏，成为设计师们关注的焦点。通过采用先进的节能技术，如热吸收玻璃、热反射玻璃、光控玻璃，以及具有良好保温性能的墙体材料，生态室内设计能够在减少能源消耗的同时，实现室内环境温度与光照的优化控制。创新科技的融合运用，促进了室内设计的可持续性发展，也显著降低了能源消耗，对环境保护作出了贡献。

考虑到生态室内设计的核心原则和目标，本书通过一个实际案例来进一步探讨这一设计理念的应用。该案例位于一个致力于可持续发展和环保科技的创新型企业内，办公空间的设计旨在体现公司的核心价值观，即推动环保和技术的结合，以及营造一个健康、高效的工作环境。设计师采用了一系列生态室内设计的策略，以确保空间不仅能够满足功能需求，同时也符合可持续发展的原则。设计中融入了大量的自然元素，利用先进的节能技术，旨在创造一个既现代又生态的办公空间。

办公室的窗户采用了高效能的热反射玻璃，最大限度地利用自然光照，同时减少热量的进入，降低空调的能耗。建筑采用了绿色屋顶系统，不仅提供了额外的隔热层，减少了建筑的冷热负荷，而且增加了生物多样性，为员工提供了一个接近自然的放松空间。设计中包括了一面室内植物墙，不仅美化了办公空间，同时植物的存在有助于净化室内空气，提供新鲜氧气。整个办公空间配备了智能节能系统，包括智能温控、照明和窗帘，可根据室内外环境自动调节，优化能源使用效率。

在室内装修中广泛使用环保、可回收的材料，如竹地板、无毒油漆和家具，确保室内环境的健康性。绿色科技办公空间提高了能效，降低了运营成本，同时为员工提供了一个舒适、健康的工作环境，增加了员工的幸福感，提高了工作效率。此外，该项目还成为可持续设计实践的典范，展现了生态室内设计在商业空间中的可行性和效益，激励了更多企业投入到绿色建筑和室内设计的实践中。

四、清洁能源

在生态室内设计的领域，引入清洁能源的策略被视为未来的发展趋势，这一转向得益于清洁能源技术的快速进步，尤其是天然气等能源的快速发展，它正促使人们逐步从依赖传统的石油和煤炭这类能源模式转向依赖清洁能源。与传统能源相比，清洁能源在供应室内环境所需能源的同时，对环境的保护效果也极为显著。目前，太阳能、天然气、风能等清洁能源因其出色的环保性能而受到青睐，其中，太阳能和风能技术的应用已经日益成熟。特别值得一提的是，"巴林世贸中心"这一由 Shaun Killa 精心设计的建筑，成功地在其结构中整合了大型风力发电机，成为风能与建筑设计一体化的杰出示范。该中心由两栋高度超过 240 m、共计 50 层的塔楼构成，它们呈现椭圆形平面，外观设计如同扬帆远航的帆船，其流畅的线条设计带来了强烈的视觉冲击力。大楼使用的深绿色宝石玻璃与白色外墙，使其与周边的沙漠及海洋景观融为一体。更引人注目的是，位于两座办公塔楼之间、高达 240 m 处的三台水平轴风力发电机，这一设计使得巴林世贸中心成为全球首个能够自给自足可再生能源的高楼大厦。这三台风力发电机能够每年产生约 1 200 MW·h（约合 120 万度）的电力，这一量级相当于 300 个家庭一年的电力消耗量。当风力发电机满负荷运行时，其转子的旋转速度可达 38 r/min，而通过将一系列精密的变速箱设置在引擎舱内，发电机能以 1 500 r/min 的速度运转发电。在 15～20 m/s 的风速下，这些风力发电机能够达到最佳的发电状态，每台的发电能力约为 225 kW。值得一提的是，风机转子直径达 29 m，采用了 50 层玻璃纤维材质制造。在遭遇强风或需暂停运行时，转子翼片顶端的外推设计可增加转子的总力矩，以此达到减速的目的。这些风力发电机能够承受每秒最高 80 m 的风速，足以抵御 4 级飓风的冲击。巴林世贸中心的建设不仅在节能建筑的发展历程中迈出了重要一步，也成为人类利用地球上可再生资源尝试的一个重要里程碑。

第四节 基于生态美学的室内设计案例分析

晋西传统窑洞民居是中国北方黄土高原上一种特殊的民居建筑形式，其源于自然、融于自然，堪称"天人合一"的杰出典范。窑洞的产生既是先民们与自然不断斗争的结果，也是人类在不断优化自身生存条件的艰辛历程中的伟大创造。本节以晋西传统窑洞民居为例，详细探讨其所体现的生态美学核心理念。

晋西，这片被吕梁山脉环抱、黄土层深厚的土地，孕育了独特的居住艺术——窑洞。从远古时期的山西石楼岔沟仰韶文化遗址中，从最初以横穴形式挖掘的方形居室开始，窑洞便以其经济实惠、施工便利的特点，成为了晋西人民世代居住的智慧之选。随着岁月的流转，窑洞在晋西地区发展出了靠崖窑与半地坑窑两种独特形式。靠崖窑，宛如大地的怀抱，巧妙利用山崖或沟坎断崖的自然地形，人工削平山坡后向内深挖，形成稳固而舒适的居住空间。其顶部拱券设计，既展现了人类建筑的精湛技艺，又蕴含了对自然之美的深刻敬畏。门窗布局上，一门三窗的精妙构思，让自然光线与清风自由穿梭，为窑洞内带来温暖与生机。在这样的居住环境中，晋西人民的生活充满了诗意与和谐。而半地坑窑，则借鉴了北方三合院的布局精髓，三面深挖、一面依坡，仿佛是大自然精心雕琢的艺术品，既实用又富有防御功能，生活的烟火气在此悠然升起，与蓝天白云、黄土高原共同编织出一幅幅温馨和谐的居住文化图景，让晋西窑洞不仅成为居住的空间，更是地域文化、历史传承与自然景观完美融合的典范。晋西窑洞，凭借其独有的形态、精湛的工艺及深沉的文化底蕴，成为了中国民居建筑里的一朵奇葩。它们不仅是晋西人民智慧与创造力的结晶，更是中华民族悠久历史和灿烂文化的生动体现，展现了人与自然和谐共生的独特魅力。在这片古老而美丽的土地上，窑洞会持续承载着晋西人民的梦想与希望，见证着岁月的变迁与时代的更迭。以下是对其生态美学理念的详细介绍。

一、和谐的自然融合

晋西窑洞民居的设计与建造完美地与周边自然环境相契合，充分展现了生态美学中和谐共生的理念。窑洞依傍着山峦而建，其外观和色彩与黄土高原的自然景致相适配，极大程度减少了人为建筑对自然景观的干扰。首先，晋西地区地形复杂多变，山川纵横交错，沟壑纵横。窑洞的建造者们巧妙地利用了黄土高原特有的地形地貌，依山而建、沿沟而挖。这种建造方式，使得窑洞民居能够最大限度地减少对土地的破坏，保持原有生态系统的完整性和稳定性，使得窑洞民居在视觉上更加和谐、自然，体现了生态美学中"顺应自然、和谐共生"的理念。其次，窑洞民居在色彩与材质上与黄土高原的自然景观高度适配，其暖色调的黄土与周围环境的色调趋于一致，视觉上与环境融为一体，降低了视觉冲击力，彰显了生态美学中追求的和谐之美。这种色彩的统一性不但模仿和尊重了自然环境，而且为居住者带来了心理上的宁静与舒适。总之，晋西传统窑洞民居的建造进程充分展现了生态美学的理念和实践。这些民居以顺应自然、和谐共生为核心价值观，通过对地形地貌的巧妙运用、生态环境的保护、生态智慧的展现等方式，实现了人类与自然环境的和谐共存。

二、内外交融的院落空间属性

晋西传统窑洞民居的院落空间属性，体现了对内外环境的深刻考量，既满足了居住的实用性，又展现了丰富的空间美学。在晋西地区，敞院作为一种极为常见的院落结构，于当地人而言，也称作"野院子"。此院之所以别具一格，缘由在于敞院常常沿着山坡或者沟谷进行建造，由此塑造出丰富多样且变幻莫测的空间层次。敞院的设计理念在于尽可能地将自然环境与人的居住空间相结合，实现了"兼收四时之烂漫"的空间体验，让居住者在日常生活中能够充分感受到自然的美好。而台院，则以其独特的层级结构，巧妙地利用地形高差，构建起一座座立体的居住艺术。上层窑洞庭院矗立于下层之上，不单单是对土地资源的极致利用，更是对自然景观的深切致敬，展现

出一种极具震撼力的建筑美学。此外，晋西院落，作为连接房屋与外界的桥梁，其内外空间属性展现出一种独特的魅力。对于内部空间而言，它是一个温暖的避风港，为居住者给予了一个相对封闭但又不失开放感的生活空间。在此处，人们能够享受到一定程度的私密与安宁，同时还能体悟到来自自然的清风与阳光，满足了对通风与采光的基本需求。对于外部空间而言，院落又是一个开放的舞台，它招揽着外界的景致与气息，让居住者在拥有私密的同时，还能与自然界的万事万物展开亲密的交流。这种内外兼顾的空间设计，不只是体现了晋西人民对居住环境的深刻认知与巧妙运用，更展露了他们在追求生活品质的过程中，对自然环境的高度尊重与和谐共处的才智。

三、向内的空间观念

晋西窑洞民居的空间设计哲学呈现了一种向内的空间观，这种观念在其设计和结构中得到了深刻的呈现，造就了一种独特的空间层次感受和居住体验。首先，窑洞的墙体是其内向性的最直观体现。墙体采用厚达 80～100 cm 的生土或掩土建造，这些墙体如同坚实的盾牌，将外界的风雨、喧嚣隔绝于外，为居住者提供了一个安全、宁静的避风港。而屋顶的拱券结构，不仅美观大方，还承载着厚重的土层，进一步增强了窑洞的封闭性，让整个建筑宛如一座深藏于地下的宫殿，满是神秘与宁静。其次，窑洞与瓦房的所有门窗，都巧妙地设计为向内院开放，这种布局不但有效地阻挡了雨水的渗入，防止了外界恶劣天气给建筑内部带来的干扰，还使整个院落构成了一个闭合的空间。在这个空间里，居住者能够自由地活动、交流，尽情畅享家庭的温馨与和谐。与此同时，这种闭合空间还营造了一种私密之感，使居住者可以远离外界的喧嚣纷扰，沉浸于自己的小天地里。此外，尽管窑洞外观简朴粗犷，但内部装饰却极富艺术感和审美价值。色彩明艳的炕围画、精巧的栏杆雕刻、韵味独特的柱头和檐口等，共同构造出精美绝伦的室内空间。这些装饰不仅美化了生活环境，还彰显了居民对美好生活的憧憬和追求，展现了晋西人民的独特审美和文化底蕴，让窑洞内部成为一个充满艺术氛围和精神价值的空间。

四、自然采光与通风

晋西窑洞民居在自然采光与通风的设计上体现了深刻的生态美学理念。其布局与构造既契合了黄土高原的特殊地理环境,又展现了对可持续发展理念的深切理解与践行。首先,窑洞民居在规划伊始,就充分考量了怎样最大限度地利用自然光。窗户的设置并非随性而为,而是经过精心设计与布局,如窗户的位置、大小、朝向,目的在于最大程度地获取自然光,使得阳光在各个时段都能够有效地投射至室内。不管是清晨的柔和光线,还是正午的强烈阳光,都能够在窑洞内获得到恰如其分的分布,进而充分确保了室内光线的充足。这不但为居住者提供了明亮惬意的视觉环境,而且还有益于降低对人工照明设施的依赖。其次,通风口的设置。它们被巧妙地安置在窑洞的不同位置,如屋顶的烟囱、侧壁的开口,借助自然风的流动规律,形成良好的通风通道。这不仅保证了室内空气的清新与流通,还有效调节了室内湿度与温度,为居住者营造了一个健康宜人的生活环境。在夏季,这种设计让窑洞内部变得凉爽,成为天然的避暑之地,降低了对能源的依赖和环境污染,彰显了生态美学的可持续性原则。最后,晋西传统窑洞民居建筑依山傍水而建,并巧妙地借助地形的自然倾斜之势,使得建筑错落有致,既契合"依山面水、背风向阳"的宜居原则,又通过狭窄巷道的巧妙设计,不仅增强了自然通风,还能有效调节室内温度,提升了居住的舒适程度。这种设计既展现了人与自然和谐共生的智慧,又是对生态美学理念的生动诠释,彰显了中华民族在适应自然环境中的杰出创造力。

五、材料的自然属性

在晋西这片古老而神奇的土地上,窑洞民居凭借其独特的魅力得以存在,这主要得益于其特殊的建筑材料和对当地气候的适应能力。这些窑洞民居在其建造进程中,深深融入自然的怀抱,大量采用了黄土、石头、木材等天然材料,不仅体现了对生态环境的尊重与保护,还营造出一种自然、质朴、温馨的生活氛围,极好地契合了生态美学的核心理念。首先,黄土作为主要

的建筑材料之一，能够就地取材，成为了窑洞民居构建的基础与核心。这种材料拥有极高的可塑性和稳定性，经由匠人的精心雕琢，能够打造出坚固耐用、冬暖夏凉的居住空间。黄土的色泽温暖且质朴，与周围的山川大地浑然一体，为窑洞民居赋予了别具一格的乡土韵味和地域特色。从生态美学的角度来看，黄土的运用不单单是对自然资源的合理利用，更是对大地母亲深厚情义的回报与尊崇。其次，石头也是晋西窑洞民居中关键的自然材料。这些石头主要来源于周边的山体，经过初步的加工后，被巧妙地嵌入窑洞的墙体或屋顶。不管是规则排列还是随意堆砌，都展现出自然与和谐。石头的坚硬质地和沉稳色彩，增强了窑洞的稳固性与安全感。同时，石头与黄土的组合，形成了一种独特的视觉效果，展示了建筑的原始朴素和大自然的神奇工艺。最后，木材在晋西窑洞民居中同样扮演着重要的角色。门窗、梁柱、家具等木制品的使用，既让居住空间温馨舒适，又赋予建筑生命律动。木材纹理清晰、色泽温润，能与黄土、石头等自然材料完美融合，营造温馨和谐的环境。同时，木材保温性能良好，能在寒冬为居住者提供温暖庇护。从生态美学角度看，木材的使用不仅是珍视自然资源，更是赞美生命力量。

六、地域文化的传承

晋西地区的窑洞建筑不仅是居住空间，更是地域文化的载体。其独特的建筑风格和装饰艺术，不仅反映了当地居民的生活习惯和审美趣味，也体现了对自然环境的尊重和对传统文化的传承。一是门窗花格设计独特。晋西窑洞建筑的外观粗犷豪放，而门窗上的花格装饰显得细腻而精致。这些门窗通常采用柔和的拱形曲线和精细的装饰图案，使得建筑体块在坚固结实的同时，呈现出一种轻盈感。花格的设计独具匠心、样式多变、工艺精湛，能够根据光线的变化创造出丰富的光影效果，展现出极高的装饰性。二是图案与色彩的融合。在色彩与图案的运用上，晋西窑洞建筑巧妙地将自然环境与人文情感相结合。土黄色的主色调与黄土高原的辽阔土地交相辉映，使建筑仿佛与大地共生，展现了人与自然的和谐。但晋西人民并未因此忽视对色彩的追求。窑洞装饰中的炕围画、剪纸窗花等鲜艳元素，如同黄土高原上的明亮

眼睛，展示了当地人对生活的热爱和对自然的敬畏。这些装饰图案中常用的动植物及人物故事题材，不仅色彩绚丽、形式夸张，更蕴含着丰富的地域文化内涵和民俗风情。三是皮影、剪纸等民间艺术的运用。晋西的皮影与剪纸艺术，是当地民间艺术的珍贵宝藏，它们与窑洞建筑有着紧密联系。皮影和剪纸以精湛的技艺和独特的二维艺术表现形式著称，讲究刀法与图案的完美结合。在窑洞建筑中，匠人们将这些艺术元素巧妙地融入，尤其在洞口上方或女儿墙处设计精美的镂空图案，增强了视觉通透性和光影效果。这种设计不仅美化了窑洞，还将皮影与剪纸的艺术魅力直接融入建筑，让人们在日常生活中感受到浓厚的艺术氛围和地域文化特色。

七、节能环保

晋西地区居民在窑洞民居建造方面展现出的智慧及适应性，充分彰显了节能环保的设计理念。鉴于地理位置和特殊气候条件，当地居民在建筑材料的选取和建筑方式上呈现出了极高的智慧和适应性。在物资流通不便的内陆地区，当地居民依照自然环境以及所能获取的资源，采用极为实用的建筑手段，即利用当地的生土、砖、木等材料建造房屋。这些材料不仅取材便捷，而且具有良好的物理性能，像生土具有极佳的热惰性，能够在冬季存储热量，在夏季则助力降低室内温度，创造出冬暖夏凉的生活空间。同时，生土的"呼吸"功能对于室内湿度及空气质量的调节作用也是十分显著的。此外，在环保和可持续发展的背景下，晋西地区的生土建筑越发显得珍贵。这些建筑在被拆除后，其材料能够实现回收再利用，甚至能转化为农田的肥料，达成了资源的循环利用。这种全生命周期的环保理念，在缓解资源短缺、减少废弃物排放、守护生态环境方面具有重要的价值。这种窑洞民居的建造方式，展现了晋西地区居民对自然环境的认知和运用，为现代建筑设计提供了经验。此设计理念对现代建筑致力于可持续与环保有着重要启示，提示建筑设计应当考虑节能环保，达成人与自然和谐共处。

综上所述，晋西传统窑洞民居，作为黄土高原上独特的文化符号，不仅以其别具一格的建筑形式和精湛的建筑技艺，彰显了地域文化的深厚底蕴，

更在设计与建造中深刻体现了生态美学的核心理念。这些窑洞依山势而建，巧妙地利用当地自然环境和资源，实现了节能环保、自然采光与通风、材料的自然性及地域文化的延续。它们不仅是人们安居的场所，更是人与自然和谐共生的典范，展现了晋西人民在适应自然环境挑战时所展现的智慧与创造力。这些设计理念和建造方法，为现代建筑空间设计提供了宝贵的经验，展示了如何尊重自然、保护文化遗产，创造了宜居环境的范例。晋西窑洞民居的设计和建造，对于现代建筑追求可持续性和环境友好性方面具有重要的启示作用，为人们在现代建筑空间设计中实现人与自然的和谐共生提供了宝贵的参考价值。

第七章　现代室内设计的多维观察：
智能家居

智能家居作为现代室内设计的重要组成部分，它不仅实现了家居环境的智能化控制和管理，还极大地提升了人们的生活品质和居住体验。在智能家居的设计过程中，设计师应着重关注人居环境的舒适性、安全性和便利性，借助先进的智能化系统和灵活的控制方式，实现对家居环境的全方位监管和细致管理。智能家居的应用不仅为室内空间增添了更多的功能性和灵活性，更深入挖掘并满足了用户的个性化需求与独特生活习惯。随着科技的日新月异，智能家居将在现代室内设计中扮演越发重要的角色，引领家居生活迈向更智能、更便捷和更人性化的未来。

第一节　智能家居概述

一、智能家居的定义

智能家居是指通过集成自动化控制系统、计算机网络系统、网络通信技术等现代科技手段，对家居环境中的各种设备（如照明系统、窗帘、空调、安全系统、音视频系统等）进行集中控制，以达到更加安全、舒适、便利、节能的居住环境的一种先进居住模式。在英文中，智能家居的表述分为"home automation"和"smart home"两种说法，两者虽有相似之处，但也各

自承载着不同的发展阶段和技术特点。"home automation"这一概念较早出现，主要指的是在传统家居环境中引入自动化设备和系统，使得家居设备操作更为便捷。这一阶段的技术革新主要集中在通过自动化技术改进家居设备的控制效率和方便性，如自动调节的照明系统、实时控制的暖气系统等，而这些自动化功能主要还是建立在预设的程序和命令上，并没有实现高度的智能化和个性化。随着电子技术和信息技术的快速发展，尤其是互联网技术和物联网技术的广泛应用，"smart home"这一概念应运而生。智能家居不仅局限于设备的自动化控制，更加注重的是设备之间的智能互联和数据交换，以及对居住者行为的智能学习和适应。这一阶段的智能家居系统能够通过网络连接实现远程控制，用户可以通过智能手机或其他智能终端设备，无论身处何地都能对家中的智能设备进行监控和控制。智能家居系统还能根据用户的生活习惯和偏好，自动调整家居环境，例如，智能温控系统根据室内外温度和用户设定的舒适温度自动调节，智能照明系统根据室内光线强度和用户的活动模式自动开关或调节亮度。因此，从"home automation"到"smart home"的发展演变，不仅是技术层面的进步，更是智能化理念和用户体验的重大跃升。

虽然智能家居作为一个概念在近年来才逐渐被广泛接受和认知，但其背后的理念和技术研究实际上早在数十年前就已经开始。最初，这种技术更多地被视为一种未来学的设想，由于技术限制和成本问题，并未能在早期得到广泛的实际应用和发展。然而，随着科技的进步和数字技术的发展，智能家居开始慢慢成为可能。1984年，智能家居概念的实际应用迎来了一个重要的转折点。美国的联合科技公司在康涅狄格州哈特福德市建造了一栋集成了大量信息系统的建筑，这标志着世界上第一栋被正式冠以"智能化"标签的建筑的诞生。该建筑的建成代表了智能家居技术从理论到实践的重大跨越，标志着智能家居概念正式步入人类的日常生活。这栋建筑的建成和运营，展示了智能化系统在提高建筑效率、节约能源消耗、提升居住者生活品质方面的巨大潜力。通过系统化整合建筑信息，实现了建筑内部设备的智能化管理和控制，为后来智能家居的发展提供了实践案例和技术参考。

二、智能家居的发展

智能家居的概念自 21 世纪初开始在中国逐渐普及，标志着中国智能家居行业的开创时期。从那时起，经历了大约十年的发展，智能家居行业迅速成长，众多企业投入巨资进行科学研究和技术开发，使得国产智能家居设备的性能逐渐达到或部分超越国际先进水平。中国智能家居的发展历程可以概括为四个主要时期：萌芽时期（1994—1999 年）、开创时期（2000—2005 年）、徘徊时期（2006—2010 年）、融合演变时期（2011 年至今），如图 7-1 所示。

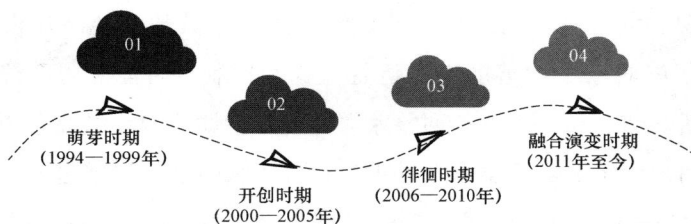

图 7-1　我国智能家居发展历程

（一）萌芽时期（1994—1999 年）

1994—1999 年，虽然国内外的科技发展迅速，但智能家居技术仍处于起步阶段。这一时期的智能家居主要集中在高端市场，针对的是少数有特定需求的客户群体。产品主要包括一些基本的自动化控制系统，如简单的家庭安防系统、自动化照明控制等，而这些系统的智能化程度相对较低，互联互通能力有限，用户体验并不理想。尽管面临种种挑战，但这一时期也是智能家居概念种子播下的关键时期。一些前瞻性的企业和研究机构开始关注智能家居的潜在价值，投入资源进行相关技术的研究和开发，如对智能家居系统架构的探讨、通信协议的研究、用户界面的设计等方面。虽然这些研究成果在当时并未能立即转化为市场上广泛应用的产品，但为智能家居技术的进一步发展提供了理论基础和技术储备。此外，随着互联网技术的逐渐普及，个别富有远见的企业和个人投资者开始关注智能家居领域，虽然市场规模还很小，但智能家居的种子已经开始在土壤中萌发。

（二）开创时期（2000—2005 年）

在 2000 年之前，智能家居在中国还是一个相对边缘的领域，公众对其认识不多，相关的产品和技术也相对落后。然而，进入 21 世纪后，随着经济的快速增长和技术的进步，中国的中产阶级群体开始扩大，人们对于生活质量的追求也日益增加，为智能家居的发展提供了肥沃的土壤。在这种背景下，智能家居开始被视为提升居家生活品质的重要手段，吸引了众多企业和研发机构的关注。

此时期，中国的智能家居行业主要表现为以下四个特点。

第一，技术探索与创新。众多企业开始投入到智能家居的研发之中，不仅是国内的企业，一些国际品牌也开始关注中国市场的潜力。技术研发重点包括智能照明、智能安防、智能娱乐系统等，技术上主要依靠传统的有线连接和简单的无线技术，智能控制方式多样化，但普遍缺乏统一标准。第二，市场培育与教育。由于智能家居在中国还处于起步阶段，大众对此类产品的了解不多，因此，企业和行业组织投入了大量资源进行市场教育，通过展览会、研讨会等形式，向消费者展示智能家居的便利和魅力，逐步提高市场的接受度。第三，产品推广与应用实例。这一时期，市场上开始出现了一批智能家居产品，虽然价格相对较高，但已经有能力展示智能家居带来的便捷和舒适。豪华住宅和高端酒店成为智能家居系统的首批应用示例，成功的案例有效地展示了智能家居技术的实用性和先进性，激发了市场的兴趣。第四，合作与整合。为了推动智能家居技术的发展和应用，多个企业开始尝试合作和整合资源，包括跨行业的合作，如电信公司与家电制造商的合作，共同探索智能家居的新模式和新应用。同时，也有企业开始尝试构建开放的平台，以促进不同设备和系统之间的互联互通。

（三）徘徊时期（2006—2010 年）

在这一时期，尽管智能家居产品种类和技术不断丰富和进步，但整个行业的发展速度相对放缓，市场普及率并未显著提高。主要原因是智能家居产品价格相对较高，用户体验不够成熟，且缺乏统一的行业标准，使得智能家居系统的兼容性和互操作性受到限制。此外，消费者对于智能家居的认知度

和接受度仍有待提高。2006—2010 年的徘徊时期，虽然标志着中国智能家居行业的发展进入了一个新阶段，但同时也暴露出了众多问题和挑战。行业的发展似乎陷入了一种两难的境地，既需要解决技术和市场层面的实际问题，又要应对消费者认知和接受度的挑战。

（四）融合演变时期（2011 年至今）

2019 年，随着 5G 网络的加速建设和数字化产业的升级，智能家居行业的发展被赋予了新的动力和可能性。5G 技术的推出提高了数据传输的速度和稳定性，为智能家居系统提供了更加丰富的应用场景和更高的互操作性。人工智能和物联网这两大关键技术的成功落地，也为智能家居的智能化水平和用户体验带来了革命性的提升。随着人工智能技术的不断进步，智能家居系统能够更加精准地理解和预测用户的需求和行为，从而提供更为个性化和智能化的服务。例如，通过分析用户的生活习惯和偏好，智能家居系统可以自动调节室内温度、照明亮度和家庭娱乐设备，甚至在用户回家前便完成家居环境的优化调整。同时，物联网技术的应用使得家中的各种设备都能够相互连接和通信，形成一个高度集成和协同工作的智能网络，极大地提升了家居设备的使用便捷性和效率，也使得家居安全、健康监测等功能得以实现，进一步增强了智能家居系统的实用性和吸引力。在这样的技术推动下，中国智能家居行业在 2020 年之后迎来了迅猛的发展。多种有利的环境因素，如消费者对智能化、便捷化生活方式的日益追求，政府对于 5G 网络和数字经济发展的大力支持，以及房地产开发商对智能家居系统的积极采纳，共同促进了智能家居行业的快速增长。市场上出现了越来越多功能丰富、设计人性化的智能家居产品，满足了从基础家居控制到高端家庭娱乐、健康管理等多方面的需求。

三、智能家居的特性

（一）实用便利性

智能家居系统的实用便利性体现在其能够满足用户多样化的居住需求

并提供个性化服务。通过智能家居系统，用户可以远程控制家中的各种设备，如照明、窗帘、空调、安全监控等，不需要物理上的操作，即可实现家居环境的智能调节。例如，用户可以在下班途中通过智能手机应用提前开启家中的空调和热水器，确保回家后即刻享受舒适的居住环境。此外，智能家居系统还可以根据用户的生活习惯和偏好自动调整家居环境，例如，根据光照条件自动调节窗帘和照明强度，既提升了居住舒适度，也有效节约了能源。

（二）安装便捷性

随着智能家居技术的不断发展和成熟，其安装便捷性也得到了显著提升。现代智能家居系统多采用无线技术或者是低复杂度的有线连接，极大地简化了安装过程。用户可以轻松添加或替换智能设备，无须进行烦琐的布线工作或改变现有的家居结构。此外，许多智能家居产品设计为即插即用，用户仅需要通过简单的配置即可将设备接入智能家居网络，快速实现智能化控制。

（三）可扩展性

智能家居系统设计之初就考虑到了未来的发展和用户需求的多样性，因此具有很强的可扩展性。用户可以根据自己的需要和财力，逐步增加或更新智能家居设备。系统的开放性和兼容性使得不同品牌和类型的智能设备能够协同工作，为用户提供更加个性化和全面的智能家居解决方案。

（四）稳定性

智能家居系统的稳定性是衡量其性能优劣的关键指标之一，直接影响到用户的使用体验和系统的可靠性。为了实现这一目标，智能家居系统采用了多种数据传输方式，包括有线连接、Wi-Fi 连接、ZigBee 连接等，以适应不同的使用场景和需求。有线连接由于其物理连接的特性，能够提供稳定且可靠的数据传输速度，尤其适用于对实时性和稳定性要求极高的场合。而 Wi-Fi 连接凭借其便利性和普遍性，在智能家居系统中被广泛应用于设备间的通信，尽管受到物理环境变化的影响较大，但通过不断优化的网络技术和加密协议，已经能够在大多数家庭环境中提供稳定可靠的数据传输服务。ZigBee

连接作为一种低功耗的无线通信技术，特别适合于需要长期运行的传感器和控制设备，其独特的网络结构设计使得智能家居系统能够在复杂的家居环境中保持高度的网络稳定性和扩展性。通过采用高标准的加密技术和安全协议，智能家居系统能够有效防止数据泄露和非法访问，保护用户的隐私和安全。此外，智能家居系统还具备自我诊断和故障恢复能力，能够及时发现并解决潜在的问题，进一步提高了系统的稳定性和用户的信赖度。

第二节　人居环境与智能家居

一、人居环境的定义

人居环境是指人类居住和生活的环境，包括自然环境和人造环境两大部分。自然环境指的是地球上自然存在的山川、水体、植被、动物等自然要素及其组成的生态系统。人造环境则是指人类通过建筑、道路、桥梁等工程活动创造的居住和生活环境。人居环境的质量直接影响到人类的健康、幸福感和生活质量。1976 年 5 月，联合国在加拿大温哥华召开会议，提出了《温哥华人类住区宣言》。该宣言深刻阐述了人居环境的重要性，强调了为所有人创造适宜居住的环境的必要性。该宣言还指出，良好的人居环境不仅包括提供基本居住条件，如足够的居住空间、清洁的饮用水和卫生设施，还包括保障居住环境的安全、健康、和谐及可持续发展。

随着科技的发展，智能家居系统作为人造环境的一部分，对提高人居环境的质量起到了关键作用。通过采用高标准的加密技术和安全协议，智能家居系统能够有效防止数据泄露和非法访问，保护用户的隐私和安全。随着物联网技术的发展，越来越多的家居设备被连接到互联网上，从智能门锁到安全摄像头，从温度控制器到照明系统，这些设备收集并处理大量个人数据，如果没有足够的安全保障，用户的个人信息和家庭安全将面临严重威胁。智能家居系统的安全特性还包括系统的自我诊断和故障恢复能力，系统能够及时发现并解决潜在的问题，如网络连接故障、设备故障或

是软件漏洞，确保智能家居系统能够持续提供高质量的服务，增强用户的居住体验，从而提升整体的人居环境质量。智能家居技术的发展还反映了人居环境管理向着更加智能化、自动化的趋势发展。例如，智能温控系统能够根据室内外温度变化自动调整，既提高了居住舒适度，又节约了能源；智能照明系统根据自然光线变化自动调整亮度，既满足了居住需求，又减少了能耗。

二、人居环境的演变过程

人居环境的演变历程展示了人类与其居住空间之间互动的深刻变迁，从初期的自然依赖到后来对人工环境的主动塑造，再到对复杂人工环境的创造与维护，这一过程既是技术进步的证明，也是人类社会发展与环境适应能力提升的反映。在人类文明的曙光初现时期，人们的居住环境几乎与自然环境融为一体，其住所多依托自然形成的洞穴或是树木，以最小限度的改动适应自然。随着时间的推移，人类逐渐展现出对自然环境的改造能力，这种能力伴随着生存方式的革新，特别是农耕的出现，标志着人类从迁徙的生活方式向定居的生活方式转变。定居生活的兴起促进了居住模式的变化，人们开始用土块、树枝等简易材料建造住所，虽然住所在技术上相对原始，但人类开始主动塑造自己的居住环境，开启了从简单向复杂环境演进的旅程。此后，随着社会分工的出现和技术的进步，人类对居住空间的需求日益增加，开始追求生活的舒适与便捷。群落概念的形成进一步促进了人居环境的发展，人们开始构建更为稳固的住宅，引入私密与公共空间的概念，对居住区域进行划分和规划。公共空间的划分趋于精细，反映了社会结构的复杂化及人类活动范围的扩大。坊市制度的建立为经济交流提供了空间，也促进了文化和社会互动的发展。进入现代社会，因为技术的飞速发展，以及人类生活方式的多样化，人居环境更加复杂。现代人居环境要满足物理居住的需求，更要兼顾生态、社会、文化等多重因素，智能家居的出现和城市规划的精细化都是人居环境演变的现代表现，提高了居住的舒适度和便利性，强调了环境的可持续发展和人类社会的全面福祉。

三、影响人居环境演变的因素

（一）自然环境对人居环境的影响

在人类早期发展阶段，自然环境的直接影响尤为明显。地理位置、气候条件、自然资源的分布等因素直接决定了人类能够定居的地区，以及必须采取的生存策略。例如，在丰富的森林地区，人们利用木材建造住所，在水源丰富的地区，人们则围绕河流建立聚落。这种对自然环境条件的直接依赖，使得早期的人居环境形态多样，与所处的自然环境紧密相关。随着时间的推移，人类对自然环境的认识和利用能力逐渐增强。人们开始通过技术和知识，改变自然环境以适应自己的需求。例如，通过灌溉系统的建立提高干旱地区的居住和农业生产能力，或通过防洪工程保护河流附近的居住区。不同的气候条件促使人类发展出适应各种环境的建筑技术和材料。在热带地区，为了保持室内的通风和降温，人们设计了大面积的开窗和高天花板的住宅；而在寒冷地区，则通过厚重的墙体和紧凑的空间布局来保持室内的温暖。此外，对自然灾害的防御也成为城市规划中的重要考量，如地震频发地区的抗震建筑设计、洪水威胁区的城市排水系统等，都是对自然环境挑战的响应。

（二）人类日渐增强的生产、生活技能

从最初的石器时代开始，人类便通过制作简单工具来改善生活条件，这些早期的技能使得人类能够更有效地利用自然资源，为生产和生活提供基本保障。随着铜器、铁器的出现，人类的生产能力得到了显著提升，农业生产的效率提高，促进了人口增长和社会结构的复杂化。这种生产技能的增强，为人类聚集成村落、城镇乃至城市提供了物质基础，从而影响了人居环境的发展方向。进入工业革命之后，城市化进程的加速带来了大量的人口聚集，居住需求的增加促使住宅建设向纵深发展，高层建筑和住宅区的规划建设成为了可能。同时，交通、水电供应等基础设施的建设，进一步提升了居住环境的品质，使得人居环境更加多样化、复杂化。在当代，信息技术飞速发展，智能家居系统的应用使得居住空间变得更加智能化、个性化，极大地提升了居住的便利性和舒适性。此外，对可持续发展的追求也促使人类在生产和生

活中更加注重资源的有效利用和环境的保护，绿色建筑、生态城市等概念的提出和实践，反映了人类对于和谐居住环境的探索和追求。

（三）人类日益增长的需求

在物质层面，随着人们生活水平的提高，对居住条件的基本需求已经从简单的遮风避雨进化到追求室内空气质量、自然采光、噪声控制、节能减排等，推动了建筑材料、设计理念及建造技术的革新，促使居住环境朝着更加人性化、环保化的方向发展。

在精神和文化层面，人们开始更多地考虑居住环境对心理健康和社会交往的影响，从而追求能够提供社区归属感、文化认同感和促进人际交往的居住环境，促进了居住区域的功能混合、公共空间的优化设计及社区服务的完善，使得居住环境不仅是生活的场所，更成为文化交流和社会互动的空间。

四、人居环境演变对智能家居产生的影响

人居环境的演变历经岁月沉淀，不断适应着人类社会的发展与需求变迁，既体现了人类对于更美好生活环境的向往，也映射出努力改善居住条件的坚定步伐。然而，人类活动对自然环境的影响日益凸显，不可避免地引发了一系列环境问题，从而对生态系统的平衡造成了威胁。

在积极的方面，人居环境的演变促进了技术的进步与创新，推动了社会经济的发展。随着科技的进步，智能家居技术的应用日益广泛，极大地提高了居住的便利性和舒适度，改善了人们的日常生活，也为实现节能减排、可持续发展提供了新的途径。智能家居技术的集成，使得家庭能源管理更为高效，有助于减少能源消耗，进而减轻对环境的压力。

然而，人居环境的改善与发展，也伴随着对自然资源的大量消耗与环境污染。在追求居住舒适与便捷的同时，不可再生资源的过度开采、生态系统的破坏等问题日益严峻，威胁到了自然环境的健康与稳定，对人类未来的生存和发展构成了挑战。因此，如何在人居环境的演变过程中实现与自然环境的和谐共生，成为一个亟待解决的问题。对此，人类社会需要深刻反思在追求居住环境改善过程中的行为模式，探索更为环保、可持续的发展路径，这

不仅涉及技术创新和应用，更关乎于对生态环境保护的深刻认识和责任担当。在智能家居技术的应用过程中，加大对绿色环保技术的研发和推广，促进能源利用的效率提升，减少环境污染，是实现人居环境与自然环境和谐共生的重要途径。显然，智能家居的发展是人类对于更高生活质量追求的反映，智能家居与环境艺术设计的结合，能够提升居住空间的美学价值，也能够在提高生活便捷性的同时，增强居住环境的生态友好性，成为推动人居环境持续改善和发展的重要力量。

第三节　智能家居系统及相关控制方式

一、智能家居系统

（一）智能灯光控制系统

智能灯光控制系统作为现代智能家居的核心组成部分，代表了照明技术与信息技术的深度融合，极大地提升了照明控制的效率和便捷性，有效地减少了能源的浪费，进而响应了全球节能减排的号召。智能灯光控制系统通过高度智能化的手段，实现对灯光的综合管理和控制，满足了照明的基本需求，在提高生活质量、节能环保及增强用户体验方面发挥了重要作用。智能灯光控制系统的核心构成包括执行器、网络通信单元和控制终端。执行器负责实现对灯光的物理控制，如开关灯光、调节亮度等；网络通信单元则保证了系统内部各组件之间的信息交流，使得控制指令可以准确传达；控制终端作为用户与系统交互的接口，可以是物理的控制面板，也可以是智能手机或平板电脑上的专用应用程序。三者共同构成了一个完整的智能灯光控制系统，通过精密的配合，实现了对灯光的智能化管理。智能灯光控制系统的控制方式多样，包括智能感应控制、语音控制、远程控制等。智能感应控制通过感应人体的活动或室内光照变化，自动调整灯光的亮度或开关，方便用户，有效节约能源。语音控制则利用自然语言处理技术，让用户通过语音命令来控制灯光，极大地提升了交互的便利性。远程控制通过互联网连接，使得用户即

使不在家也能通过智能手机或其他终端设备远程操控家中的灯光，增强了灯光系统的灵活性和控制的及时性。在智能灯光控制系统的设计中，对开关的个数与位置的考虑已经不再是重点，因为系统通过智能化的控制手段，如场景设置、定时控制，可以自动执行用户设定的照明方案，从而减少了对物理开关的依赖，简化了照明系统的结构，更使得灯光控制更加人性化和智能化。智能灯光控制系统的应用，通过减少不必要的照明，自动调节亮度以适应不同的照明需求，降低能耗，延长灯具的使用寿命，减少资源浪费。此外，智能灯光控制系统还能提供更加舒适和健康的照明环境，通过模拟自然光的变化，营造出符合人体节律的照明环境，从而提高人们的工作效率和生活质量。

（二）智能安防系统

　　智能安防系统通过高度集成的技术手段，实现了对家庭安全的全方位监控与保护。本质上，智能安防系统通过对数据和图像的识别、准确分析，进行实时的判断和操作，以此达到对家庭安全威胁的有效预防和及时响应。智能安防系统的构成多样，包括家庭报警器、监控摄像头、各类传感器、智能门锁等，通过高度的系统化集成，构成了一个复杂但高效的安全防护网络。家庭报警器能够在检测到异常情况时，如非法入侵、火灾、煤气泄漏、水管破裂等，立即触发报警，通过声音或光线提醒居住者，并通过网络连接迅速通知用户和相关安全机构，确保能够在第一时间内采取应对措施。监控摄像头和传感器是智能安防系统的双重视觉与感知器官，能够对家庭内外环境进行全时段无死角的监控。通过高清摄像头捕捉图像和视频，以及传感器对温度、烟雾、有毒气体等参数的实时监测，系统能够精准识别家庭中的各类安全隐患。这些设备能够通过人工智能技术，如机器学习和模式识别，来提高对正常与异常行为的识别准确率，从而实现早期预警和防范。智能门锁则通过先进的身份验证技术，如指纹识别、面部识别、密码，为家庭提供了一道坚固的物理安全屏障。相比于传统钥匙锁，智能门锁更难以被技术开锁，大大提升了家庭安全性。同时，智能门锁还能够实现远程控制和监控，用户可以通过智能手机应用程序随时了解家门的锁定状态，并在需要时远程控制开锁，为家人或访客提供便利。

通过与互联网的连接，智能安防系统还能实现远程监控功能。用户可以通过智能手机、平板电脑或电脑随时随地查看家中的实时视频，检测家中当前的安全状况。对于那些需要关照老人、儿童或宠物的家庭可以实时监控被关照者的安全，在发生紧急情况时立即采取措施，如通过与紧急服务部门的直接连接快速响应。尽管智能安防系统为家庭安全提供了强大的技术支持，但其实施和维护仍面临着一系列挑战。首先是成本问题，高端的智能安防系统需要较大的初期投资及后期的维护费用。其次，隐私保护也是用户极为关心的问题，如何确保收集的数据安全、如何防止个人信息泄露成为智能安防系统需要解决的重要问题。最后，智能安防系统的技术更新迭代速度快，如何保持系统的先进性和兼容性，也是其持续有效运作的关键。

（三）智能窗帘控制系统

智能窗帘控制系统的核心在于通过高度智能化的手段，实现对窗帘的自动控制，包括自动开合、调节光线、保护隐私等功能。在这一系统中，窗帘面板、窗帘电机、窗帘轨道等部件与遥控器、智能手机等控制设备相结合，形成了一个完整的智能控制网络。

智能窗帘的电机是系统运行的核心，按照供电方式的不同，市面上主要分为两种类型：直接连接电源的电机和锂电池供电的电机。直接连接电源的窗帘电机，在家庭装修或建筑设计阶段，就需要预留相应的电源插座或电线管路，对于新建或大规模装修的项目来说相对容易实现，但对于已有的居住环境可能会带来一定的改造难度。相比之下，锂电池供电的窗帘电机因其安装便捷、无须布线的特点，更适合已装修房屋或对线路改造有限制的场所。这种电机一次充满电后，在每天开合四次的使用频率下，能够持续运作约六个月，极大地降低了维护成本和使用复杂度。

除了基本的开合控制之外，智能窗帘控制系统还能够根据环境变化自动调节窗帘的状态。例如，系统可以根据室外的光照强度自动调整窗帘的开合程度，既可以在日照强烈时自动遮挡阳光，保护室内环境免受紫外线伤害，又能在光照不足时自动开启，最大化地利用自然光，减少室内照明的能源消耗。智能窗帘还可以根据天气变化自动调整，例如，在雨天自动

关闭，防止雨水飘入室内，或在温度过高的日子自动关闭，以减少室内温度的升高。

智能窗帘控制系统的实现，离不开先进的传感器技术和复杂的算法支持。通过安装在室内外的温度、湿度、光照等多种环境传感器，系统能够实时监测环境变化，并通过预设的逻辑或学习用户的使用习惯，自动执行相应的窗帘控制指令。智能窗帘系统还可以与家庭中的其他智能设备联网，如智能空调、智能照明等，智能窗帘系统能够与它们协同工作，共同创建一个舒适、节能、智能的居住环境。

随着智能家居技术的不断发展和普及，智能窗帘控制系统作为其中的重要组成部分，其应用前景广阔。未来，随着人工智能技术的进步和物联网技术的普及，智能窗帘系统将更加智能化、个性化，能够更好地满足用户的个性化需求，为人们创造更加舒适、便捷、环保的生活环境。此外，智能窗帘系统的进一步发展还将促进相关产业的发展，如智能家居控制平台、智能硬件设备等，从而推动整个智能家居行业的创新和进步。

（四）智能家电控制系统

在现代生活中，智能家电控制系统是通过高科技手段，如万能红外遥控设备、智能插座、智能网关等，将传统家用电器从独立的工作状态转变为一个可集中管理和控制的智能网络。传统家用电器的操作往往需要物理接触，每一次的开关控制、模式调节都需要用户亲自前往操作，在某种程度上限制了生活的便捷性。而智能家电控制系统中的各种电器不再是孤立的个体，它们被一张无形的网络所连接，用户可以通过一个中心化的平台，对家中的电器进行综合管理和控制。无论是通过智能手机应用、语音助手还是远程操作，用户均可以轻松实现对家电的精准控制，大大提高了生活的便捷性和效率。

智能家电控制系统的核心在于其万能性和智能化。万能红外遥控设备作为系统的关键组成部分，能够与使用红外技术的任何电器兼容，无须更换现有家电，即可实现智能控制，用户只需要通过一个简单的设置，即可将家中的电视机、空调、音箱等电器纳入控制系统之中，实现一键操控，使生活变得更加高效便捷。智能家电控制系统内的家电设备可以设定开关定时，自动

化控制减少电能的无谓损耗，为用户节省宝贵的时间。例如，在外出旅行或上班时，用户可通过远程控制提前关闭或启动家中的电器，既保证了电器的安全运行，又避免了不必要的能源浪费。远程控制功能是智能家电控制系统的一大亮点，无论用户身处何地，都可以通过智能手机或其他移动设备，随时随地对家中的电器进行控制。例如，在回家的路上提前开启空调，调整到最舒适的温度；或是在夜间通过远程控制为儿童房开启夜灯，保障孩子的安全；甚至在忘记关闭电器时，也能迅速通过手机进行操作，有效避免安全隐患。

（五）智能远程控制系统

智能远程控制系统集成了远程控制设备及软件、服务器和智能网关等关键技术，能够实时查询家居设备的状态，还能控制灯光、家电设备，并进行远程安防监控，极大地提升了居家生活的便捷性和安全性。在技术层面，智能远程控制技术的发展可谓是日新月异，从熟悉的蓝牙技术、Wi-Fi 到 ZigBee 技术，再到覆盖更广、速率更快的 4G、5G 网络及 WiMax 技术，每一次技术的跃进都在推动智能家居系统向更高的目标迈进。智能远程控制系统的真正魅力，在于构建了一个信息处理的高效服务平台。在这个平台上，灯具、家电、窗帘等家居设备的远程控制变得轻而易举，它就像是连接家庭设备与移动设备之间的一座桥梁，让家居生活的每一分每一秒都充满智能化的温馨和便捷。

借助智能远程控制技术，家居安全已经不再是一个让人担忧的问题。无论是在办公室的忙碌中，还是在旅途的自在里，人们都可以通过移动设备实时查看家中的情况，从室内的温度调节到入侵警报的即时反馈，一切都在用户的掌控之中。智能远程控制系统的优势还在于其对于生活质量的全面提升，想象一下，在寒冷的冬日里，还未到家，便通过手机提前开启家中的暖气和照明，这样温暖而明亮的家的迎接，是不是让人倍感温馨？或者在炎热的夏天，提前通过远程控制开启家中的空调和窗帘，让家渐渐变得凉爽宜人，这样的生活体验又怎能不让人心动？随着技术的不断进步，智能远程控制系统在未来的发展潜力无限，会使得家居控制更加智能化、自动化，还将进一

步整合资源，提升家居系统的整体效能，让智能家居生活成为每个人生活中的标准配置。

二、控制方式

（一）语音控制

语音控制允许用户仅通过语音命令来操控家中的各种智能设备，从灯具、窗帘的开关调节到空调、电视等家电的控制，乃至音乐播放、闹钟设置等功能，都可以轻松完成，极大地提高了居家生活的便利性和舒适度。语音控制技术的核心在于其高度的智能化和自动化，它依托于强大的语音识别和自然语言处理技术，能够准确识别用户的语音指令并将其转化为相应的控制信号。这一过程涉及复杂的算法和大数据支撑，以确保系统能够理解各种口音、语速和语调的指令，甚至能够学习用户的使用习惯，从而提供更为个性化的服务。智能语音机器人、智能中央控制面板、智能 AI 语音音箱等设备是语音控制系统的重要组成部分。这些设备通常内置微型麦克风阵列和先进的声音处理技术，能够在各种环境下准确捕捉用户的声音指令。例如，智能 AI 语音音箱不仅能够作为家庭的娱乐中心，播放音乐、新闻或有声读物，还能作为智能家居控制的枢纽，通过语音指令控制其他智能设备。随着技术的不断进步，语音控制系统现已经能够支持多种语言，适应不同国家和地区的用户需求。此外，安全性和隐私保护也是现代语音控制系统设计的重点。通过安全加密技术和严格的数据保护措施，确保用户的语音数据和个人信息不被泄露。

（二）无线控制

无线控制是利用无线遥测遥控终端设备，替代传统的有线连接方式，实现对家居环境中各种设备的远程操控。在无线控制技术的应用中，常见的设备包括单键无线开关、双键无线开关、无线魔方控制器等，都是以用户的便捷性为出发点，通过简化操作过程，使得用户能够轻松地控制家中的灯光、电器、安防系统等。例如，单键无线开关可以实现单一设备的开关控制，而双键无线开关则可以同时控制两种设备或两种状态的切换，无线魔方控制器

更是通过手势识别等智能技术，实现六种不同的控制方式，如摇晃、旋转90°、旋转180°、向前推动，为用户提供了一种直观且富有乐趣的控制手段。上述无线控制设备的运作依赖于一系列无线通信技术，如 Wi-Fi、蓝牙、Zigbee。与传统的有线控制系统相比，无线控制系统的部署更为灵活，不受空间限制，减少了安装和维护的复杂度，降低了成本。更重要的是，无线控制系统的扩展性极强，用户可以根据自己的需要随时增加或调整控制设备，使得智能家居系统能够持续适应家庭成员的生活习惯和需求变化。除了提高用户体验和系统灵活性外，无线控制技术通过精准控制家居设备的运作，避免不必要的能源浪费，无线控制系统在实现家居自动化的同时，也为家庭节能减排作出了贡献。

（三）感应控制

智能感应器主要包括智能红外感应器、人体传感器等，可以根据环境的变化和人体的动作发出信号，从而触发智能家居系统的相应操作。在智能家居系统中，用户可以根据自己的需求设置智能感应器的位置。例如，在家庭的主要通道或房间的入口处安装智能红外感应器，当有人进入房间时，感应器就会探测到人体的热量或动作，然后将信号传输给智能网关。智能网关接收到信号后，根据预设的规则或用户的设定，向控制器发出指令，从而实现相应的操作。通过感应控制，智能家居系统可以实现多种功能。其中，最常见的是灯光的自动开关与熄灭。例如，在晚上家中有人进入房间时，智能感应器会自动检测到人体的存在，并向智能网关发送信号，网关再通过控制器打开房间内的灯光，从而为用户提供良好的照明环境。当人离开房间时，感应器再次检测到无人活动，智能家居系统会自动关闭灯光，节约能源的同时也提高了居住的舒适性。除了灯光控制，感应控制还可以应用于安全防范方面。例如，在家中安装智能人体传感器，可以实时监测阳台、窗户等区域是否有人非法进入。一旦感应器检测到异常活动，就会立即向智能网关发送警报信号，网关则会触发相应的安全设备，如安防摄像头或警报器，提醒用户并采取必要的安全措施，保障家庭的安全。

（四）面板控制

智能面板通常安装在墙壁上，具有显示区域、触摸屏和控制按键，能够直观地获取家中各项设备的状态，并实现快速控制。通过面板上的显示区域，用户可以清晰地了解家中各种智能设备的状态，如灯光、窗帘、温度，直观方便。不需要烦琐的操作步骤，只需要轻触屏幕或按下相应的按键，就能实现对设备的控制，使得整个家居系统的操作变得十分简便。智能面板通常采用本地线路连接，即使在网络出现故障或断网的情况下，用户仍然能够正常使用，不会受到外界干扰或影响。用户可以根据自己的实际需求和喜好，定制面板上的功能和布局，将最常用的设备和功能设置在最显眼的位置，方便快捷地进行操作。同时，面板的外观和样式也可以根据家庭装修风格进行定制，与整个室内环境融合度高，美观实用。另外，智能面板控制还能实现多设备联动和场景设置，如"回家模式""离家模式"，一键实现多个设备的联动操作，如打开门锁、调节灯光、启动家电，极大地提高了家居生活的便利性和舒适度。

第四节 智能家居在现代室内设计中的应用

一、智能家居在玄关的应用

在现代家居空间中，玄关是进门后首先映入眼帘的区域，尽管它通常面积不大，容易被忽视，但却承担着重要的功能，作为室内与室外的过渡区域，是居家安全的第一道屏障。玄关，又称门庭，在空间心理学上被视为两个相邻空间之间的过渡区域，是现代家居空间不可或缺的一部分。其设置既满足了人们对私密性的需求，又具备实用功能，常用于更衣、整理物品等活动。在智能家居设计中，玄关可以被赋予更多的功能和创意。

玄关区域是安装智能安防设备的理想位置，一套完整的智能家居玄关设计通常包括智能门锁、智能门磁、智能面板、智能传感器等核心设备。

智能门锁是一种技术先进的锁具，通过集成电子技术和通信模块，大大

增强了其防破解性能和安全性。其精密的设计构造和众多的解锁方式，如指纹、密码、IC 卡、手机、人脸识别、蓝牙，为用户提供了极大的便利，消除了忘记带钥匙的烦恼。

智能面板作为家居智能控制的核心工具，通常安装在玄关区域，方便用户随时操作。它不仅是一个简单的开关显示屏，更是集成了照明、音乐、窗帘、电器等子系统的中央控制器。用户可以通过智能面板实时查看室内信息数据，掌握家中设备的运行情况，并直接控制相关联动的灯光和电器设备。

智能门磁也称智能窗磁或智能门窗传感器，作为一种常见的智能安防设备，以其紧凑的体积和无须额外供电的特性，已然成为家庭安全控制的关键要素。通常而言，智能门磁被安装在入户门或窗户的内侧，其主要职能是精确检测门窗是否已完全关闭。一旦检测到未经授权的门窗开启或移动，智能门磁将即时发出尖锐的警报，并自动向预设的手机发送报警信息，以便及时提醒主人采取相应的安全措施。

智能门磁的功能不仅限于基本的安全检测，还可与联动系统配合使用，从而进一步提升家居智能化水平。用户可通过移动设备提前设定与开门相关的灯光或电器。当用户回家开门时，感应器将受到触发，预设的灯光、窗帘和背景音乐将自动开启。同样，用户也可设定与关门动作相关的设备，通过开关门的动作轻松实现"回家模式"与"离家模式"的智能切换。这种智能门磁的应用不仅提升了家居的整体安全性，也增加了居住的便利性和舒适度。

在日常生活中，智能门磁的便利性也体现在接待客人方面。当有客人来访时，主人无须手动调整家居设备，智能门磁联动系统将根据预设情景自动设定，为客人营造舒适的环境。

二、智能家居在客厅的应用

客厅是家庭生活的主要场所，不仅是家庭成员休闲娱乐、接待客人的场所，也是展示家庭品位和生活方式的重要空间。因此，客厅的设计需要兼顾

功能性、美观性和舒适性，既要满足日常生活的需求，又要体现主人的审美品位和生活品质。

智能家居在客厅的设计应用需要整合多种智能家居系统共同完成，包括智能灯光控制系统、智能远程控制系统、智能家电控制系统、智能窗帘控制系统等。

智能灯光控制系统是客厅智能化设计的核心之一。通过智能灯光控制系统，用户可以根据不同的场景和需求，调节灯光的亮度、色温和颜色，创造出不同的氛围和情景。例如，在观影时，可以调暗灯光；在聚会时，可以选择丰富多彩的灯光效果；在阅读时，可以选择柔和舒适的灯光。

智能远程控制系统是客厅智能化设计的重要组成部分。通过智能远程控制系统，用户可以随时随地通过手机 App 或者其他智能终端设备，对客厅中的各种智能设备进行远程控制和管理。无论是外出办公还是度假旅行，用户都可以通过手机远程控制智能电视、音响、空调等设备，实现智能化的家居管理。

智能家电控制系统也是客厅智能化设计中不可或缺的一环。通过智能家电控制系统，用户可以对客厅中的各种家电设备进行智能化联动和管理。例如，可以将智能电视、音响、空调等设备通过智能家电控制系统进行联动控制，实现多种场景模式的切换和自动化的设定。例如，当用户观看电影时，智能电视和音响可以自动启动，并调整至适宜的音量和画面效果；当用户离开客厅时，智能空调可以自动关闭，节约能源。

智能窗帘控制系统也是客厅智能化设计的重要组成部分。通过智能窗帘控制系统，用户可以实现对客厅窗帘的智能化控制和管理。智能窗帘可以根据光线、温度和用户需求自动调节开合，保持室内的舒适度和私密性。例如，在阳光强烈时，智能窗帘可以自动关闭，阻挡强光和热量；在夜晚或阴天时，智能窗帘可以自动打开，引入自然光线。

客厅的电器同样能够通过情景模式进行联动。市场上较为常见的客厅智能电器有：智能影音设备、智能互联网电视、智能加湿器、智能扫地机器人、智能空气净化器等。这些智能电器可以通过联动控制，实现更加智能化和便

捷化的家庭生活。例如，当用户观看电影时，智能家庭影院会自动调节音响和灯光的效果，营造出影院般的观影体验；当用户需要清洁客厅时，智能扫地机器人会自动启动，完成地面清洁工作，提高生活的便捷性和效率。

三、智能家居在卧室的应用

卧室作为现代家居空间中最私密、最舒适的区域之一，其设计应当以提升睡眠质量、保障个人隐私和安全、营造舒适宜人的氛围为核心目标。人们的睡眠质量往往受到室内光线的影响，智能家居系统可以根据不同的时间段和需求调节灯光的亮度和色温，帮助居住者创造出一个舒适的睡眠环境。例如，在晚上睡觉时可以设置温暖柔和的灯光，而在起床时则可以逐渐增加灯光亮度，帮助人们从深度睡眠中自然醒来。同时，智能家居系统还可以配备无线开关和智能人体传感器，使得灯光的控制更加便捷和智能化，无须长时间寻找开关，只须轻轻一碰或走近床边即可实现灯光的开启和关闭。随着现代人对健康和医疗信息的关注度增加，智能家居系统在卧室中的应用也可以涵盖健康信息采集与医疗诊断系统。通过智能床垫、智能手环或其他传感器设备，可以实时监测睡眠质量、心率、呼吸等健康指标，并将数据传输到智能手机或专门的医疗健康管理平台，为用户提供个性化的健康数据分析和建议。智能家居系统还可以与远程医疗诊断服务结合，使得居住者可以通过手机或平板电脑与医生进行在线咨询和诊断，实现远程医疗服务，为用户提供更加便捷和及时的医疗保健服务。除此之外，在卧室的设计中，智能家居系统还可以与其他设备和系统进行联动，实现更加智能化的功能。例如，可以与智能窗帘系统结合，根据天气和光线自动调节窗帘的开合，保障私密性和安全性；还可以与智能空调系统结合，根据室内温度自动调节空调的运行状态，保持室内舒适度；甚至还可以与智能音响系统结合，根据用户的睡眠习惯播放柔和的音乐或自然声音，帮助入睡。

四、智能家居在厨房的应用

厨房作为一个家庭的核心功能区域，在现代生活中扮演着至关重要的角

色。随着科技的不断发展和智能家居技术的日益成熟，智能家居在厨房的应用已经成为了一个热门话题。智能家居的应用能够提升厨房的便捷性和舒适度，有效增强厨房的安全性，从而为人们的生活带来更多的便利。

在进行厨房设计时，首先要考虑的是光线与通风的问题。充足的光线和良好的通风环境是保证厨房舒适度的基础。通过合理设计照明系统和通风设施，可以有效改善厨房的工作环境，提升工作效率和舒适度。智能家居技术在厨房的应用主要集中在安全保障方面。智能水浸感应器、智能烟雾报警器、防漏电保护器等智能安防设备能够实时监测厨房内部的环境变化，并在检测到异常情况时及时发出警报。例如，智能水浸感应器可以监测到地面水浸情况，并自动关闭水源，防止水灾事故的发生；智能烟雾报警器可以监测到烟雾浓度，超过安全范围时发出警报，及时采取措施排除火灾隐患。除了智能安防设备，智能厨房电器也是厨房智能化的重要组成部分。智能家居技术为厨房提供了诸多智能电器，如智能集成灶、智能净水机、智能洗碗机、智能垃圾处理器等设备，都能够通过智能家居系统进行远程控制和智能管理。例如，智能集成灶可以通过手机 App 或语音控制，实现火力调节、定时烹饪等功能，极大地方便了厨房操作；智能净水机可以实时监测水质并进行自动过滤，保障饮水安全；智能洗碗机能够智能识别不同类型的餐具，并根据餐具特性进行合理地清洗，节约水电资源。综上所述，智能家居技术在厨房的应用不仅能够提升厨房的工作效率和舒适度，还能够增强厨房的安全性，为人们的生活带来更多的便利，让人们更加安心。

第八章 结论与启示

一、研究结论及讨论

本书以现代室内设计为研究对象，通过多维度的观察与研究，深入探讨了人性化设计、意境营造、传统文化、生态理论、智能家居等方面在现代室内设计中的应用与体现。在全面梳理和分析了现代室内设计的理论基础和发展历程的基础上，本书从不同维度出发，对现代室内设计进行了深入剖析和探讨，以期能够为现代室内设计的发展提供有益的参考和启示。

在人性化设计方面，本书从生理和心理两个维度入手，深入分析了现代室内设计中的人性化因素。在生理维度上，注重空间布局、家具设计、照明设置等方面的合理性，以满足人们的生理需求；在心理维度上，则通过色彩搭配、材质选择、装饰元素等方式，营造出舒适、温馨、放松的室内环境，以满足人们的心理需求。

在意境营造方面，通过探讨室内空间意境的相关概述和相关艺术领域的意境创造，提出了现代室内空间意境营造的原则与方法。在室内设计中，通过运用造型、色彩、光影等手法，创造出具有独特韵味和文化内涵的室内空间，使人们在其中能够感受到美的享受和心灵的愉悦。典型室内空间的意境营造实践案例，验证了这些原则和方法的有效性和可行性。

在传统文化方面，分析了中国传统文化与现代室内设计的内在联系。中国传统文化中的哲学思想、审美观念、艺术手法等，为现代室内设计提供了丰富的素材和灵感。在现代室内设计中，通过巧妙地运用传统文化元素，可

以营造出具有独特韵味和文化内涵的室内空间，使人们在其中能够感受到中国传统文化的魅力和价值。

在生态理论方面，强调生态室内设计的重要性和必要性。随着环保意识的日益增强，人们越来越关注室内环境的健康性和可持续性。生态室内设计以节约能源、保护环境为原则，注重材料的可再生性、能源的高效利用及室内环境的生态平衡。本书从材料选择、技术应用和生态美学角度，探讨了生态理论在现代室内设计中的具体应用和实践案例。这些案例不仅展示了生态室内设计的独特魅力，也为推动室内设计行业的绿色发展提供了宝贵的经验和启示。

在智能家居方面，本书分析了智能家居在现代室内设计中的地位和作用。随着科技的快速发展，智能家居已经成为现代室内设计的重要组成部分。智能家居系统通过集成各种智能设备和传感器，实现了对室内环境的智能控制和调节。这不仅提高了生活的便捷性和舒适性，也为室内设计师提供了更多的设计空间和可能性。本书从智能家居的概述、人居环境与智能家居的关系、智能家居系统及相关控制方式，以及智能家居在现代室内设计中的应用四个方面进行了深入探讨。综上所述，本研究通过分析和探讨人性化设计、意境营造、传统文化、生态理论和智能家居五个方面在现代室内设计中的应用与体现，揭示了现代室内设计的内在规律和特点，也为未来室内设计的发展提供了有益的参考和启示。在未来的研究中，可以进一步关注现代室内设计的发展趋势和创新方向，以推动室内设计行业的持续发展和进步。

二、理论贡献

（一）人性化理论

本书通过系统的理论框架和实践案例分析，强化了人性化设计在现代室内设计中的核心地位。虽然人性化设计的重要性在之前的研究中已得到广泛认同，但关于如何在实际设计工作中落实这一理念，仍存在较大的理论与方法论空白。本书旨在填补这一空缺，通过构建系统的理论框架并结合具体的实践案例分析，深入探讨了人性化设计在现代室内设计中的应用，从而为室

内设计师提供明确的指导方针和策略，确保他们的设计能够真正回应用户的深层次需求。本书从人性化设计的基本理念出发，强调设计过程中需要将人的行为、心理和生理需求作为设计的出发点和归宿。这一理念的核心在于认识到室内空间不仅是物理环境的集合，更是人的行为和情感体验的容器。因此，设计师在创造室内空间时，需要深入理解人的多样化需求，包括对安全感、归属感、私密性、舒适度及美学价值的追求。本书通过生理和心理两个维度，详细阐述了人性化设计的实施策略。在生理维度上，研究强调了适宜的室内环境条件（如光照、温度、湿度、声环境等）对于用户舒适度的重要性，并探讨了如何通过科学的设计方法优化这些环境条件，以满足不同用户群体的生理需求。同时，本书还考虑了室内空间的可达性和使用方便性，特别是对于老年人和残疾人，确保室内设计能够为所有用户提供等同的使用体验。在心理维度上，本书深入探讨了室内设计如何影响人的情绪和心理状态。通过分析颜色、材料、光线、空间布局等设计元素对人心理的影响，研究提出了创造积极、健康心理体验的设计策略。例如，通过使用温暖的颜色和自然的材料，可以营造出舒适和放松的空间氛围；而合理的空间布局则能够增强空间的功能性，减少用户的心理压力，提升空间使用的愉悦感。此外，本书还特别关注了在设计实践中如何将这些理论和策略具体落实。通过分析和总结一系列成功的室内设计案例，本书揭示了人性化设计原则在实际操作中的应用方法和效果，不仅展示了如何在设计中综合考虑人的生理和心理需求，还反映了人性化设计理念在不同类型空间（如住宅空间、公共空间等）中的灵活应用。

（二）意境营造理论

随着现代社会对生活品质追求的不断提高，室内空间设计的目标已经从单一的功能满足转向了更加注重审美和情感价值的层面。意境营造作为一种深植于东方美学传统中的艺术表达方式，强调通过富有象征意义的环境布局、色彩运用、光影效果、材料选择等手段，营造出使居住者产生超越物理空间限制的情感共鸣和精神体验的空间。本研究通过艺术和文化的视角，探索了室内设计中意境营造的理论基础、实践方法及其对提升室内空间文化内

涵和艺术价值的重要性。意境营造在室内设计中的理论基础主要源自对自然美学的深入理解和应用。在自然中，人们往往能够感受到一种超越形式的美与和谐，这种美来自对自然元素、光影变化和季节循环的敏感捕捉与内在体验。将这种自然美学融入室内设计，意味着设计师需要通过创造性地运用空间、光线、材料、色彩等元素，构建出能够引发情感共鸣和精神沉浸的环境。从实践方法来看，意境营造在室内设计中的实现依赖于对细节的精细打磨和对整体氛围的精心构建，包括对光与影的巧妙运用，通过自然光或人造光源的设计，创造出层次丰富、充满变化的光影效果，以此激发空间的情感深度和视觉冲击力。色彩选择也是意境营造中的关键要素，合理的色彩搭配不仅能够影响人的情绪和感受，还能够在视觉上引导空间的流动感和层次感。本书通过具体的案例分析，展示了意境营造在实际室内设计中的应用效果和实践价值，证明了通过意境营造能够有效提升空间的文化内涵和艺术价值，还展示了室内设计在传达特定文化意义、激发深层情感体验方面的巨大潜力。

（三）传统文化理论

在全球化的背景下，如何在现代室内设计中保留和弘扬本土文化，成为了一个重要的研究课题。本书通过分析传统文化元素在现代室内设计中的应用实例，探讨了传统文化与现代设计的有效融合方式，为实现文化传承和创新提供了理论依据和实践指导，不仅丰富了室内设计的文化维度，也为促进文化多样性和文化可持续发展提供了重要支持。

（四）生态理论

在生态理论的应用方面，本书通过详细分析生态室内设计的原则和策略，突出了在室内设计中融入生态理念的重要性。在全球环境问题日益严峻的今天，如何实现室内设计的可持续发展成为了行业的重要任务。本书不仅提出了生态室内设计的基本措施，还通过案例分析展示了这些措施在实践中的应用效果，为室内设计领域提供了向绿色、环保、可持续方向发展的理论和方法论支持。

（五）智能家居

对于智能家居在现代室内设计中的应用，本书提出了全面的理论分析和

实践指导。随着科技的进步，智能家居技术为室内设计带来了新的可能性。本书不仅分析了智能家居技术的最新发展趋势，还探讨了如何将这些技术有效地集成到室内设计中，以提升居住环境的舒适度和便利性。这一部分的研究不仅为室内设计师提供了新的设计思路和工具，也为室内设计与科技融合提供了理论依据。

三、实践启示

通过对人性化设计、意境营造、传统文化融合、生态理论应用及智能家居集成五个方面的探讨，本书不仅提出了室内设计的新理念、新方法和新趋势，而且还为室内设计实践提供了重要的启示。

人性化设计的实践启示在于，设计师在进行室内设计时，应将用户的需求放在首位，深入了解用户的生活习惯、文化背景、个人偏好等，以此为基础进行创意和设计，室内设计不仅要追求空间的功能性、舒适性和安全性，还要关注用户的情感需求和精神追求。例如，在居家设计中，可以通过灵活的空间布局、个性化的装饰元素、舒适的光照、色彩搭配等手段，创造出既实用又能反映用户个性的生活空间。在公共空间设计中，考虑到不同用户群体的需求差异，设计师应采用包容性设计原则，通过科学的导向系统、无障碍空间布局等措施，为所有用户提供便利和舒适的使用体验。

意境营造的实践启示强调了室内设计中情感和文化层面的重要性。室内空间不仅是进行日常活动的场所，也是情感交流和文化体验的载体。设计师应通过对空间、光影、材料、色彩等元素的巧妙运用，营造出具有特定情感氛围或文化内涵的室内环境。这不仅能够提升空间的审美价值，还能够激发用户的情感共鸣，促进文化认同。例如，利用自然光的变化、材料的质感对比、艺术装置的引入等手段，可以在现代办公空间中营造出静谧、舒缓的氛围，提升工作效率和创造力。

传统文化融合的实践启示表明，室内设计应尊重并融合地域文化和传统元素，以此作为设计的灵感来源和创新点。在全球化的背景下，保持文化多样性和特色成为一种挑战，也是室内设计的重要任务。通过对传统建筑元

素、装饰手法、材料应用等的现代诠释，不仅可以赋予室内空间独特的魅力，还可以促进文化遗产的传承和创新发展。例如，将中国传统文化中的书法、绘画、器物等元素，以现代的设计语言重新解读和应用，既保留了文化根脉，又满足了现代人的审美和功能需求。

生态理论的应用启示人们，在室内设计中应积极采用环保材料、节能技术和可持续设计原则，以减少对环境的负面影响。设计师应关注室内外环境的和谐共生，通过绿色植被、自然通风、日光利用等手段，创造健康、舒适、节能的居住和工作环境。

智能家居的集成启示了技术在现代室内设计中的重要作用。随着科技的发展，智能家居系统为室内设计提供了新的可能性，使得空间更加智能、互联和便捷。设计师应掌握相关的技术知识，将智能化元素融入设计之中，以满足现代人对于高效、便捷生活方式的追求。通过智能家居系统的应用，可以实现室内环境的自动调节、远程控制等功能，为用户提供更加个性化、舒适的居住体验。

四、研究局限性与未来研究展望

本书在拓展室内设计领域知识边界、提升设计实践质量方面做出了一定的努力。然而，由于研究资源、时间、个人能力等方面的限制，本书存在一些不可避免的局限性，这也为未来的研究提供了新的方向和空间。首先，研究范围和深度方面的局限。尽管本书试图全面覆盖现代室内设计的多个重要维度，但鉴于室内设计是一个涉及广泛知识和技术的复杂领域，本书在某些特定领域的深入探讨还不够充分。例如，在传统文化与室内设计融合的研究中，主要关注了中国传统文化的元素，对于其他文化背景下的室内设计融合方式和实践案例研究较少，这限制了研究的广泛性和多样性。未来的研究可以更加深入地探讨不同文化背景下的室内设计理念和方法，进一步丰富现代室内设计的文化内涵和表现形式。其次，研究方法和技术应用的局限。本书主要采用了文献综述、案例分析等传统的研究方法，这些方法在理论探讨和知识整合方面具有显著优势。然而，随着科技的发展，数据分析、虚拟现实、

增强现实等新技术在室内设计领域的应用日益广泛，这些技术可以为室内设计提供更加直观、互动的研究方法。因此，未来的研究可以考虑融合更多高科技手段，利用数据分析来揭示设计偏好和趋势，或通过虚拟现实、增强现实技术进行设计模拟和用户体验测试，以提高研究的科技含量和实践指导性。再次，理论与实践结合的深度有待加强。虽然本书通过分析具体的设计案例来探讨理论在实践中的应用，但在将理论知识转化为设计实践的具体操作和策略方面，仍有较大的提升空间。未来的研究可以更加深入地探索理论与实践的有效结合方式，如通过实验设计、用户反馈收集等方式，评估不同设计理念和方法在实际应用中的效果，从而为设计师提供更加科学、实用的指导建议。此外，随着全球化和信息化的发展，室内设计领域面临着更加复杂多变的挑战和需求。例如，如何在设计中兼顾全球化趋势与本土文化的特色，如何应对气候变化对室内环境的影响，如何利用新兴技术提升设计的智能化和可持续性等问题，都需要未来的研究予以更多关注。最后，室内设计的教育和职业发展也是未来研究可以深入探讨的领域。随着设计理念的更新和技术的进步，室内设计的教育体系和职业路径也在不断变化。探讨如何在教育中融入新的设计理念和技术、如何为设计师提供终身学习和职业发展的机会，将对提升设计行业的整体水平和竞争力产生重要影响。

参考文献

［1］斯坦利·阿伯克龙比，谢里尔·惠顿. 室内设计史［M］. 张建萍，祝付华，杨至德，译. 南京：江苏凤凰科学技术出版社，2021.

［2］霍维国，霍光. 中国室内设计史［M］. 北京：中国建筑工业出版社，2003.

［3］张绮曼. 室内设计经典集［M］. 北京：中国建筑工业出版社，1994.

［4］杨冬江. 中国近现代室内设计史［M］. 北京：中国水利水电出版社，2007.

［5］郑新军，陈继泉，王萍. 室内设计原理［M］. 上海：上海科学普及出版社，2020.

［6］侯淑君. 室内设计思维与方法研究［M］. 长春：吉林摄影出版社，2019.

［7］杨翼，汤池明. 设计表达：室内空间效果图表现技法［M］. 武汉：武汉理工大学出版社，2009.

［8］卢安·尼森，雷·福克纳，萨拉·福克纳，等. 美国室内设计通用教材上［M］. 陈德民，陈青，王勇，等译. 上海：上海人民美术出版社，2004.

［9］杨冬江，任艺林，管沄嘉，等. 中国室内设计教育发展研究［M］. 北京：中国建筑工业出版社，2019.

［10］何夏昀. 中国室内设计教育竞争力评价研究［M］. 北京：中国建筑工业出版社，2022.

［11］中国大百科全书出版社. 简明不列颠百科全书［M］. 北京：中国大百科全书出版社，1985.

［12］维克多·J. 帕帕奈克. 为真实的世界设计［M］. 周博，译. 北京：北京日报出版社，2020.

［13］陈寿. 三国志［M］. 东篱子，译注. 北京：北京时代华文书局，2014.

［14］陆机. 文赋译注［M］. 张怀瑾，译注. 北京：北京出版社，1984.

［15］俞剑华. 最新图案法［M］. 何明斋，蕉秉贞，校订. 北京：商务印书馆，1926.

［16］赫伯特·西蒙. 认知：人行为背后的思维与智能［M］. 荆其诚，张厚粲，译. 北京：中国人民大学出版社，2019.

［17］拉兹洛·莫霍利-纳吉. 新视觉：从材料到建筑［M］. 刘忆，译. 重庆：重庆大学出版社，2020.

［18］王安忆. 考工记［M］. 广州：花城出版社，2018.

［19］海克尔. 宇宙之谜［M］. 苑建华，译. 西安：陕西人民出版社，2005.

［20］亚里士多德. 形而上学［M］. 郭聪，译. 重庆：重庆出版社，2019.

［21］巴浦洛夫. 条件反射演讲集：动物高级神经活动行为的二十五年客观研究［M］. 中国科学院心理研究室，译. 北京：人民卫生出版社，1954.

［22］姬昌. 周易［M］. 宋祚胤，注译. 长沙：岳麓书社，2000.

［23］刘禹锡. 刘禹锡集［M］. 太原：三晋出版社，2010.

［24］司空图. 司空图选集注［M］. 王济亨，高仲章，选注. 太原：山西人民出版社，1989.

［25］宗白华. 美从何处寻［M］. 济南：山东文艺出版社，2019.

［26］王澍. 设计的开始［M］. 北京：中国建筑工业出版社，2002.

［27］黄庭坚. 宋四家尺牍书法. 黄庭坚［M］. 杭州：西泠印社出版社，2022.

［28］刘勰. 文心雕龙［M］. 韩泉欣，校注. 杭州：浙江古籍出版社，2001.

［29］梁思成. 中国建筑的特征［M］. 武汉：长江文艺出版社，2020.

［30］侯幼彬. 中国建筑美学［M］. 哈尔滨：黑龙江科学技术出版社，1997.

［31］吴良镛. 建筑·城市·人居环境［M］. 石家庄：河北教育出版社，2003.

［32］宗白华. 宗白华美学二十讲［M］. 刘悦笛，主编. 苏州：古吴轩出版社，2021.

［33］周健，马松影，卓娜，等. 室内设计初步［M］. 2版. 北京：机械工业出版社，2018.

［34］ 建E室内设计网.室内设计全景模型效果图［M］.南京：江苏凤凰美术出版社，2020.

［35］ 邓琛.室内设计原理与方法［M］.北京：中国纺织出版社有限公司，2021.

［36］ 贺爱武，贺剑平.室内设计［M］.北京：北京理工大学出版社，2015.

［37］ 李晓丹.图解室内设计入门与方法［M］.北京：机械工业出版社，2018.

［38］ 张金礼.室内设计基本思维模式探讨［J］.内蒙古科技与经济，2010（14）：59-60.

［39］ 朱小杰.室内设计的构成要素［J］.科技信息，2009（27）：1.

［40］ 孙辉.烟叶醇化库室内环境控制策略研究［J］.机电信息，2024（3）：49-52.

［41］ 严鹏飞.浅谈温湿度独立控制技术在铁路站房公共区集中空调系统的应用［J］.机电信息，2024（3）：82-85.

［42］ 李志强，郭俊楠.室内装饰"元素性"设计方法应用探讨［J］.四川水泥，2024（2）：82-84.

［43］ 邱海东，王裕军.东南亚风格室内空间设计［J］.上海纺织科技，2024，52（2）：106.

［44］ 徐潇潇.江南地域文化在现代室内设计中的传承与转译［J］.中国建筑装饰装修，2024（3）：54-56.

［45］ 张雨虹，宋永兴，张林华.辐射供冷位置对室内热舒适和能耗的影响分析［J］.山东建筑大学学报，2024，39（1）：57-63.

［46］ 王德成.浅谈行为心理因素对住宅室内设计的影响［J］.居舍，2024（4）：16-18.

［47］ 黄菲有.家居装饰品在建筑室内设计中的应用［J］.居舍，2024（4）：19-22.

［48］ 嵇严，陈頔，胡小明，等.室内雪乐园声学设计要点探讨与实践［J］.四川建筑科学研究，2024，50（1）：106-113.

［49］ 罗敏琼. 建筑室内装修设计中色彩元素运用分析［J］. 居舍，2024（4）：93-96.

［50］ 彭鸿坤，张开宇. 室内功能空间适老化设计初探［J］. 居舍，2024（4）：30-32.

［51］ 张瑜. 皮革材料装饰艺术在现代室内设计中的运用分析［J］. 西部皮革，2024，46（3）：38-40.

［52］ 梁川红，袁瑞鑫. 新室内设计专业人才培养转型研究——以山东外事职业大学室内设计专业为例［J］. 设计，2024，37（2）：138-140.

［53］ 罗奕. 人口老龄化背景下城市老年群体居住空间的规划与设计［J］. 中国住宅设施，2024（1）：196-198.

［54］ 田耕. BIM 技术在绿色公共建筑设计中的应用探讨［J］. 中国住宅设施，2024（1）：23-25.

［55］ 殷梦瑶. 浅谈人体工程学在室内设计中的应用［J］. 中国住宅设施，2024（1）：35-37.

［56］ 高秋媛. 浅谈平面构成艺术在室内设计中的应用［J］. 中国住宅设施，2024（1）：29-31.

［57］ 周蓓. 植物多样性在室内绿色景观设计中的应用探讨［J］. 植物遗传资源学报，2024，25（2）：303-304.

［58］ 孙亚丽，郭虹. 漆器髹饰技艺在室内设计中的应用研究［J］. 设计，2024，37（1）：44-46.

［59］ 张梓慧，梁家年. 环境心理学视域下商业空间室内环境设计研究——以南京德基广场购物中心二期为例［J］. 设计，2024，37（1）：152-154.

［60］ 陈虹羽，杨扬，杨毅，等. 记忆重塑清华大学文物建筑明斋门厅室内空间设计营造研究［J］. 室内设计与装修，2024（2）：123-125.

［61］ 卢鹿，黄锡炼. 以生态环保为导向的新农村室内设计策略——以四川眉山青神县为例［J］. 上海轻工业，2024（1）：49-51.

［62］ 郭兰，李柄婵，赵灿. 浅析虚拟现实技术在室内设计中的应用［J］. 上海轻工业，2024（1）：46-48.

［63］王超，白红艳．参数化建筑设计在商业综合体设计中的应用与实践［J］．居舍，2024（3）：138-141.

［64］王磊．室内设计中色彩心理学的研究与应用［J］．居舍，2024（3）：19-21.

［65］刘乐．探究新型环保材料在室内设计中的应用与前景［J］．居舍，2024（3）：9-11.

［66］肖亮，陈捷，周振坤．中式传统装饰元素在室内环境设计中的应用［J］．居舍，2024（3）：29-31.

［67］王宇飞．新老龄化社会的养老照料设施室内设计研究——论基于养老院适老化设计的思考与选择［J］．居舍，2024（3）：36-38，92.

［68］陈倩．基于高职应用型人才培养的教学研究——以 SketchUp 草图大师课程为例［J］．美术教育研究，2024（2）：129-131.

［69］秦学军．项目驱动室内效果图表现课程教学改革与实践［J］．内江科技，2024，45（1）：157-158.

［70］吴可，李雨晨，王鑫宇，等．皮革材料在室内装修设计中的应用［J］．西部皮革，2024，46（2）：58-60.

［71］李华蓉，辛伟，李海明，等．多模式室内地图自适应转换系统设计与实现［J］．测绘与空间地理信息，2024（1）：5-8，12，16.

［72］刘英博，刘泽华，张舒涵，等．合同能源管理模式下图书馆空调节能性分析［J］．上海节能，2024（1）：132-138.

［73］许琨．体适能理论下学龄前儿童室内运动器材设计研究［J］．文体用品与科技，2024（2）：148-150.

［74］梁海胜，吴智慧，束方荣．基于 KANO 模型的供临时休息的室内家具设计研究［J］．包装工程，2024，45（2）：58-65.

［75］王晶．时衍——单身公寓室内设计［J］．纺织报告，2024，43（1）：8.

［76］张展志，郑绍江．空符号在日本建筑、室内设计中的运用——兼议中国传统审美的影响［J］．四川戏剧，2023（11）：126-129.

［77］王宇，张可澄．现代简约风格室内空间设计［J］．上海纺织科技，2024，52（1）：83.

[78] 洪军. 苏州桃花坞木版年画装饰之室内装饰新中式风格 [J]. 上海纺织科技, 2024, 52 (1): 81.

[79] 何青青, 杨晓舒, 尹龙, 等. 某住宅小区温湿度独立控制空调系统设计 [J]. 暖通空调, 2024, 54 (1): 113-118, 147.

[80] 肖薇. 候车室室内空间设计与文化表达——以九江站改扩建为例 [J]. 居舍, 2024 (2): 93-95.

[81] 李秋娟. 室内装饰设计中功能性与艺术性的关系探讨 [J]. 居舍, 2024 (2): 7-10.

[82] 魏瑛. 现代环境装饰艺术的革新设计与教育探究 [J]. 居舍, 2024 (2): 49-51.

[83] 李帅. 住宅建筑工程的供暖通风节能设计分析 [J]. 居舍, 2024 (2): 82-85.

[84] 张小玲. 乡村振兴下的民宿再生设计教学实践——以安顺屯堡民宿设计作品为例 [J]. 大众文艺, 2024 (1): 146-148.

[85] 李天怡. 陶瓷艺术装饰元素在室内设计空间中的作用探讨 [J]. 佛山陶瓷, 2024, 34 (1): 155-156.

[86] 郑颖, 朱墨. 中式符号元素在现代室内建筑设计中的运用 [J]. 佛山陶瓷, 2024, 34 (1): 134-136.

[87] 董樑. 低碳经济理念下的室内设计原则探析 [J]. 佛山陶瓷, 2024, 34 (1): 143-145.

[88] 王珊珊. 陶瓷艺术与建筑空间装饰设计的创新融合分析 [J]. 佛山陶瓷, 2024, 34 (1): 137-139.

[89] 陈曦, 王浦悦. 传统色彩在室内空间装饰设计中的表现与运用 [J]. 鞋类工艺与设计, 2024, 4 (1): 184-187.

[90] 陈静怡, 黄妙红, 温宝玲. 可持续生态理念植入护肤品研发中心的设计演绎 [J]. 鞋类工艺与设计, 2024 (1): 191-193.

[91] 顾艳丽. 某学校报告厅空调系统设计应用研究 [J]. 城市建设理论研究 (电子版), 2024 (2): 56-58.

［92］高登. 室内设计中的解构主义［J］. 文化产业，2024（2）：82-84.

［93］阎艺. 几何形态在室内设计中的艺术表达［J］. 鄂州大学学报，2024，31（1）：83-84.

［94］夏楚惠. 空间形式在室内设计中的应用研究［D］. 桂林：广西师范大学，2022.

［95］裴新华. "留白"艺术在中日室内空间设计应用中的比较研究［D］. 沈阳：鲁迅美术学院，2022.

［96］章烨. 基于低碳理念的设计工作室室内环境设计［D］. 长沙：中南林业科技大学，2022.

［97］张小艺. 侘寂美学融入室内空间的应用与研究［D］. 济南：山东大学，2021.

［98］宋珂. 新型实体书店室内空间设计研究［D］. 北京：中央美术学院，2019.

后　记

　　伴随着《现代室内设计的多维观察与研究》专著的完成，我深刻领悟到对室内设计领域的探索既非终结，也不是开端，而是一个不断前行、生生不息的历程。通过这部著作，我期望展现室内设计在现代社会中不容小觑的多维度影响及其深远意义。

　　这部专著的完成于我而言，不仅是对我个人多年来学术积累的一次系统且深刻的总结，也是内心深处对室内设计领域的那一份炽热且深沉的热爱的生动体现，更是我为这个充满魅力和无限可能的室内设计领域所作出的一份毫无保留且意义深远的贡献。一直以来，室内设计领域始终是我矢志不渝、全力以赴研究的专业方向，是我在学术道路上始终坚守、执着前行的核心目标。在这个日新月异的时代里，室内设计已不再仅局限于空间的美化，而是化作了连接人、文化、环境和技术的桥梁。这种变化给了我无尽的灵感与探索空间，让我有机会深入挖掘室内设计的多维价值，并将其加以整理汇集成册，与众多志同道合之人共同分享。因此，我由衷地希望它可以成为广大室内设计从业者的得力助手，给他们的设计之旅以新的启迪与引导，也希望它能够成为爱好者们深度知悉这一领域的一扇窗口，使他们体悟到室内设计的魅力所在。与此同时，我还满心期待它能成为相关专业学生们前行道路上的明亮灯塔，助力他们在学习过程中找到方向。

　　在研究的过程中，我犹如置身于知识的海洋，深刻而真切地感受到现代室内设计所蕴含的复杂性和令人惊叹的多样性。它不单涉及美学与功能的均

衡把控，更关乎着人性的关怀与尊重、文化的传承与创新、生态的保护与和谐，以及科技的应用与发展的有机融合。同时，我也深刻地意识到社会发展对室内设计的深远影响。人们对于环保的日益重视，对健康生活的不懈追求，以及数字化技术的迅速普及，都在悄然改变着室内设计的走向。这些变化既为设计师们带来了新的机遇，也提出了更高的要求。

回顾这部专著的撰写过程，我深深体会到其中的艰辛与不易。我经历了从最初的构思萌生，到后续的全面调研，从深入的理论探讨，到细致的实践案例分析的漫长且艰辛的旅程。其中的每一个细微步骤都充满了艰难的挑战与意外的欣喜，每一次深度的思考都切实地让我对于室内设计所涵盖的边界范畴有了更为深刻、更为透彻的理解与感悟。这部专著不仅是我个人多年来辛勤学术研究的珍贵结晶，也是对当今现代室内设计这一广阔领域的一次全面且深入、系统且详尽的探索与发掘。

在此，我要感谢所有在研究和撰写这部专著过程中给予我无私帮助和支持的同事、朋友和家人，你们的建议和意见让我受益匪浅。同时，还要感谢出版社的工作人员，感谢你们的专业指导和高效工作，使得本书能够顺利出版。此外，我还要感谢每一位读者和关注者，是你们的关注、支持及反馈给予了我持续探索与创新的动力源泉。

展望未来，现代室内设计会越发注重精神层面的需求、个性化和情感化的表达，高度重视智能化的应用，以及对环境可持续性展开更深入的探索。技术的不断进步将为设计师提供更多的可能性，如虚拟现实、人工智能等，将改变我们对空间的感知与互动方式。同时，对自然的敬重与材料的循环利用将成为设计的重要考量，推动设计行业朝着更绿色、更环保、更健康的方向发展。

谭张宇

2024 年 9 月 18 日